Psychoanalysis My Way

Complex Oedipus and Other Issues

我的精神分析之道

复杂的俄狄浦斯及其他议题

[挪] 安德斯·萨克里松（Anders Zachrisson）/ 著
王 觅 汪智艳 / 译

中国轻工业出版社

图书在版编目（CIP）数据

我的精神分析之道：复杂的俄狄浦斯及其他议题／（挪）安德斯·萨克里松（Anders Zachrisson）著；王觅，汪智艳译. -- 北京：中国轻工业出版社，2025. 1. -- ISBN 978-7-5184-5103-6

Ⅰ. B841

中国国家版本馆CIP数据核字第20240QM856号

责任编辑：朱胜寒　　　　责任终审：张乃柬
策划编辑：阎　兰　罗运轴　　责任校对：刘志颖　　责任监印：吴维斌

出版发行：中国轻工业出版社（北京鲁谷东街5号，邮编：100040）
印　　刷：三河市鑫金马印装有限公司
经　　销：各地新华书店
版　　次：2025年1月第1版第1次印刷
开　　本：710×1000　1/16　印张：23.25
字　　数：350千字
书　　号：ISBN 978-7-5184-5103-6　定价：95.00元
读者热线：010-65181109
发行电话：010-85119832　010-85119912
网　　址：http://www.chlip.com.cn　http://www.wqedu.com
电子信箱：1012305542@qq.com

231079Y2X101ZYW

推荐序一

安德斯·萨克里松（Anders Zachrisson）在《我的精神分析之道——复杂的俄狄浦斯及其他议题》（*Psychoanalysis My Way: Complex Oedipus and Other Issues*）* 中对精神分析进行了全面而深入的阐述。这是一本智慧之书。它涉及生命全程以及生命中变化和稳定的条件。它集中了精神分析对这些生命过程的理解，并详细描述了一个人在精神分析心理治疗过程中可能发生的变化。[1]

萨克里松基于对人类状况的丰富知识，基于理解和研究人的命运的方法，以及哲学、文学和艺术中蕴含的智慧，在本书中给我们提供机会去反思并更好地理解我们是如何生活的，我们的生活是如何在更狭隘的家庭背景以及在更广泛的社会和文化背景下发展的，以及改变是如何发生的。

萨克里松认为，我们永远无法直接洞察事物的本质，这与中国的哲学和智慧不谋而合。我们对生活事物的思考总是以心理表征为中介，在这个过程中，我们试图通过感知来把握世界，并试图对我们所经历的事物进行概念化和理解。我们永远无法获得终极的真相（final truth），我们只能不断接近，永远在路上。现有的知识永远是有限的，这意味着永远有新的东西需要我们去体验和理解。书中对哲学家伊曼努尔·康德（Immanuel Kant）的认识论（我们如何获得知识）的讨论很好地解释了这一点，而康德的认识论在一定程度上与道教的基本教义相吻合，在林涛** 的诠释中，“理论和概念（可以）作为一扇门，通过它我

---

* 本书名使用双关语。“complex”一词用作形容词时常表达“复杂的”之义；而在心理治疗语境中常作名词“情结”使用。作者在此为本书设置了一个巧思，有意将“俄狄浦斯情结”颠倒为“复杂的俄狄浦斯”（封面设计也反映了这个变化），以期传达出“complex”的双重含义。——译者注

** 医学博士，曾任首都医科大学附属北京安定医院临床心理科副主任，国际精神分析协会认证精神分析师，《伴侣心态》译者。——译者注

们可以瞥见真实的世界”（Lin, 2014, p.18）[①]。

这正是精神分析治疗过程中发生的事情，在这个过程中，当内省的背景逐渐发生变化时，内心世界的现实和无意识就会以全新的方式逐渐展现在来访者和分析师面前。这是一个永无止境的过程。科学和知识的产生永远是一项“进行中的工作”，认识自我的过程也是如此。

萨克里松在本书中提出了一种接近人类心灵的方法。这往往是一条艰难的道路：“（充满了）阶梯、地窖和闸门；死胡同和岔道；令人困惑的丰富——人类的心灵”［萨克里松：《迷宫笔记》（*Notes from the labyrinth*），第5页］。

本书的主要贡献之一是萨克里松提出了一个精神分析疗法的工作模型。这个模型对临床工作者最有用，它以一种巧妙的方式包含了认识论（即知识是如何在精神分析中发展起来的），并在此基础上说明了可以如何将精神分析情境用于研究。该模型分为三个阶段：倾听、理解和治疗行动。第一步，分析师要分析性地倾听来访者话语背后的内容；第二步，分析师以复杂的方式对来访者的表达（来访者说了什么、如何说的，以及在说的过程中伴随的手势和肢体动作）产生初步的理解和概念；第三步则是根据第二步的理解进行治疗干预的尝试。完成这三步后，再回到倾听（第一步）。分析师要倾听来访者将如何接受干预、如何理解（干预）。萨克里松以一种清晰的方式展示了开放的精神分析倾听如何推动治疗过程，并创造出一个永无止境的理解过程，希望来访者在治疗结束后，能够继续保持对自己和世界的好奇心。

萨克里松将认识自我的辩证过程概念化。这不是追求虚幻的终极真相，否则就会陷入自恋的全知全能陷阱。萨克里松描述了一个对生活、对自己和对他人谦虚的开放过程。而仁（care），则是中国传统思想的基本宗旨。

本书的主旨是帮助临床工作者更好地开展临床工作——我们如何耐受和涵容来访者的痛苦，如何帮助来访者创造意义并从经验中学习。身体是我们从婴儿期到老年期的情感体验的中心。在萨克里松的概念中，精神分析（的过程）

① Lin, T. (2014). The encounter of psychoanalysis and Chinese culture. In D. -E. Scharff & S. Varvin (Eds.), *Psychoanalysis in China* (pp. 54-61). London: Karnac.

就是如何让痛苦的情感体验变得更容易承受，如何与我们生活中的痛苦体验共存，同时也与上一代传承下来的、在艰难的社会环境中造成的痛苦共存。

精神分析是倾听这些体验的一种方式，这些体验往往只在身体上表现出来，精神分析通过在来访者的心理中建立一种表征或象征的方式来帮助转化这些体验，也就是说，帮助来访者发展出能够容纳痛苦的心理能力。

归根结底，精神分析过程的主要任务是培养来访者爱的能力、享受的能力、创造的能力和发展关系的能力，简而言之，就是要有好奇心和开放性。认识自我和接受自我的能力是持续修通过程的结果。萨克里松的精神分析方法所特有的开放性具有内在创造性。他从作家那里获得灵感，展示了莎士比亚（Shakespeare）和易卜生（Ibsen）等伟大作家的见解如何深化精神分析知识。继弗洛伊德之后，萨克里松再次将俄狄浦斯神话置于其论述的中心。俄狄浦斯的悲剧告诉我们，要创造产生意义的心理空间和关系的能力，就必须有障碍和放弃。从二元到三元的俄狄浦斯转变，标志着好奇心和创造力得以发展的三维心理空间的形成。

萨克里松的书为我们打开了这样一个立体的反思空间，让我们变得更智慧、更好奇。

斯韦勒·瓦尔文（Sverre Varvin）*

2024年3月8日于奥斯陆

* 挪威奥斯陆城市大学名誉教授，挪威精神分析学会前任主席和培训分析师。——译者注

推 荐 序 二

本书是作者安德斯·萨克里松先生作为精神分析学者集结了几十年心血的作品，也是他在人生暮年给自己“奇特而不平凡的”职业生涯的一个谢幕礼。

萨克里松将自己毕生的临床和教学经验凝练在这本书之中——不但具有独特的哲学家的深邃的思考，而且有精神分析实践经验的感悟。他传达给我们的不仅仅是精神分析的专业知识和临床经验，还是他对生命、对人性、对世界的温暖和豁达以及富有理性的人生态度和境界。

在本书中，萨克里松把自己多年的临床、教学和督导经验汇集成四个部分呈现给了读者——分别是精神分析的理论基础、临床概念、精神分析性教育、精神分析与文学。其中让我印象最深刻的是，他强调精神分析的出发点是基于具有复杂性和悖论空间的人性观，他将悖论、矛盾性、辩证性视为精神分析治疗的核心要素，这让我们更深入地理解了精神分析治疗的精髓。从这个立场出发，他对那些我们已经耳熟能详的精神分析治疗中的一些常见概念，比如俄狄浦斯情结、均匀悬浮式注意、中立、节制及共情等，都赋予了更全面和更为辩证的解读。比如俄狄浦斯情结不再仅仅是指狭隘的恋母情结，更是对人类寻求真相之需求的心理冲突的隐喻。

在精神分析治疗中，我们与来访者不断工作的一个目标就是促进对方整合其内心冲突中矛盾对立的两个部分，能够找到一个动态的、灵活适中的心态或心理上的位置来平衡极端对立的、非此即彼的分裂性的僵化防御，进而达成对所经历的丧失或未能获得的爱的哀悼。而为了实现这一目标，精神分析治疗师就需要具有秉持恰当的分析性态度和工作立场的能力，比如作者提到的“能够在均匀悬浮式的无条件倾听与聚焦性的反思之间进行相互转换”。又比如，允许来访者激活我们的情绪情感体验，让我们能够感同身受地共情到对方，但同时也能保持观察、思考和做出反馈的分析功能。

联想到安德斯·萨克里松先生在中挪班多年执教期间的教学和督导风格，我再次领略到他的谦逊、淡定和包容的品质与他睿智、深刻的思想及博学自然地融为一体，就如同他在本书中所阐述的精神分析的人性观一样。我也再次领悟到作为精神分析治疗师，虽然我们的助人目标是帮助来访者减轻或消除痛苦，但我们并不是要凌驾于来访者之上，也不是与那些给来访者带来痛苦的症状或问题进行斗争。我们所做的是与来访者相遇之后，一起走进他们的内心世界，成为来访者过去的客体，承载来访者投射带来的浓烈的情绪。与此同时，陪伴着来访者一起去探索、去发现、去理解、去诠释意义，进而使得来访者逐渐获得一种新的，内在的，关于自己、他人和世界的体验。这个历程更接近一种化解和消融的过程，更像是一种和解而不是消灭。因此治疗效果常常是悄然发生的，变化也是点滴形成的。这也提醒我们，学习并接受培训成为一名精神分析治疗师的历程，本身也充满了悖论空间的元素，既要具有饱满的热情和兴趣，又不可急功近利；既要有足够的自信和勇气，又要持有谦虚和务实的态度；既要遵从精神分析治疗技术的规则（精神分析的科学性），又要具有个人独特的风格（精神分析的艺术性）。

我相信每一位读者都会从本书中获得更多的、个人独特的理解和感悟。

衷心感谢安德斯·萨克里松先生将本书呈送给中国的同道，也非常感谢王觅和汪智艳的高质量翻译，能让读者享受阅读本书的过程及收获。

杨蕴萍*

2024年3月8日于北京

* 精神科主任医师，教授，国际精神分析协会认证精神分析师。——译者注

译 者 序

人生退场的方式有两种：一种是颓落地屈服于命运，一种是以省映、现实的态度接纳命运。这是两种截然不同的老去方式。

——安德斯·萨克里松

安德斯是对我专业之路影响最大的人，也是我最喜欢的人之一。我在想，这并不仅是我个人对他的偏爱，也是诸多认识他的人共有的对他的爱。

我认识安德斯的时候，他就已经是一个老爷爷了——杵着一根拐杖，戴着助听器，身边总是围着一些被他的"脆弱"召唤过来的照顾者，但我却从未感觉到过他是无力虚弱的，我至今记得扶他走路时他手臂的肌肉感。也许躯体对他有诸多的限制，但从未困住他。初遇时我还是一个研究生小姑娘，因为师姐请假，我争取到了第一次代工口译的机会，正试图占着口译的位置不被踢下来。第一次现场口译，专业内容本身就够难了，但为了不让大家听出翻译的中英文对比，也为了跟上师姐的"高大上"，我还给自己上了难度，中文翻英文同声传译！小朋友，难任务，压力可想而知。"慌！不举英文是哪个来着？""啊！道德经的英文是什么啊！"连比带画，安德斯（好像）居然都破译成功了。英文翻中文时，只要我表情有一丝虚，安德斯就会自动降低单词难度，默默补充注释，仿佛这都是他本来要说的内容一样，直到我露出懂了的表情，他就恰到好处地停下让我翻译。整个过程安德斯反应机敏、表情淡定，不动声色地完美配合了我，让我得以过关，甚至有些成功感。每次小组结束时，安德斯还会当众表示：专业的翻译只能同传15分钟就要换人，而王觅足足同传了一下午！那些敏锐恰到好处的帮助、真诚外溢的肯定和欣赏，让我也从假装翻译变成真的翻译，从小翻译长成大翻译。

安德斯是一个充满精神分析味道的人，别误会，他绝非那种"我懂"又"神叨”的人（如大众对精神分析的误解），相反，他是一个非常开放、好奇的人。在过去16年中，我不止一次听到安德斯愉悦地表示我们从事的专业是世上最有意思的专业之一。我们的来访者慷慨地允许我们作为同行者，一起以好奇的态度共同探索关于人和人生的议题。世上并不存在完全一样的两个人，也不存在完全一样的两段过程，我们无法（也不该）用过度简化的公式把人压扁为问题，咨询也不是单调重复的解题。安德斯的好奇是一种真诚的感兴趣和衷心的欢迎，它不是为了私欲的八卦，而是帮助来访者产生想看见的欲望，一起想办法看见（理解）、耐受看见（和看不见），最终欣赏甚至享受这个看见的过程。在督导讨论中，我很多次都感觉到了这种善意真诚的好奇背后的勇敢和慈悲。安德斯总会帮助被督者到来访者那里去，我印象深刻的是有一次谈到绝望，他引用了某个咨询师的思考：很多人在一锹一锹挖土的时候都期盼、要求这必须是一个隧道，穿越黑暗后就会有光亮，一定要有光亮。但当我们越挖越久，越挖越黑，越来越丧失对光亮的信心时，我们就会开始强烈想说服来访者要有希望，要看见光亮，这时很多咨询就会陷入僵局，咨询师无法把来访者从绝望中“拔出来”，来访者也觉得自己无法被看见和理解。来访者孤独地在毫无光亮处待了很久，我们要做的、能做的就是到他那里去，承认这种绝望和无光亮的痛苦，当这些痛苦被看见时，至少，来访者就不再是孤独一人在绝望中，而一个人无法耐受的痛苦也许两个人可以，这种在一起本身就带来了一些改变。

在翻译本书的过程中，我曾问安德斯，你到底是怎么做到如此多产、如此能写的？他的回答特别有意思，他说他写作时并不是在试图为某个问题给出答案，而是在试图更清晰地提出问题。答案是问题的最大问题，最好玩、最有意义的过程就是这个省映好奇的过程。我想，他的文章、他的讲座都在传递和邀请这种省映，所以理解会变得越来越深刻。

有的冒险家会攀登最高峰，挑战最深海，极地探险需要很多勇气和力量，而安德斯可以说是心理世界的探险家，他以一种勇敢、真实、清醒、忍耐、享受的态度探索人生另一种极地。正如本书另一位译者汪智艳所说，安德斯在生命中曾经如此认真、如此深地思考过这些问题，真是一件特别酷的事。他没有给出答案，但我很享受和他一起思考的过程，一起勇敢、真实、清醒、忍耐、享受地思考和感受。

我曾和安德斯开玩笑说，我要去定做一批他的模型公仔，放在中挪班卖，肯定瞬间脱销，人人都想拥有一个安德斯——人人都值得拥有一个安德斯。他身上具有一种神奇的安定和支持感，是一种最温暖的父亲感。

每次线上见到安德斯，我们都会聊到天气，奥斯陆的白日刚刚比黑夜长，气温转暖，最适合在阳台度过下午时光。他也会留意我所在的澳门天气，听我说今年的气温骤起骤落让我迫不及待进入漫长的夏天，聊这种小天总让我感觉我们相隔千里却同在一方。此刻澳门气温仿如入夏，夜风微凉，正是一年间最舒服的时节，不知道安德斯所在的天堂气候如何？我想，也许他正和太太喝着茶，享受着春光，大约还会一边散步一边聊不枉人生一趟。

王　觅

2024年3月31日

（充满了）阶梯、地窖和闸门；死胡同和岔道；

令人困惑的丰富——人类的心灵。

（萨克里松：《迷宫笔记》）

前　言

我的人生旅程正在接近莎士比亚在《人生的七个阶段》（*Seven ages of man*）中所描述的那一个点：

> ……这一切的最后一幕，
> 终结这一段奇特而不平凡的历史，
> 是第二次童年和纯粹的遗忘，
> 没有牙齿，没有视觉，没有味觉，什么都没有。

面对这个不可避免的现实，我屈服于自己内心的愿望，用出版过去几十年的论文选集来圆满我的职业生涯。这么做是为了我的朋友们，为了我自己，也是为了应对时光的飞逝。

这些论文中提及的疑惑和问题有不同的来源。它们与我的精神分析职业生涯相关：临床工作、教学与督导、参与的培训、研讨会、工作组和讨论小组。同时，一种好奇心——想要更好地理解人与人之间奇特而令人困惑的互动的冲动，也让我持续探寻并试图厘清我的思路。这些成果涵盖了精神分析的很多议题。我的野心是对这些主题的本质进行讨论。

我已故的妻子，伊丽莎白·达埃（Elisabeth Daae），是我的第一位也是最好的读者。我的合著者也在我思考的过程中给予了很大的启发。我在世界各地的精神分析活动中——在挪威和斯堪的纳维亚半岛的其他地方、芬兰、东欧、中国、俄罗斯，以及作为欧洲精神分析联合会组织的教育工作组的成员时遇到的同事和候选人也是如此。

在《人民公敌》（*The enemy of the people*）中，易卜生笔下的主人公斯托克曼（Stockman）医生宣称，最强的人是最孤单的。但这显然并不总是正确的。富有成效的思考是一项合作的事业。对我来说，能遇见并与这么多有能力而敬业的同事和学生一起工作，是一种荣幸。对此我深深感激。

本书的出版得到了奥斯陆心理治疗研究所的慷慨资助。

最后，我想要感谢我的朋友和同事托弗·特拉斯达尔（Tove Træsdal）对文本编辑的帮助。

安德斯·萨克里松

2021年4月于奥斯陆

目　　录

导　言

本书介绍

出　发　点

精神分析是生理过程和心理过程形成统一的一种知识体系。它包含了自然（身体）过程和意义转换过程的相互作用。对精神分析来说，这是一个至关重要的挑战。无意识过程带来的问题并不是精神分析所独有的。在所有的科学中，观察结果都必须被诠释，潜在的、不能直接观察到的过程必须由概念和模型来阐明。这就是科学工作的日常。身心的统一，也就是生理和心理过程的统一，带来了更加深层的问题。在这种统一性中，过程既有起因（causes），又有理由（reasons）。内部状态和行为是身体力量和个人选择（即“自由意志”）相结合的产物。这是一种天生的悖论，就像温尼科特（Winnicott）提出的过渡客体的概念，它存在于一个中间区域，既不完全是心理的，也不完全是外部的，或者可以二者皆是，但对人类的创造性和文化的发展都起着决定性的作用（Winnicott, 1953）。与之相关的一个现象就是移情，既是过去又是现在，既是现实（此时此地）又是无意识幻想——在此，与童年时期重要人物的关系在治疗关系中被再次激活。从这个角度来看，治疗关系具有一种迷人的复杂性。

精神分析的悖论性质还会对治疗方法产生影响。精神分析既是科学又是艺术的两面性，为治疗规定了相当严格的技术，但同时也为直觉、游戏和创造力保留了广阔的空间，而其根源就来自这种身心的统一。

因此，分析师在工作中不能只依赖一套规则。他必须将自己暴露在患者的焦虑、空虚和绝望之中去体验。他必须能够承受自己成为患者最初心理戏剧中的对手，从而成为移情中的渴望、愤怒、绝望——以及爱的目标。在共情患者并涵容患者无法忍受的痛苦的过程中，分析师承担着被淹没和失去平衡的风险。治疗对于患者和分析师来说都是非常个人化的过程。

在图1中，我展示了一个精神分析治疗的工作模型。这一过程用一个循环来表示，从倾听到理解到行动，然后再次回到倾听。每个位置都以治疗师内心的以及与患者关系中的一个辩证过程为标志：(1) 观察和参与；(2) 直觉和概念化；(3) 涵容和诠释。

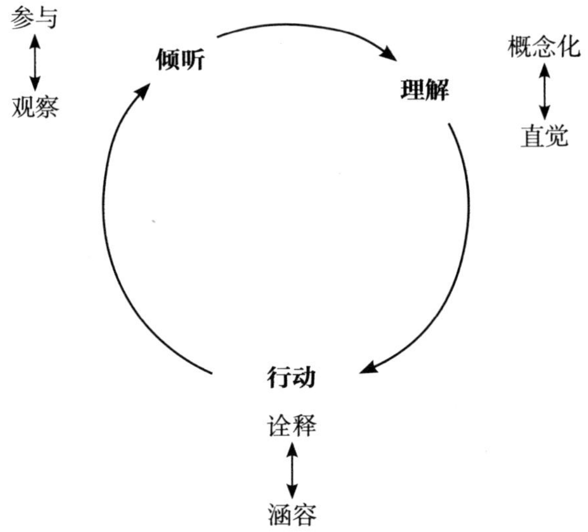

图1　精神分析治疗的工作模型图

治疗情境最基础的部分是患者和分析师之间的相互作用。分析师不仅要倾听患者的言语，还要倾听他在这段关系以及在这个房间中的存在。这被称为用第三只耳朵倾听（Reik, 1964）。弗洛伊德（Freud, 1913）将这种方法命名为"gleichschwebende Aufmerksamkeit"——一种没有特定焦点的、均匀分布的注意，在其中每一事件都被赋予同等的重要性。

精神分析师首先要为这种相互作用建立一个治疗情境和一个框架。此时他受到治疗态度和“游戏规则”的指导。这些规则包括自由联想、保密和节制。目的是启动一个治疗过程，激发并保持动力和情绪的张力。

这时就需要倾听。我们与患者合作，建立和维持设置，并沟通和观察正在发生的事情——无论是在患者身上，还是在我们自己身上，或是在关系当中。同时，我们对这些观察结果进行反思。我们记录下患者所说的话，同时努力抓住交流背后潜在的、隐含的意义：患者的言语和行为中有哪些情绪、冲突和“秘密”？

循环的下一个阶段是理解，即我们如何将观察所得转化为概念、模型和理论。对正在发生什么的理解要从一开始就进行，并且，如前所述，我们追求的理解并不只是对画面的直接知觉，即表面的部分，而是要逐渐捕捉潜在的、患者无意识中关于自我概念和联结方式的元素。

还没有被言语化和概念化的理解被称为直觉。直觉知识建立在共情性倾听所创建的感觉状态和印象之上。反移情反应也以直觉的方式出现。

直觉知识有可能是误解或本身就是错误的。就像反移情，它是一种信息源而不是证据源（Segal, 1977; Smith, 2000）。通过对直觉数据的积累和审查，可以言语化我们的理解。于是它开始被意识化和概念化，并在理论和工作模型中占据一席之地。这种理解为我们对患者做什么、说什么以及治疗性的行动提供了信息。

该模型表明，理解的工作是直觉和概念化之间的辩证游戏。辩证指任何时候新的观察都有可能用来对概念进行检验这一事实。这个过程的目的在于建立治疗行动的基础，在此基础上提供我们相信能改变患者自我概念和功能方式的干预。

模型的第三阶段涉及治疗行动，我们假设它也是一种辩证的相互作用——在涵容和诠释之间。诠释的工作是使无意识成为意识。涵容的工作是把无法承受的状态转变成可以承受的。只有这样它才可以被转化为精神生活（Bion, 1962b）。这在比昂（Bion, 1962b）的模型中被描述为从 β 元素到 α 元素的转化，是患者能够受益于诠释的必要条件。只有经过心理表征的内容，即 α 元素，才能成为诠释的对象。有些患者有能力自己完成这种转化，有些患者则依赖分析师的帮助，还有一些，也是大多数，可以借助治疗师的支持来掌握涵容的过程。简单来说，涵容是将身体状态转化为心理状态，从而使它们可以被诠释。

在他的语境中，我认为涵容是一种上位的概念，它同时包含了共情和肯定。可以说，涵容的前提是与患者内部世界的深度共情。而在将这些状态传递给患者的过程中，肯定化的反思是必需的。斯坦纳（Steiner, 1993b）所说的以分析师为中心的诠释也有大致相同的功能。如我们所见，与患者之间的一种容器-被涵容物的关系的建立是一个复合的过程（Bion, 1962b）。这意味着分析师认同患者内部世界中不可承受的部分——可以说把它变成了自己的一部分。这就意味着治疗师可能会承受巨大的压力。在弗洛伊德的精神分析理论中，神经症植根于被压抑的记忆、感受和愿望。治愈需要将被压抑的事物从压抑中解放出来，使之为意识所接受，而方法就是诠释和建构（Freud, 1937）。建构指的是向患者展示一段被遗忘的历史，例如对兄弟姐妹出生的复杂反应。诠释指的是对材料中单个元素的处理：梦的意义、被压抑的记忆、特殊的动作、奇怪的感受状态或是夸张的反应。如今，这种概念上的区分或多或少已经消失，我们用诠释同时指代这两种情况。

在向患者表述之前，诠释通常要经过准备。共情、肯定以及理解正在发生的事情的努力都是在为诠释做准备。反思、面质和示范（demonstration）通常也是前序步骤。它们为诠释铺平了道路，帮助患者做出必要的努力来克服压抑。当压抑被解除时，自我就将一个心理元素从无意识带到了意识。

我们注意到，诠释和涵容之间有一个相似之处。它们都是将不可接近的材料转化成可接纳和可接近的心理状态。区别在于，涵容旨在将痛苦的状态变得可以承受，从而获得意义，这种方式可以消解通过投射、躯体化或见诸行动所产生的对痛苦的排空。诠释的目的是消除压抑并使无意识内容进入意识。精神分析的疗效要素就是这两种功能结合的产物。

如果我们接受这一说法，就要面对以下问题：它们如何结合在一起？患者紊乱的类型和程度如何决定这些治疗要素之间的平衡？

我对患者心智的理解基于对两种类型的区分：一种是发展失败——也叫作缺陷型病理；另一种则是神经症型病理——也叫作冲突型病理。

发展失败是用来形容心理紊乱的一个广义的术语。这种失败表现为内部系统的结构紊乱和缺陷，主要影响的是自我（Killingmo, 1989）。通常，我们将之称为严重功能紊乱。当这种状态处于主导位置时，大致对应的是人格障碍。这些患者因基本的存在问题而痛苦，比如空虚感和无意义感、无形的羞耻感和内疚感、混乱的感觉和身份感缺失。他们通常使用原始的防御机制，如分裂、否认和投射性认同，对碎片化和失控感到焦虑。这可能会被体验为一种对变成精神病患者的恐惧。

神经症型病理指的是被结构性的内部心理冲突所主导的状态。对立的感受被体验为一种矛盾状态，它们可以并列存在。对同一个人的爱和愤怒可以在同一时间共存。这与分裂相反，在分裂的防御中，某一极的感受被否认，而被保留在意识中的另外一极则通常被夸大。

更高级的防御机制，如压抑、隔离和反向形成，在神经症型病理中普遍存在，而焦虑一般与内疚、爱的丧失以及阉割有关。个人的基本感受状态以挫败和不愉快为特征，而不是空虚和无意义。神经症水平的患者通常想要理解自己。他们对自己的体验感到好奇，想要看到并理解他们在自己身上所发生的事情中扮演了什么样的角色。他们把自己体验为对生活负责的代理人。用比昂（Bion, 1962a, 1962b）的话来说就是，他们充满好奇并想要从经验中学习。这些状态大致对应克莱因（Klein, 1946）的抑郁心位和基林莫（Killingmo, 1989）的冲突型病理。这意味着患者此刻主要在神经症水平行使功能。这些患者已经准备好接受那些揭示隐藏和压抑的意义的诠释并从中受益，来扩展和深化他们的自我认识。

所有的患者都有被理解的需要。但是，如果这种需要处于主导地位，并且不能与主动参与理解过程的意愿相结合，就几乎没有空间留给从经验中学习所需的好奇心和准备了。这些患者会在较低程度上体验到自己是生活的代理人，而倾向于把自己看作不幸的事件和环境的被动受害者。需要为他们的苦难负责的不是自己。这些状态对应着克莱因（Klein, 1946）的偏执–分裂心位和基林莫（Killingmo, 1989）的缺陷型病理，意味着更严重的心理功能紊乱，例如人格障碍。

我认为这两种水平的病理是紊乱维度上的极端点。大多数患者处于二者之间，他们的位置会因为实际的冲突和心理状态而发生移动。在治疗情境中，我们必须考虑此类动力，即患者在这个维度上的位置和移动。干预必须适应对涵容的相对需要。因此，旨在揭露被压抑的幻想的诠释可能需要与涵容的要素结合。例如，诠释之前可以有一个肯定化的干预，来帮助患者接受和使用这个诠释。

以这些想法为出发点，我将提出和讨论精神分析的概念形成和治疗方法的一些方面。我还将反思与分析治疗的伦理以及在培训中督导和评估候选人有关的问题。最后，我将精神分析的思想用于解读文学作品，并讨论这一方法中固有的一些困难。

本书概览

本书的第一部分，“理论基础”，阐述了精神分析作为一个知识体系的各个方面：关于认识论和认识的可能性的问题、精神分析理论中是什么构成了事实以及如何验证这些理论。

这一部分中的六个章节之间部分相关。索福克勒斯（Sophocles）的悲剧《俄狄浦斯王》（*Oedipus*）为精神分析概念的形成提供了丰富的灵感来源。原因之一是索福克勒斯将非人格化的神话故事转化为俄狄浦斯深刻的个人心理戏剧，将家庭关系中的强烈情感——精神分析中的俄狄浦斯情结——与自我认识的强烈冲突交织在一起。

弗洛伊德的认识论立场是康德主义的。这塑造了他的科学知识观。通往（科学）知识的道路在于对（经验性的）观察结果进行理性阐述。从这个角度来说，绝对真相是不存在的，科学是一项行进中的工作。我将使用康德主义的立场来澄清，精神分析客体关系模型中的术语“外部客体”和“另外一个人”在意义上的区别。

无论通过哪种方式，科学知识必须面对证明和证伪的挑战。如果我们的知识无法被证明，那么“任何情况都有可能”，科学就变成了一种信仰体系。科学方法必然受到严格的主体间性和可靠性水平的制约。我和我的合著者亨里克·D. 萨克里松（Henrik D. Zachrisson）提出的问题是，精神分析是否可能与合理的科学标准匹配，如果可能，要如何做到？

第四章深入讨论了精神分析的认识论以及弗洛伊德的康德主义遗产。他受到19世纪后期欧洲德语区的新康德哲学转向的影响。在那里，利布曼（Liebmann, 1865）和兰格（Lange, 1866）等人主张用批判的方法论作为科学的认识方法，并且否定了绝对认识的可能性。弗洛伊德赞同这些思想：

> 无意识是真实的心理现实；其核心本质对我们来说就像外部世界的现实一样未知，也像被我们的感官传达出来的外部世界一样，被我们的意识数据不完整地传达。(Freud，1900，p.613)

我与埃里克·斯塔尼克（Erik Stanicke）和阿恩·约翰·维特莱森（Arne Johan Vetlesen）一起，研究了弗洛伊德思想以及当代客体关系模型中康德主义的遗产。与克莱因和温尼科特不同，比昂对康德主义的引用是非常明确的。不过，从内隐的角度来看，我们认为，尽管他们的模型在其他方面偏离了弗洛伊德，但他们的认识论立场与他相当接近。

真相不仅在精神分析中是一个不清楚的概念，在任何语境中都是如此。在第五章中，我将走进心理学实验室，讨论向被试呈现的“客观”刺激与他们所报告的反应——也就是被试对刺激的体验——之间有什么样的关系。实验方法是视速仪。使用这种方法，刺激图片在一系列图片中呈现，从非常短的暴露时间开始，逐渐增加。通过要求被试报告每次暴露后看到的内容，我们可以追踪知觉的发展，这些报告从一开始十分独特和主观，到越来越接近刺激的“真相”——或者说定义。在我看来，我们在临床情境中面临着与此相同的主观性和真实性的挑战。

从某种角度来说，心理健康是一个比心理疾病更加复杂的概念。在第六章中，我考察了精神分析视角下的不同概念，重点关注了弗洛伊德和比昂。同时也考察了个人对自己心理健康的主观看法的相关问题，以及这些问题对精神分析治疗的一些影响。

本书的第二部分涉及概念。治疗过程通过两个案例报告来说明，核心概念——移情和反移情各成一章。之后，我考察了精神分析中更加具体的方法论问题：方法和直觉的结合（聚焦于青少年分析），中立的概念以及伦理和方法之间的关系。

对个案的详细描述构成了精神分析理论的主要经验基础（Foss, 2009）。这是一条双向的道路。模型和概念所包含的知识为临床工作提供信息，帮助分析师理解过程中正在发生什么。第七章和第八章呈现了两个个案的临床材料。第一个报告来自对一个10岁男孩的分析，这是一段充满挑战的、历时3.5年的过程。第二个——与汪智艳合作——描述了一个年轻人与一位女性治疗师的心理治疗工作，阐述了强烈的移情和反移情反应。

在精神分析关于治疗关系的概念中，个体化的、患者与治疗师双方的关系历史以及治疗情境中此时此地的关系都包含在移情和反移情的概念中。因而这些概念不可避免地会变得相当复杂。第九章和第十章谈到了这种复杂性。

精神分析和动力性心理治疗有其独特的框架，这些框架由分析师培训有素的分析性态度来建立和维持，目的是保持严格的治疗方法。不过，仅有固定的规则是不够的。还要结合个人化的直觉和创造性元素对患者个体做出回应。这些个人化元素的存在为灵活性、自由和即兴打开了空间，但也会削弱既定工作规则所提供的支持。因此，基于一种受训的态度，分析师必须在治疗框架的边界上，甚至在超出治疗框架边界的部分，去监控治疗的操作，相信自己有能力恢复治疗框架。框架的恢复是避免伦理越界的灾难性滑坡的关键一步。

精神分析治疗方法所固有的问题，或者有人更愿意称之为挑战，将在第十一章至第十三章中讨论。

第三部分，“精神分析性教育”，探讨了精神分析督导以及在培训结束阶段对候选人进行评估和认证时会遇到的问题。

精神分析和心理治疗实践的特性对候选人的教育提出了挑战。我们可以触及这种复杂性，以下是一些例子：一种相当严格的方法论，结合了知觉和创造性要素；精神分析概念中身体和心理、自然与文化、起因与理由的统一；连贯性的分析性态度的发展；等等。因此，精神分析能力这一概念以及对这种能力的教学、掌握和评估都是复杂的。

这部分的第一章（第十四章），是欧洲精神分析联合会教育工作组一个项目的初步报告。在这个项目中，我们尝试描绘和明确欧洲学会候选人的会员认证标准。其目的是使各学会的原则、章程和培训条理具体化，并了解哪些特定的能力要素在实际认证过程中得到了重视。

接下来的一章讨论了我们作为督导所遇到的挑战，在督导和被督导者的关系中以及教学和学习情境中所固有的张力。在结论部分，我提出了一个精神分析督导的启发式模型，我想要通过这个模型阐明这项任务的复杂性。

在第四部分“精神分析与文学”中，我运用精神分析的思路来解读戏剧世界中的两个人物：培尔·金特（Peer Gynt）和哈姆雷特（Hamlet）。当我们通过精神分析的镜头来感知文学人物时，我们所看到的自然会受到先入之见的影响。实际上，精神分析师似乎受到一种诱惑，觉得他们的视角赋予他们一个“解释”人物或给出“最终”诠释的特权地位。但在我看来，这是站不住脚的。精神分析的诠释当然很可能会丰富现有的解读，但它并不能取代旧有的部分。它永远不可能是一个“真正的”诠释。一个“真正的”诠释不会将艺术表达简化为一个事实：“这不过就是”。恰恰相反，它会丰富并深化艺术的表达。

在对培尔·金特的研究中，马里特·奥伦（Marit Aalen）和我试图在比昂思想的启发下完成一种解读。我们聚焦在易卜生剧作的最后一幕以及他用心理灾难的方式所呈现的老年培尔·金特的生活。这种灾难反映在培尔·金特所经历的景观中，一种被自然灾害摧毁的景观。

关于哈姆雷特的文章首先讨论了精神分析对哈姆雷特人格的解读，尤其是他的俄狄浦斯情结所扮演的角色。为了给我的解读提供一个背景，我给出了该剧的梗概，并以莎士比亚写作该剧时的生活状况勾勒出其历史背景。随后，我评论了哈姆雷特的“疯狂”、冲突以及俄狄浦斯情结。我的结论是哈姆雷特处于一种相对正常的状态。

最后，我将回到俄狄浦斯，并再次思考俄狄浦斯动力以及符号形成和思维的发展。另外，我还冒险提出了一种可能性，即“俄狄浦斯情结”这一概念所指代的现象似乎越来越被更为详尽的客体关系模型概念化。对术语“情结”的使用逐渐减少，取而代之的是描述性的概念“俄狄浦斯式的”。

第一部分

理 论 基 础

第一章

复杂的俄狄浦斯

在索福克勒斯的悲剧《俄狄浦斯王》中，早期精神分析的两个核心主题交织在一起：家庭关系中的爱与恨以及俄狄浦斯寻求自我认识过程中的激烈冲突。俄狄浦斯情结背后的这个男人是一个复杂的角色。

在俄狄浦斯神话中，我们看到了孩子与父母之间充满激情的关系的戏剧性表现。在戏剧《俄狄浦斯王》中，索福克勒斯将神话的主题与自我认识的问题联系起来。这是19世纪的德国对这部戏剧的主流解读。弗洛伊德还是一名学生的时候就着迷于俄狄浦斯，这主要不是因为俄狄浦斯是一个恋母情结戏剧的主角，而因为他是一个解开神的谜语并努力追求自我认识的人。受维拉科特（Vellacott）的启发，斯坦纳（Steiner）提出了另一种解读《俄狄浦斯王》的方式，他认为这是一部关于掩盖的真相的戏剧。本文同时支持这两种论点。我认为这个悲剧的核心主题是俄狄浦斯面临的一个剧烈的冲突：想要了解自己以及想要掩盖会带来灾难的真相。正是俄狄浦斯的这种复杂性格以及他为获得自我认识而进行的矛盾的激烈斗争，使得这出悲剧成为精神分析概念形成的来源，也帮助我们理解情感和认知的发展。

引　　言

俄狄浦斯情结是精神分析的基础，也是关于一般心理发育和神经症形成的精神分析理论的核心概念。俄狄浦斯的故事来自古希腊神话。弗洛伊德选择将俄狄浦斯作为家庭中激烈关系的隐喻，因为他在来访者——以及自己——的梦中和神话中观察到同源的动力。在弗洛伊德看来，这个神话表达了一种对家庭动力的原始认识。他写道：

> ……俄狄浦斯的传说也源自同样的原始梦的素材，它的内容是孩子的第一次性觉醒对其与父母的关系造成扰动，带来了痛苦。(Freud, 1900, p.263-264)

确切来说，弗洛伊德思考的起点是索福克勒斯在悲剧《俄狄浦斯王》中对神话的演绎。我希望在本文中展现索福克勒斯笔下的俄狄浦斯的复杂性格，并反思这对精神分析某些方面的影响。在这个悲剧中，俄狄浦斯代表的不仅仅是我们所熟知的人物（俄狄浦斯情结的主角），也是决心探寻关于自己的真相的人，这个悲剧的主题正是他对真相的探寻。俄狄浦斯的这种探寻几乎是直截了当的，人们对此有两种截然相反的解读。传统的解读强调俄狄浦斯对真相的探寻迫使他走向自我认识的道路。另一个观点则认为这个悲剧中的所有或大部分角色都知道真相，他们共谋着掩盖真相。俄狄浦斯情结中充满激情的关系与俄狄浦斯为弄清自己是谁而进行的充满矛盾的挣扎紧密地联系在一起，这往往使读过这部悲剧且具有精神分析背景的读者感到震惊。索福克勒斯做到了这一点，他以神话为背景创作剧本，增加了细节、插入了变化并省略了主题。在索福克勒斯的悲剧中，俄狄浦斯作为一个高度复杂的人物，他对自我认识的追求以一种戏剧性的心理冲突的形式被呈现。

斯坦纳（Steiner, 1985）将俄狄浦斯式探寻的模棱两可的本质看作一种特殊形式的心理现实扭曲，即（对真相）视而不见。受到索福克勒斯构建戏剧结构的复杂性的启发，他对这一机制进行了思考。他认为视而不见是一种对现实的中度曲解，一种明显的扭曲，但比现实的精神病性崩溃要轻。

我和斯坦纳以相同的矛盾为出发点，但沿着不同的思路扩展了他的观点。索福克勒斯将神话作为戏剧的背景，并将其改编以为自己的目标服务。他将神话中的命运剧转变为心理剧，其结构展示了俄狄浦斯性格中复杂而深刻的人性。以这种方式，索福克勒斯启发了精神分析对我们这个时代的情感和认知发展的理解。我的目的是追溯思想史中的一些元素。我将展示如何将相反的解读结合成一个连贯的版本，突出俄狄浦斯的内心戏剧——他对知识的冲突。作为铺垫，我们必须先研究这个悲剧及其与神话的关系。然而，在开始讨论文本之前，我们必须决定俄狄浦斯在我们的分析中具有什么样的认识论地位。

俄狄浦斯——一个“真实”的人还是一个幻想的人物?

舞台上的俄狄浦斯不是一个真实的人，也不是一个分析的案例。但他也不能被认为是纯粹的幻想。如果把他视作纯粹的幻想，那么对观众和我们的目的而言，都变得不那么有趣。所以，我认为他既不是真实的，又可能是真实的。在温尼科特（Winnicott, 1953）的语言中，他存在于过渡空间或潜在空间中。在最近的一篇论文中，恩克尔（Enckell, 2010）认为隐喻是所有小说的模型：“隐喻的真相不是现实，而是可能性。小说的世界作为一种可能性是真实的”（p.1101）。

俄狄浦斯神话及索福克勒斯的改编

俄狄浦斯戏剧是关于俄狄浦斯及其家人的神话故事。索福克勒斯的悲剧只包含了这个故事的几个小时。这个神话有好几种版本[①]，它们都是经过很长的时间发展起来的。俄狄浦斯戏剧植根于古老的农耕仪式和宗教法规。例如，“弑父”与古代宗教的祭司继承方法有关，如在古代意大利的狄安娜崇拜（Diana cult）中，执政的祭司会被继任者杀害（Frazer, 1922）。

底比斯（Thebes）城的国王拉伊俄斯（Laius）因绑架并虐待了另一个国王的儿子而受到了诅咒。他为自己没有孩子而感到悲伤，觉得这是对他虐待孩子的惩罚，拉伊俄斯咨询了德尔斐神谕。她告诉国王，他没有孩子是一件幸事，因为他的儿子将会杀死他。

拉伊俄斯因而拒绝亲近王后伊俄卡斯忒（Jocasta），却没有告诉她原因。王后又受伤又愤怒，她把国王灌醉，引诱他，然后生了一个儿子。拉伊俄斯从产

① 本节主要基于《希腊神话》（Graves, 1960）。

婆的手中夺过新生儿，刺穿孩子的脚，吩咐仆人把他丢弃到喀泰戎山（Mount Cithaeron）等死。索福克勒斯以一种具有重要心理意义的方式进行了改动。在他的版本中，是王后伊俄卡斯忒把孩子交给了牧羊人，让他丢弃在山中。这对父母是一起行动的，母亲也排斥这个孩子。

在神话中，一个来自科林斯（Corinth）的牧羊人发现了这个孩子，因为他的脚是肿的，所以给他起名俄狄浦斯（意为“肿胀的脚”）。牧羊人把他带到科林斯，那里的国王波里玻斯（Polybus）和妻子也没有孩子，他们很高兴地收养了俄狄浦斯。在索福克勒斯的故事中，是底比斯的牧羊人把孩子交给了科林斯的牧羊人，因为他不忍孩子死去。此外，为了最大化戏剧手法的经济性，索福克勒斯在悲剧中给两个牧羊人安排了额外的角色，底比斯的牧羊人也是十字路口相遇事件的幸存者，科林斯的牧羊人则是宣布波里玻斯死亡的信使。索福克勒斯以这种方式浓缩了揭示真相的关键场景的背景，即两个牧羊人的会面。

俄狄浦斯在科林斯长大。一天，一个年轻人嘲笑他，暗示他不是父母的亲生儿子。当俄狄浦斯向父母询问这件事时，他们表现得愤怒并拒绝回答。在怀疑的折磨下，俄狄浦斯去了德尔斐，想找出他真正的父母是谁。由此可见，俄狄浦斯对自己身世的怀疑和对知识的寻找在早期就已经出现。然而，神谕者并不回答他的问题，并厌恶地对他说：“立刻离开神殿！浑蛋！你会杀了你的父亲，娶了你的母亲。”乱伦的主题在这里首次出现。值得注意的是，之前拉伊俄斯得到的预言只涉及弑父。

得到神谕示警后，俄狄浦斯离开了科林斯，在十字路口遇到了一辆载着一位老人和随从的马车。老人要求他给尊者让路，俄狄浦斯回答说，除了神和父母，他不以任何人为尊。我们注意到，神话和戏剧都反复出现戏剧性讽刺：这对父子在对话，但双方都不知道。“你要惨了！”老人喊道，并命令车夫让马车继续前进。马车的一个轮子撞到了俄狄浦斯的脚，愤怒的俄狄浦斯把马车夫杀死了。老人用棍子攻击俄狄浦斯，但俄狄浦斯把他从马车里拉了出来，用鞭子抽打马匹。老人被缰绳缠住，被逃窜的马拖拽而死。

索福克勒斯对十字路口的相遇做了改编，这对情节发展和交代俄狄浦斯的性格很重要。在他的版本中，是俄狄浦斯杀死了老人和随从，只有一个人逃脱。

故事中关于俄狄浦斯的脚的细节令人惊讶。拉伊俄斯再次伤害了俄狄浦斯的脚。婴儿时期的创伤被重新激活，它不仅在于脚被刺穿，最重要的是，他还被家人拒绝并失去了母亲。因此，俄狄浦斯的暴怒——杀了四个人——不仅是因为偶然的争吵，还因为在他还是婴儿的时候，遭受了骇人听闻的虐待。

拉伊俄斯当时正在去德尔斐的路上，他要去问神谕，底比斯城怎样才能摆脱怪物斯芬克斯（Sphinx）的折磨。俄狄浦斯在去底比斯的路上遇到了斯芬克斯，斯芬克斯给他出了一个谜语："什么东西只有一种声音，但有时是两条腿，有时是三条腿，有时是四条腿，腿最多的时候却最弱？"俄狄浦斯回答："人，因为人在婴儿时是用四肢爬行的，在青年时是双脚稳稳站立的，在老年时是依靠拐杖行走的"（Graves, 1960, p.372）。谜被破解，斯芬克斯自杀了。这时底比斯的人民刚刚得知他们的国王去世的消息，为了感谢俄狄浦斯帮助他们摆脱了斯芬克斯，他们推举俄狄浦斯为新的国王。俄狄浦斯娶了国王遗孀王后伊俄卡斯忒，他们一起统治了底比斯很多年，伊俄卡斯忒生了几个孩子。然后，瘟疫降临了这座城市，在绝望的情况下，他们再次征询神谕。

索福克勒斯的戏剧《俄狄浦斯王》

索福克勒斯的戏剧就是从这里开始的。克瑞翁（Creon）是俄狄浦斯的首席顾问、伊俄卡斯忒的弟弟，他来到德尔斐，询问如何消除瘟疫。他带着预言回来了："污秽存在于我们中间，它已经存在了很久，我们必须驱逐污秽，不能让它发展到无法补救的地步"（p.51）①。

我们留意到，神谕很笼统，并没有提到拉伊俄斯的名字。俄狄浦斯问克瑞翁如何解释神谕，克瑞翁首先提起了拉伊俄斯被杀的事。诡异的是，俄狄浦斯似乎对拉伊俄斯被谋杀的事实一无所知。他当下决定判处不知名的凶手死刑或流放，并开始调查。在克瑞翁的建议下，他召唤了盲人预言家忒瑞西阿斯（Tiresias）来帮助他。一开始，忒瑞西阿斯劝俄狄浦斯放弃调查。俄狄浦斯拒绝

① 引自基托的翻译（Kitto, 1962）。

了，并变得越来越无礼。被激怒的忒瑞西阿斯说，是俄狄浦斯自己的罪行污染了这座城市（p.60）。俄狄浦斯勃然大怒，先是对忒瑞西阿斯大发雷霆，认为忒瑞西阿斯在撒谎；然后又对克瑞翁横加指责，认为克瑞翁是凶手，指责他利用底比斯的灾难夺取权力。

考虑到俄狄浦斯的身世背景和自我认知，他的反应是可以理解的。他在科林斯出生长大。他从斯芬克斯手中拯救了底比斯，作为回报，他得到了王位。此后底比斯的人民过了很多年好日子，但当灾难以瘟疫的形式袭击这座城市时，俄狄浦斯决心要尽一切努力结束这场灾难。他对忒瑞西阿斯的指责感到厌恶是有道理的。

另一方面，我们看到，俄狄浦斯已经在怀疑自己和自己的身世了。他向神谕询问自己的出身，得到的答案并不能消除他的疑虑。不久之后，他遇到并杀死了一个年龄足以做他父亲的男人，并娶了一个和他母亲年龄相仿的女人。维拉科特（Vellacott, 1971）和斯坦纳（Steiner, 1985）都提出了一个问题：俄狄浦斯是如何对这些现实视而不见的？

索福克勒斯记录了这个神话，但他笔下的俄狄浦斯却表现得像一个既知道又不知道的人。这种情况和弗洛伊德对露西·R.（Lucy R.）小姐的描述类似。在提到一件之前一直回避的尴尬事实后，她解释说："我不知道——或者，更确切地说，我不想知道。我想把它从我的脑袋里赶出去，不再去想它，我认为后来我的确做到了"（Freud, 1895, p.117）。

在脚注中，弗洛伊德谈到了一种奇怪的精神状态，在这种状态下，一个人同时知道又不知道一些事情。他也提到了自己的类似经历："我被失明的眼睛所折磨"（p.117）。这种盲目显然与弗洛伊德后来提出否定（disavowal）的防御机制密切相关。俄狄浦斯表现得好像被这种盲目所折磨，完全不知道拉伊俄斯的身份和自己的命运。他似乎在否认拉伊俄斯的存在。后来，很明显的是，他清楚记得十字路口的那次相遇。我们可以认为他有充分的理由忘记拉伊俄斯的死，把相遇和谋杀这两件事分开。但与此同时，他向不情愿的忒瑞西阿斯施压，要求他们提供更多信息。他的行为就像一个矛盾纠结的人：一方面想要否认和忘记一个可怕的事实，另一方面又想要确认他所害怕的、在某种程度上已经知道是事实的事情。

忒瑞西阿斯走后，克瑞翁来了，试图安抚俄狄浦斯。但俄狄浦斯只是一再重复对克瑞翁的控诉。王后伊俄卡斯忒介入并平息了二人的争论，但她没有成功地使他们和解。俄狄浦斯把忒瑞西阿斯的指控告诉了伊俄卡斯忒。伊俄卡斯忒试图让俄狄浦斯平静下来，并请他停止调查，但俄狄浦斯同样没有接受这个请求。俄狄浦斯询问王后关于拉伊俄斯的出行和死亡的情况，他听到的内容加深了他的恐惧——拉伊俄斯就是他在十字路口遇到的那个人。谋杀的现场、时间（就在加冕之前）、拉伊俄斯的外表（二人相像）、拉伊俄斯的随从（一共五个人；国王乘坐马车）。俄狄浦斯惊呼："天呐！这画面多么清晰啊！……但，伊俄卡斯忒，是谁把这事告诉底比斯人的呢？"（p.73-74）。他执着于那些可能表明犯罪之人不是自己的细节，尤其是那个幸存的仆人的报告，他说国王一行人遭到了"强盗团伙"的袭击，而不是一个人。在俄狄浦斯成为国王时，这个仆人曾主动要求被外派到一个遥远的农场。俄狄浦斯坚持要见这个人，伊俄卡斯忒试图阻止他，但未成功。俄狄浦斯最后的希望是这个仆人能坚持他的说法："但就算他说袭击者是独自出行的旅人，也不能说犯罪的一定是我"（p.76）。事情一步步发展，越来越指向俄狄浦斯就是杀害拉伊俄斯的凶手，索福克勒斯带着我们一步步看着这个过程，看着俄狄浦斯是如何在恐惧和希望之间摆荡的。我们，还有俄狄浦斯，一直都记得神谕和忒瑞西阿斯的话。

突然，科林斯来了一个信使，带来了俄狄浦斯的父亲、国王波里玻斯去世的消息。俄狄浦斯认为神谕是错的，但又感到不安，问道："我怎么能不害怕我母亲的床呢？"（p.80）正如斯坦纳所指出的（Steiner, 1985, p.164），这是个有点奇怪的担忧。伊俄卡斯忒试图让他平静下来：

> 不要害怕和母亲的婚姻；
> 很多人都曾承受过——
> 只是这发生在他们的梦中。那些
> 想得最少的人，活得最舒适。（p.81）

弗洛伊德对这些话印象深刻，并在作品中引用了它们（Freud, 1900, p.264）。我们注意到，伊俄卡斯忒说这些话的态度很随意，好像这是2500年前人人都知道的事实。

当信使听到这个预言时，他认为自己可以让国王放心，因为他就是那个从底比斯的牧羊人那里得到小俄狄浦斯的牧羊人。他告诉俄狄浦斯，他不是波里玻斯的儿子，不需要害怕与他视为母亲的女人（波里玻斯的妻子）见面。网正在收紧。伊俄卡斯忒现在明白了一切。然而，俄狄浦斯还没有将拉伊俄斯和伊俄卡斯忒丢弃的孩子的命运以及信使告诉他的信息联系起来。他知道科林斯的父母不是他的亲生父母。他现在想知道他真正父母的身份，换句话说，他到底是谁。他误解了伊俄卡斯忒不顾一切地阻止他进一步提问的企图，以为她是为他卑微的出身感到羞耻。这时，十字路口相遇的幸存者到了，他是俄狄浦斯召回来的。他也试图躲避回答俄狄浦斯的问题，他清楚地预见了回答这些问题的后果。然而，俄狄浦斯强迫他开口。在幸存者和科林斯信使的对话中，很明显，幸存者就是那个牧羊人，他在伊俄卡斯忒的命令下把孩子带到山上，把他交给了科林斯的牧羊人，救了俄狄浦斯的命。这两个牧羊人的重逢最终不可挽回地证实了一个毁灭性的事实：俄狄浦斯就是杀害拉伊俄斯的凶手。不仅如此，拉伊俄斯就是他的父亲，而伊俄卡斯忒是他的母亲。

痛苦中，伊俄卡斯忒一路喊着拉伊俄斯的名字跑回了卧室。俄狄浦斯紧追其后，哭喊着要一剑杀死她，“因为她生下了所有人，生下了他和他的孩子们”（p.91）。我们注意到，他刚刚才得知，她要把他送到山里，让他死于婴儿期。

我们从一个从宫殿进入舞台的仆人那里得知：俄狄浦斯并没有拿到剑，而是怒气冲冲地撬开了伊俄卡斯忒卧室的门，发现她上吊了。他从她的长袍上扯下金胸针，用针尖挖掉了自己的眼睛。

索福克勒斯的戏剧以俄狄浦斯下令把自己驱逐出底比斯而结束。结尾的合唱点出了他遭受的可怕悲剧——“他解开了著名的谜语，他是最强大的人”（p.170）。

索福克勒斯对神话的改编

神话是一场命运的戏剧。拉伊俄斯曾经虐待过一个男孩。神用不育和威胁性的神谕惩罚他。当他的儿子出生时，他试图通过杀死婴儿来避免预言应验。而当俄狄浦斯向神谕询问出身时，神谕者在第一个诅咒的基础上又加了一个诅咒。因此，对俄狄浦斯的惩罚是继发于对整个家族的惩罚。正如《旧约》（*Old Testament*）中嫉妒的上帝所说："恨我的，我必追讨他的罪，自父及子，直到三四代"（出埃及记，20：5）。俄狄浦斯试图逃避自己的命运，但每次逃离的尝试，实际上都让他离命运更近一步。这个神话的戏剧性讽刺的一个方面是：人与命运抗争是徒劳的。命运是由神决定的。神谕预言了未来，即便参与者试图逃避命运，但始终是逃不掉的。

在神话描绘命运的戏剧中，俄狄浦斯作为一名棋子出现在众神的游戏中。索福克勒斯把这个神话变成了一部心理剧。他不关心家族的诅咒。俄狄浦斯是推动戏剧发展的主角。但他也是自己的对手。忒瑞西阿斯直接说："克瑞翁不是你的敌人，你才是自己的敌人"（p.61）。忒瑞西阿斯、伊俄卡斯忒和牧羊人都尽他们所能尝试说服他停止调查。然而，俄狄浦斯坚持追寻真相——神谕的真正含义是什么；又是谁杀死了拉伊俄斯；最后，当证据指向他时，他又是谁？

这个神话的中心元素（杀死父亲和与母亲结婚）构成了伴随俄狄浦斯走向自我认识的悲剧背景。因此，《俄狄浦斯王》主要不是一部关于谋杀和乱伦的戏剧。正如鲁德尼斯基所指出的（Rudnytsky, 1987），这部戏可以被认为是斯芬克斯之谜的活现。在与斯芬克斯相遇时，俄狄浦斯在智力层面上解开了这个谜题。但面对过去，他必须解开自己的人生之谜[①]。

责任和罪责的问题很复杂。俄狄浦斯杀死了拉伊俄斯，又以另一件罪行做出回应。他卷入了乱伦关系，尽管他可以声称这是在不知情的情况下发生

① 鲁德尼斯基的专题论文（Rudnytsky, 1987）是本节的主要参考资料。另见文献（Gammelgaard, 1993）。

的。要理解悲剧中的罪责问题，我们必须考虑索福克勒斯戏剧的结构和他展现悲剧情感的方式。在古希腊人看来，俄狄浦斯的过错并不是一种邪恶或不道德的行为，而是一种错误（mistake），亚里士多德（Aristotle）称之为“悲剧性的弱点（hamartia）”。他的罪过是无知。亚里士多德认为，悲剧性的弱点是一种严重错误，会给英雄带来致命的后果，但不应该被解释为英雄的个人罪过（Gammelgaard, 1992）。加默尔高继续说：

> 错误并不会反映在行为人身上，成为个人要负责任的主体性问题。然而，他独自承受着自己的命运，始终走在一条以不幸告终的道路上。作为旁观者，我们一路看着他，然后会想起某个情况，把他的命运与我们的联系起来。（p.7）

寻求真相的俄狄浦斯

在传统解读中，《俄狄浦斯王》是一部关于寻找自我知识的戏剧。18世纪90年代，将索福克勒斯的戏剧译成德文的荷尔德林（Hölderlin）生动地描述了追寻真相的俄狄浦斯。他在对文本的注释中强调，俄狄浦斯：

> ……拼尽全力想要找到自我，他粗暴甚至近乎无耻地努力成为自己的主人，愚蠢而疯狂地寻找意识。（1952，vol.5，p.199；鲁德尼斯基译）

荷尔德林对俄狄浦斯的看法是浪漫的。俄狄浦斯不仅是能解答斯芬克斯谜题的优秀的人，也不仅是一个坚决寻求谋杀案真相的人。他还热衷于寻找关于自己的知识。弗洛伊德没有引用荷尔德林的话，但他很清楚这种对俄狄浦斯性格的解释。琼斯（Jones）复述了弗洛伊德的回忆：他还是学生的时候会在维也纳大学的拱廊里闲逛，看着那些著名的老教授的半身像，幻想自己也会有一个类似的半身像，上面刻着来自《俄狄浦斯王》中的合唱的最后一句话：“他解开了著名的谜语，他是最强大的人”（Jones, 1955, p.13-14）。

当弗洛伊德选择俄狄浦斯作为他的智慧英雄之一时，他就有了一个令人印象深刻的同伴。这里我再次引用鲁德尼斯基的专题著作（Rudnytsky, 1987）中的内容。亚里士多德认为《俄狄浦斯王》是一个典型的悲剧，一个引起观众怜悯和恐惧的家庭戏剧，描绘了随着悲剧的完全展开，从无知到有知的转变。然而，在亚里士多德之后，对神话的阐释淡化了。18世纪70年代，德国的莱辛（Lessing）将《俄狄浦斯王》重新改编为一部关于自我反思的戏剧。因此，它标志着思想史上一个运动的开始，鲁德尼斯基称之为“俄狄浦斯时代”。这指的是，俄狄浦斯在整个19世纪都被视为德国的一个主要知识人物，德国许多浪漫主义和理想主义的核心哲学家和作者都专注于俄狄浦斯的性格。因此，席勒（Schiller）、荷尔德林、冯克莱斯特（von Kleist）、黑格尔（Hegel）以及后来的冯哈特曼（von Hartmann）和尼采（Nietzsche）都对俄狄浦斯的性格产生了类似于索福克勒斯的戏剧的理解，或提出了自己的看法。在这些作品中，俄狄浦斯被描绘成索福克勒斯戏剧中的主角——追求真相的俄狄浦斯，一个想要认识自己的人。

然而，弗洛伊德不仅仅是借用了一个流行的主题。他将俄狄浦斯戏剧从描述层面（神话）提升到了动力性和结构的层面。他赋予了俄狄浦斯动力一个核心位置，这并不局限在人格发展（俄狄浦斯情结）的范畴，还包括认知发展。例如，在讨论小汉斯（Little Hans）的案例时，弗洛伊德写道：

> ……妹妹的出生刺激了他的思考，这种思考一方面是不可能得出结论的，另一方面又使他陷于情感冲突之中。他面临着婴儿从哪里来的巨大谜题，这可能是第一个涉及儿童心智力量的问题，而底比斯的斯芬克斯谜题可能只是一个变型版本。（1909a, p.133）

在案例介绍中，他写道：

> 求知欲似乎与性好奇是分不开的。汉斯的好奇特别指向他的父母。（p.9）

1915年，弗洛伊德在《性学三论》(*Three Essays on Sexuality*) 中增加了一个部分，标题是“童年的性研究”，其中第一章涉及“求知的本能”(1905b, p.194)。在《鼠人》(*Rat Man*; 1909b, p.245) 和《引论》(*Introductory Lectures*; 1917b, p.327–328) 中，这种求知的需要被翻译成英语为“求知本能 (epistemophilic instinct)”。这也是克莱因在她早期作品的英译本中使用的概念，例如在《俄狄浦斯冲突的早期阶段》(*Early Stages of the Oedipus Conflict*) 中：

> 求知冲动与施虐之间的早期联系对整个心理的发展都非常重要。这种本能被俄狄浦斯情结所激发……(1928, p.169)

因此，弗洛伊德和克莱因都把俄狄浦斯情结的动力与求知的冲动联系起来，并且都把这种冲动看作一种本能的力量。

格林 (Green, 1969) 进一步研究了俄狄浦斯情结的动力及其与认知发展的关系。在他的法语原书中，有一个神秘的标题“多了一只眼 (Un Œil en Trop, 英语为An eye too many)”，他引用了荷尔德林的几句话，这个标题正是来自这几句话：

> 俄狄浦斯王的眼睛可能太多了。这个人的痛苦似乎是无法形容、无法言说、无法表达的。(Hölderlin, 1823)

在荷尔德林看来，俄狄浦斯的痛苦和堕落与他努力寻找杀害拉伊俄斯的凶手密切相关。神谕的预言没有明确提到拉伊俄斯。如果俄狄浦斯满足于凶手必须受到惩罚的观念，故事本可以就此结束。但相反，他更进一步，因此逼出了克瑞翁对拉伊俄斯之死的思考：

> 在你接手这座城市之前，
> 陛下，我们的国王叫拉伊俄斯。(p.52)

这将神谕的内容与拉伊俄斯的命运联系起来，尽管他们在一开始并没有必然的联系。俄狄浦斯之所以如此努力地解释预言，用荷尔德林的话来说，是因为他的眼睛太多了。格林解释了荷尔德林的观点。当某人的眼睛太多，他就不得不去诠释（去解开谜语、梦、神谕）。诠释不仅是一种可能性，还是一种义务和必要。这个主体与自己出生的关系构成了这种必要性的基础，因为个人不可能对自己出生的秘密保持沉默——父母共同参与了这个生命的孕育，孩子却被排除在外。对于孩子来说，他们不可能确切地知道受孕的过程。格林（Green, 1969, p.238）说："涉及亲属关系，总是有太多的东西需要诠释。"伽达默尔（Gadamer）对这个的问题发表过看法："历史性地存在意味着我们对自己的认识永远不可能完全"（见Rudnytsky, 1987, p.51-52）。

近年来，一些作者讨论了这种求知欲。布拉斯（Blass, 2006）在阅读弗洛伊德对列奥纳多·达·芬奇（Leonardo da Vinci）的研究时发现了一种对知识的激情，这种激情也标志着弗洛伊德本人对现实的好奇和态度。她的结论是，精神分析提供了一种认识论，在这种认识论中，激情［而非超然（detachment）］参与了人类对知识的探索，而自我认识的分析目标的基础正是人类基本的求知动力。

菲舍尔（Fisher, 2006）在讨论好奇心和求知的本能时，以比昂的情感链接（affective links）概念［X喜欢Y，X讨厌Y，X知道Y（X Loves Y, X Hates Y, X Knows Y)］为出发点。他认为L（Love）和H（Hate）是快乐原则的表达，而K（Know）是现实原则的表达（好奇心、求知欲）。他说道：

> ……发展的动力在于这些冲动的链接和冲突之间的张力。也就是说，在每个阶段，它都处于"K冲动"（要知道）和"L或H冲动"（要感觉良好或避免感觉糟糕）之间的张力动力性变化中。换句话说，发展的动力是快乐原则和现实原则之间持续存在的张力关系。(p.1225)

因此，在布拉斯和菲舍尔的文字中，我们都发现了俄狄浦斯式的激情和求知的根本欲望之间的紧密联系和张力。然而，这种对追求真相的俄狄浦斯的主流观点受到了另一种解读的挑战，这种观点对索福克勒斯戏剧的解读与主流观点截然相反。

掩饰真相的俄狄浦斯

维拉科特（Vellacott, 1993; 也见1971）认为索福克勒斯所写的俄狄浦斯王的戏剧可以有两种相互矛盾的解读：一个是（上述的）传统解读，另一个则认为所有核心参与者从一开始就知道真相，并试图阻止真相暴露。这种解读意味着，在舞台上的故事——俄狄浦斯坚定地追寻关于自己的真相——的背后，另一场更隐蔽的戏剧正在上演：真相正在被掩盖。维拉科特通过指出拉伊俄斯被杀后的事件描述的前后矛盾和被忽视的事实来支持他的观点。根据维拉科特的说法，围绕拉伊俄斯的死有一个沉默的阴谋。俄狄浦斯起初加入了阴谋，但后来开始了"从假装到现实的痛苦旅程"（Vellacott, 1993, p.13）。

尽管该领域的学者对维拉科特的解读没有多大热情，但它对一般读者，至少对精神分析的读者来说是有意义的。斯坦纳（Steiner, 1985）进一步发展了维拉科特对这部戏剧的看法，认为戏剧讲述的是对俄狄浦斯的掩饰，并讨论了导致俄狄浦斯情结的病理解决机制的理解的作用。斯坦纳认为，伊俄卡斯忒、克瑞翁、忒瑞西阿斯、合唱团，尤其是俄狄浦斯自己，都对现实视而不见。他们肯定能认识到这个现实，并且在俄狄浦斯杀死拉伊俄斯后第一次到达底比斯时，他们肯定就已经意识到了。在我的回顾中，我已经注意到一些直接或间接指向真相的事件。俄狄浦斯记下了它们，对它们做出了反应，但他没有得出明显的结论。例如，科林斯青年对俄狄浦斯与父母不相似的评论、父母对他的问题的非理性回答以及神谕明确而不祥的反应。进一步的例子是他杀人时的情况：杀人时间与拉伊俄斯的死亡时间接近，对拉伊俄斯死亡的调查不足，俄狄浦斯对谋杀的惊人无知以及他努力避免将十字路口的遭遇与拉伊俄斯的死亡联系起来的事实。最后，他忽略了忒瑞西阿斯对真相的直接陈述。

与弗洛伊德同时代的剧作家亨里克·易卜生（Henrik Ibsen）也认为，否认与自己有关的现实是人类心理的力量之一。在他的悲剧《野鸭》（*The Wild Duck*）中，有一段发生在睿智的医生雷林（Relling）和理想主义、夸夸其谈的格雷格斯·韦勒（Gregers Werle）之间的对话，后者是自大而又痛苦的亚尔马·埃克达尔（Hjalmar Ekdal）的老朋友。

> 格雷格斯：你对亚尔马用了什么治疗？
>
> 雷林：普通的那种治疗。我尝试保持他的自我欺骗（self-deception）[①]。
>
> ……
>
> 格雷格斯：雷林医生，在从你的魔爪里救出亚尔马之前，我是不会放弃的。
>
> 雷林：那他会更糟糕的。如果你剥夺了普通人的自我欺骗，你也剥夺了他的快乐。
>
> （Ibsen，1884，第五幕，p.158-159）

19世纪前后，易卜生的戏剧在包括维也纳在内的欧洲德语区得到演出和讨论（Brandell, 1961），弗洛伊德也多次提到它们。与此直接相关的一个是，他梦见一篇“以一种绝对的Norekdal风格”写成的文章（Freud, 1900a, p.296）。“Norekdal”是一个（贬义的）形容词，由易卜生笔下两个角色的名字创造而来：《玩偶之家》（*A Doll's House*）中的诺拉（Nora）和《野鸭》中的埃克达尔（Ekdal）。在上面引用的对话中，雷林医生冷静地提到了埃克达尔的自我欺骗，或者说生活谎言——他是一个普通人，需要避免不受欢迎的、痛苦的或可耻的真相，他要掩盖残酷的事实，对现实和关于自己的真相视而不见。

在心理学上，这种视而不见的机制导致了（个体）对心理现实的误解和扭曲。然而，斯坦纳的结论是，这并不是精神病性的否认现实。（个体）观察现实的能力是完整的，但现实本身是扭曲的。在个体的发展过程中，这种扭曲导致了对俄狄浦斯情结的病理性解决方式（Steiner, 1985, p.170）。斯坦纳在其他文章

① 易卜生使用的挪威语单词是“livsløgn”，字面意思是“生活-谎言”，即把自己的生活建立在幻想或自我欺骗之上。

中把这种状态称为对现实的边缘性态度(Steiner, 1979)。当然,这种对现实的错误表述与防御机制的行动密切相关,防御机制以各种方式影响和扭曲对现实的看法,从而导致真相损毁。这使得这些机制对精神分析的心理健康概念至关重要。下面的引述强调了谎言对精神生活的有害影响。首先,比昂认为:

> ……因为这种觉察的缺乏意味着对真相的剥夺,而真相似乎对心理健康至关重要。这种剥夺对人格的影响类似于生理饥饿对体格的影响。(Bion, 1962b, p.56)

然后是挪威作家比约内伯(Bjørneboe):

> 毫无疑问,撒谎是最深的致病的力量。谎言首要的、最近的、最明显的任务是对自己隐藏关于自己的真相。(Bjørneboe, 1966, p.74)

斯坦纳宣称,这种对悲剧的解读与传统解读共存,我们应该接受这两种解读都是真的,俄狄浦斯既知道又不知道(Steiner, 1985, p.165)。这种矛盾的状态直接指向了接受真相和否认现实之间的心理冲突。

对知识的冲突

让我们回到索福克勒斯的文本。亚里士多德指出,在这出悲剧的构建中,一个破绽是俄狄浦斯对拉伊俄斯命运的无知(Aristotle, p.74)。赫顿(Hutton)在他翻译的《诗学》(*Poetics*)中,给这段文字加了一个注释,他认为:

> 俄狄浦斯作为底比斯国王,竟然不知道他的前任国王是如何死去的,这点令人难以置信,但是索福克勒斯压制了他设计的情节中的这个非理性因素。(Hutton, 注15, p.109)

既然索福克勒斯在悲剧的构建上投入如此多的精力，为什么要隐瞒情节中的一个重要元素？难道俄狄浦斯对拉伊俄斯命运的无知这一因素，也是悲剧中有意而为的重要组成部分吗？"无知"实际上构成了俄狄浦斯性格的一个基本特征，也是随着悲剧的发展，在他脑海中展开的戏剧的一个基本特征。考虑到这两种相互矛盾的解读，很明显，即使从表面上看，舞台上上演的剧本也反映出强大的内心戏剧。我们跟随俄狄浦斯与自己的斗争，徘徊在想知道真相的愿望和对真相的后果以及真相会造成的痛苦的焦虑之间。在我看来，索福克勒斯并没有压抑情节中的非理性因素，也没有让两个相互矛盾的版本并存。他描述了一个陷入致命冲突的英雄，一个在想要了解自己的愿望和与这种知识相关的恐惧及厌恶之间挣扎的英雄。由于这种冲突，（用斯坦纳的话说）他对现实视而不见。这种行为就好像他被失明所折磨，就像弗洛伊德的来访者露西·R.小姐一样，她同时知道和不知道；也像弗洛伊德本人一样，他承认自己失明。在这样的解读中，索福克勒斯文本中的这个元素不是结构上的弱点，而是俄狄浦斯心中绝望冲突的表达，这种冲突增加了他性格的复杂性。

当索福克勒斯将俄狄浦斯置于知识与真相的冲突中，他其实是在呈现人类的普遍特征。马斯洛在研究人类动机时，写了一篇关于需要知道和害怕知道的论文（Maslow, 1963）。我们经常会在儿童和猴子身上观察到好奇心，有时这种好奇心甚至达到（带来）危险的程度。孩子缺乏好奇心通常是心理失调（disturbance）的表现。猴子会在没有物质奖励的情况下努力解决难题，因为解开谜题本身就是一种奖励。同时，马斯洛还描述了一种与探索和发现现实的动力相反的特征，一种对新事物和陌生事物的普遍焦虑以及对已知和安全事物的执着倾向。他认为弗洛伊德和精神分析发现了自我欺骗的致病性。

> 从我们的观点来看，弗洛伊德最伟大的发现（同时也是心理动力学的根源）就是，许多心理疾病的主要原因是人们害怕认识自己——害怕认识自己的情绪、冲动、记忆、能力、潜力和命运。（Maslow, 1963, p.118）

马斯洛在文章的结尾指出了求知欲和未知引发的焦虑之间的辩证的、反复的关系。他称之为恐惧与勇气的斗争。

对未知事物的焦虑会触发自我的防御机制，试图保护我们免受被压垮的危险。在治疗中，这表现为对分析过程的阻抗。此外，我们可能会疑惑，在马斯洛所描述的求知需求和对未知的焦虑之间辩证的、反复的关系中，阻抗是不是一个必然的部分？是否在任何情况下，参与精神分析过程的愿望和逃避这一过程中固有痛苦的相反愿望之间的辩证关系，都是精神分析治疗中无处不在的一部分？这种动力指向了心理健康和精神分析治疗中的一个决定性因素，即忍受焦虑和其他痛苦内心状态的能力——来访者和分析师的涵容能力。

在《野鸭》中，雷林医生关于自我欺骗的概念与韦勒的理想主义主张相对应。韦勒这种不顾人或情感的代价对绝对真相的要求，与雷林医生的态度形成了鲜明的对比，后者为人性的弱点留出了空间，为保护人性免受痛苦真相的伤害留下了空间。我们注意到，雷林医生谈论的是普通人，这表明易卜生在考虑一个人能忍受多少真相的问题。这个问题也与弗洛伊德的“逃入疾病”概念有关。关于自己的真相是精神分析性的治疗概念中的一个决定性因素。然而，精神分析师会考虑例外情况，有时他们会接受，疾病（非真相）对来访者来说可能是一种更仁慈的解决方案。

> ……即使是医生也可能偶尔会站在他正在与之抗争的疾病的一边。医生并不会在生活中的所有情况下都把自己限制为一个支持健康的狂热者。……那么，如果我们可以说，每当神经症患者面临冲突时，他就会逃入疾病，我们也必须承认，在某些情况下，这种逃避是完全合理的，而已经认识到这种情况是如何发生的医生可能会默默地、善意地撤退。(Freud, 1917b, p.382)

我们可以把这看作对雷林医生观点的分析性阐述。值得注意的是，易卜生和弗洛伊德都以自己的方式深入研究人类心灵的真相，并相信接受真相本质上是健康的；他们也清楚地看到了对真相的绝对或理想的要求所固有的危险。

他们理解并接受在某些情况下逃避疾病的必要性。比昂提到了同样的主题，他说："……核心罪行是俄狄浦斯发誓不惜一切代价揭露真相的傲慢自大"（Bion, 1958, p.144）。其结果是一场心理灾难。菲舍尔评论了这一段话：

> 比昂最伟大的成就之一是，他证明了承受无法承受的情绪是一个内化的涵容性客体的任务，因为我们中的任何一个人，无论是孩子还是成年人，都无法独自做到这一点。（Fisher，2006，p.1229）

索福克勒斯的讽刺和无意识的知识

《俄狄浦斯王》中的戏剧是一场关于知识的斗争，想知道和不想知道真相。然而，知识的问题比这更广泛。无论是在索福克勒斯的时代，还是在我们这个时代，悲剧的旁观者都知道悲剧的阴谋和结局。忒瑞西阿斯（盲人预言家）也是如此。当他明白俄狄浦斯召唤他的原因时，他说的第一件事就是"知识是一种负担"。他接着说："我很清楚这一点，但我忘记了，否则我就不会来了。"伊俄卡斯忒试图让俄狄浦斯放弃调查。我们不知道她已经知道了什么，但我们观察到，随着戏剧推进，她越来越焦虑，怀疑并最终意识到可怕的真相。牧羊人是十字路口相遇的幸存者，他知道俄狄浦斯杀死了拉伊俄斯，因为知道了这一点，他要求被外派到一个远离皇宫的地方。唯一不知道的似乎只有俄狄浦斯。这种情况在俄狄浦斯所认为的现实和旁观者所知道的现实之间创造了一种具有讽刺意味的张力关系。俄狄浦斯认为，或试图坚持认为，他是作为一个陌生人来到底比斯，他的话语表达了这种误解。对于旁观者来说，当我们把他的话与我们知道但他不知道的东西进行比较时，这些话就有了双重意义（Gould, 1970）。

从心理学的角度来看，舞台上的双重现实可以类比为精神分析中意识现实与无意识现实之间的张力所带来的模糊性。当弗洛伊德将悲剧的进展比作精神分析的过程时，他想到的是一个失明的人对知识的追求，而精神分析的过程是"狡猾的延迟和不断增加的兴奋"（Freud, 1900, p.261-262）。忒瑞西阿斯和神谕所拥有的知识，是俄狄浦斯同样拥有但没意识到的知识，存在于他的身体和思想中的知识：存在但难以企及，就像无意识一样。由于精神分析对现实的感知中存在的这种讽刺元素，真相的确定并不是一件明确的事情（Shafer, 1970）。

在忒瑞西阿斯和俄狄浦斯之间，在能看见的盲人和视而不见的未失明者之间，存在着一种张力关系。在悲剧中，忒瑞西阿斯代表神的知识。在对文本进行精神分析性的阅读时，我们可以说，他代表了对无意识动力的知识。忒瑞西阿斯知道俄狄浦斯不知道的事情。他反复说，“你就是你要找的凶手”（p.60）。在最后的回答中，他向俄狄浦斯讲述了整个故事。俄狄浦斯怒不可遏，指责他是凶手，并将他解职。当俄狄浦斯终于意识到真相时，他挖出了自己的眼睛。他变得像忒瑞西阿斯一样：一个看到真相的盲人。

索福克勒斯保留了神话中的一个要素，即失明以及失明与洞察之间的矛盾辩证关系。文本首先提到，弄瞎自己是阿波罗（Apollo）煽动并由俄狄浦斯亲自执行的一种惩罚。然后它强调了俄狄浦斯可怕的罪行，他谈到了他感到的羞耻。“我不知道我怎么能去冥界，用这双眼睛看着我的父亲或母亲：我竟这样待他们”（p.94）。在这里，他明确地接受了自己的责任——在《俄狄浦斯在科罗诺斯》（*Oedipus in Colonus*）中放弃了的立场。

斯坦纳提供了一种对失明的精神分析诠释：

> 通过弄坏自己的眼睛，俄狄浦斯不仅破坏了自己的心智能力，还因此破坏了自己弥补某些伤害的潜力，而且确保了自己对女儿的依赖。我相信这些观察可以帮助我们澄清俄狄浦斯内疚的本质，并思考是什么让这种内疚可以忍受或无法忍受。（Steiner, 1990, p.230）

很明显，索福克勒斯描述俄狄浦斯是在一种无法忍受的精神状态下，带着一种无法抑制的内疚感自残的，此外，他请求克瑞翁将他驱逐出底比斯。这种情况确实会引起观众的恐惧和怜悯。再一次，我们看到索福克勒斯如何将神话图式转变为复杂而微妙的心理。正如斯坦纳强调的那样，这与俄狄浦斯式内疚的本质有关，而非病理的心理。

总 结 反 思

亚里士多德认为《俄狄浦斯王》是悲剧的典范，几乎完全符合他对悲剧的思考。然而，我们应该记住，《俄狄浦斯王》在亚里士多德对悲剧的概念化中发挥了作用，从而影响了他的思想。所以，索福克勒斯迈出了非凡的一步。在悲剧诞生50年后，埃斯库罗斯（Aeschylus）在舞台上引入了第二个演员，索福克勒斯正是在那时写了一部影响至今的杰作。

亚里士多德（《诗学》，第十四章）说，悲剧要打动我们，就必须发生在亲密的朋友之间或家庭中。此外，故事必须在认识中达到高潮，从无知过渡到有知。格林进一步指出，家庭是悲剧事件的主要场景——这是爱和恨最强烈的地方——而悲剧空间是一个揭露的空间（Green, 1969, p.7-8）。

当某些东西阻碍了这个过程时，自我认识就会出现问题。这个障碍是压抑，它在我们知道的意识和我们不让自己知道的无意识知识之间形成了一条分界线。俄狄浦斯神话涉及一个压抑意识的核心区域：乱伦的欲望和与父母的凶残竞争。自我认知的斗争发生的场所是家庭内部的性和攻击性关系。索福克勒斯在创作他的悲剧时是一个高度自知的剧作家。

斯芬克斯之谜的答案是人。它很可能是俄狄浦斯——一个童年时用肿胀的脚爬行的人；一个成年时成为英雄、国王的人；一个老年时失明、无助，只能依赖拐杖和女儿的人。俄狄浦斯对斯芬克斯的谜语做好了充分的准备。他知道用两条腿、四条腿和三条腿走路。甚至在还是个孩子的时候，他就觉得需要一根可以支撑的拐杖。弗洛伊德在反思这部戏剧对当代观众的强烈影响时表示，它之所以能牢牢抓住观众的心，正是因为它关注我们所有人都能在自己心中感受到的东西。

> 俄狄浦斯的命运使我们感动，只是因为那也是我们的命运——神谕在我们出生前就给我们下了和俄狄浦斯一样的咒语。(1900, p.262)

也就是说，斯芬克斯之谜的答案也是你我，这是一部关于所有人的戏剧。

通过对俄狄浦斯情结的概念化，弗洛伊德将一种思想的历史进程推向了顶峰，就像他对无意识所做的那样。此外，在他1895年开始的自我分析中，1年后他父亲的死起了重要作用，他在给弗利斯（Fliess, 1877—1904）的信中写道，正是在自己身上看到了同样的情况，他才意识到俄狄浦斯情结的普遍性。在概念化中，无论是无意识还是俄狄浦斯情结，他都完成了一个转化，将概念从纯粹的描述性扩展到动力性和结构的水平。弗洛伊德所做的不仅仅是诠释俄狄浦斯的性格。他把俄狄浦斯动力放在理论的背景下，并认为它在人格发展、现实检验、象征形成和思考中起着决定性的作用。

本文的主题是讨论在俄狄浦斯这个人物身上所表现出的、索福克勒斯认为的人的复杂性。在某种程度上，这种智慧在神话中就存在，在那里，家庭是激情互动的舞台。索福克勒斯进一步发展了这一点。俄狄浦斯的复杂性格和他为自我认知进行的激烈的冲突斗争是索福克勒斯的杰作。正是索福克勒斯对人的概念——他深刻表达人类动力的方式——使这部悲剧历久不衰，并成为精神分析思维和理解的丰富灵感来源。

第二章

外部客体之谜

弗洛伊德的知识观从一开始就是康德主义的，而精神分析似乎也始终都保持着这样一种立场。我们是否能将“外部客体”一词的含义追溯到精神分析的这一认识论基础？

在本章中，我将综述弗洛伊德的思想及一些客体关系理论（克莱因、温尼科特和比昂）中的内部或外部问题。我将基于这些背景提出一个简单模型，用以在一个中心维度上区分客体的概念：内部客体、外部客体和分离的他者。其中主要的观点是：（1）“我”并没有直接的、无中介的对人作为分离的他者的知觉——他者的经验总是受到“我”的主体性的影响；（2）在强烈的移情反应和投射状态下，“我”对一个人的感知被内部客体的特质所支配——而他人对“我”来说“成为”一个外部客体；（3）当这种扭曲不那么占据主导地位的时候，对“我”来说这个人在更高程度上保持住了分离的他者的位置——一个有自己权利的人。

我会用临床材料来说明这些现象，同时展示这个模型的图示。最后，以此模型为背景，我将有选择地对第三位置、正常的移情、哀悼和孤独等现象和概念进行评论。

> 总的来说，内部对外部的色彩渲染和扭曲当然是精神分析所关注的中心问题。(Spillius et al., 2011, p.326)

客体关系理论的基本假设

自我处于与内化客体的关系之中，这是客体关系模型的一个基本假设。这些客体是婴儿和儿童时期重要人物的表征。当这些人物被内化之后，它们就作为客体在内部世界中发挥功能。自我与客体表征之间的关系被称为“客体关系”，它们会被赋予特定的情感。一个令人恐惧的父亲可能会被内化为一个严厉的父亲客体，它与自我中内疚、焦虑或是羞耻的部分形成威胁性的关系。也有人提出另外一种假设——我们内化的是客体关系而不是客体。但这一变式并没有改变客体关系模型中的基本点：客体-情感-自我这组表征是个体人格中的建构材料。

这一假设基于桑德勒的表征概念和他对表征世界的概念化（Sandler & Rosenblatt, 1962）。对泛指的术语“内部世界”与某种程度上更加具体的表征世界之间的区分，在客体关系理论家中并不被普遍接受。我不认为这一分歧会影响本章的总体论点，因此将它放在一边。

首先我们要在一个人（自我）和第二个作为客体的人之间的关系中的概念和动力的历史背景下来看待“客体”这个术语的使用。弗洛伊德所说的“客体”主要指一种驱力的对象（即个体需求和努力的对象）。客体关系模型从精神分析最初的这些概念中逐渐发展出来，客体这一术语被保留，但它的内涵发生了变化，变得更加复杂。内部客体不是一个与自我相关联的“主体”，而是一个“客体”。此外，在我要提出的模型中，外部客体显然也不是与自我相关联的主体。对他者主体性的认可是一种发展的结果。只有当他者被视为分离的人的时候，其主体性才会得到认可和欣赏。实际上，后者是他者经验的关键一步，也是心智化能力的核心组成部分。如果没有这样的发展，那么他者就仍是一个客体。博拉斯曾提示，并将这一体验的特征命名为“正常态（normotic）”（Bollas, 1987）。温尼科特基于他的观察，用这个术语来表示一种类似于虚假自我状态的防御态度。自我和他者都被体验为客体，是表面的，缺乏心理主观深度。这个人表现得太正常了，用博拉斯的表述就是异常的正常（出处同上，p.136）。

我在本章要考虑的问题如下：什么是外部，或者说外在客体？一个“人”和一个“外部客体”的区别是什么？作为讨论的背景，我将简要回顾弗洛伊德、克莱因、温尼科特和比昂对心理或外部维度的思考和概念化。之后，我将用临床材料来说明相关的现象。这个问题从根本上涉及精神分析如何理解内部现实和外部现实之间的关系。我们就从与之相关的精神分析理论的认识论开始。

精神分析的认识论立场

精神分析一直以来都保持了弗洛伊德在早期著作中所表达的认识论立场。19世纪晚期，欧洲德语区的哲学已经回到了康德的批判哲学。利布曼（Liebmann, 1865）和兰格（Lange, 1866）主张理性和经验主义方法论是通往知识的唯一科学途径，他们反对绝对的和形而上的认识世界的可能性。弗洛伊德赞同这些思想：

> 无意识是真正的心理现实；它的本质对我们来说就像外部世界的现实一样未知；无意识数据所呈现的心理现实就如同感受器官所传达的外部世界一样不完整。(Freud，1900，p.613)

新康德哲学学派与弗洛伊德一样，认为通往知识的道路就是通过理性思考来阐释经验。[①]现实的真相只能接近而永远无法触及。在20世纪，这一批判实在论立场发生了变化且日渐式微，但是在精神分析和一般科学领域中仍然保持着强有力的地位。

这一知识观所带来的结果之一就是，人也因此在直接的、“真正的”知觉之外。那我们怎样才能了解另外一个人呢？此外，在精神分析思想中，人和客体之间的联系是什么？在阅读当代精神分析文献的过程中，我们很快会被客体这个术语如此多的不同用法所震撼：内在的或内部的、外在的或外部的、真实的、

① 关于这一点更详细的讨论，见文献（Tauber, 2009）和本书的第四章。

现实的、活的、分离的、好的、坏的、迫害的，等等。通常，这些不同类型的用法没有进一步的阐释，仿佛其含义不言自明。其中尤其令人困惑的是关于与他人关系的术语和外部客体这个术语的使用。人、客体和外部客体似乎常常作为同义词使用，可以互换。也因此，我们需要知道，一个人什么时候是一个“人”，什么时候是一个“客体”？一位母亲是否总是一个“客体”？还是有时候她仅仅是一位“母亲”？

术语的灵活性和思维的混乱

在研究“客体”这样的概念时，必须注意一个问题：这个术语在不同的分析模型中有不同的内涵。在概念形成的过程中，我们必须在两个相反的因素之间找到平衡——既需要清晰度和准确度，也需要灵活性和弹性。我们必须面对这样一个问题：我们需要这个概念具备怎样的弹性？同时，还要探寻是否存在一个点，在点的两边，有益的弹性转变成不清晰的思维和模糊的混沌（Sandler, 1983）。弗洛伊德在有关自恋的论文中反思了这个问题：

> 经验性的诠释……不会羡慕那些拥有流畅的、逻辑上无懈可击的基础的推论，而是会满足于自身朦胧而几乎无法想象的基本概念，期待在发展过程中被更加清晰地理解。（Freud，1914b，p.77）

弗洛伊德引入了“客体”的概念，但其意义与后来的客体关系模型不同。首先，他所说的“客体”是驱力-满足的对象，存在于一个人类主要追求快乐的模型中（Sandler & Sandler, 1998）。在《哀悼与忧郁》（*Mourning and Melancholia*, 1917a）中，说法更为复杂。客体与自我相关，且会影响自我的经验。在当代客体关系模型中，这一概念被阐述为人格的充分成熟模型。

与内部或外部问题相关的困境

哈马莱宁（Hämäläinen, 2009）曾对精神分析中内部或外部的问题进行了讨论。他起初认为这个问题看起来似乎微不足道，但随后注意到，表面上的清晰如何在仔细观察时消散。此外，他想知道我们是否应该避免提出这样的问题，以免潜在空间遭到破坏（参考Winnicott, 1953）。在讨论的最后，他提出了三个方面的困境：

> 我们如何识别他人的主体性，在对此持续保持真实意识的同时……避免陷入极端现实主义？
>
> 我们如何保留过渡现象和相关的全能感而不陷入宗教激进主义？
>
> 我们如何与另一个真实的分离的主体互动……？
>
> （Hämäläinen，2009，p.1295）

这三个问题与我要讨论的主题——我们如何了解另一个人——密切相关。在我看来，极端现实主义的危险在于，将他者知觉为存在于世界上但没有内部生命的一个表面或一件物体（博拉斯的“正常态”态度）。而宗教激进主义的危险似乎指向那些属于过渡空间的意识形态和信仰体系，在哈马莱宁对温尼科特的解读中，这些领域里真相是全然确定的，就像孩子与过渡客体的关系一样。如果对一个体系或者个体的信仰成为无可争议的真相和现实，那就是宗教激进主义。最后一个问题是，当我们对他者的知觉受到内部现实的影响时，将他者作为一个分离的存在来互动的可能性。哈马莱宁还指出，这些问题在精神分析思考中一直被回避，并提出了一个假设，认为其原因之一是这让我们面对“被人类本质孤独的威胁唤醒的存在焦虑”（p.1277）。

我所要做的是探究客体关系理论中一个人（我，自我）和另一个人之间关系的基本结构，借此尝试阐明哈马莱宁所提出的问题以及思考这些问题的方式。

与上文所述精神分析的认识论立场一致，我的假设是我和他人之间并不可能存在直接的（真实的或客观的）的联系。关系总是会被知觉者内部的客体世界以某种方式中介。我将举例说明如何概念化这一中介机制。但，让我们首先简要浏览一下精神分析中有关“心理现实或外部现实”问题的思想。

心理或外部：精神分析概念形成概述

弗洛伊德

如前文所述，弗洛伊德从一开始就关注到了心理和外部现实之间的关系。从上文的引述中可见，无论是心理现实还是外部现实都无法被完全了解。在《梦的解析》（*The Interpretation of Dreams*）第七章中，他引入了“知觉同一性”和“思维同一性”的概念，二者共同构成了区分初级和次级思维过程及其与快乐和现实原则之间联系的基础（1900, p.597-603）。当外部世界缺乏驱力-满足对象时，（饥饿的）孩子首先会感知（形成幻觉）满足体验的记忆（知觉同一性）。然而，这并不能令他满足，而刺激过程会通过创建一个认同该体验的思维来创造该体验的心理形象。这便是有意识思考和与外部现实接触的开端。

在后续的论文中，他发展了关于初级过程和次级过程（尤其在梦与无意识的联系中）以及快乐和现实原则的思想（Freud, 1911b）。弗洛伊德认为，自我成为心理的代理人，它与外部现实保持接触，并“协商”本我（驱力）、超我（道德要求）及外部现实的约束与可能性之间的张力与冲突。从知觉到思维同一性的转变标志着自我发展的开始，并为延迟和迂回机制、自我功能的特质以及个体对现实的适应铺平了道路。

弗洛伊德关于哀悼和忧郁的论文（Freud, 1917a）可以说是一颗孕育了客体关系模型的种子，同时也是本章的论点。这篇论文的关键元素就是个体对心理痛苦的承受力。当个体有能力承受和涵容丧失与悲伤时，良性的循环就会占优。这一循环包括几个步骤：接受死亡与丧失（的现实）；哀悼；最终保持与现实、也包括与未来丧失的联结。可以说，人生就是一个不断形成关系和处理丧失的循环，也就是一个依恋与哀悼的循环。

如果接受现实的能力不足，我们就可能要面对恶性循环：死亡和丧失（的现实）被否认；哀悼过程无法开启；自我变得贫瘠和空洞（对失去的客体自恋而矛盾的认同，而非解除力比多对客体的依恋）；现实（他人）由于客体表征的投射而变形（Freud, 1917a）。哀悼是对死亡的“正常”反应。忧郁则是误入歧途的哀悼。用弗洛伊德的话来说，当死亡的现实被否认时，“客体的阴影……（落到）自我身上，而后者……（可能）因此被一个特殊的代理人审查，它就如同一个客体，一个被遗忘的客体”（出处同上，p.249）。在弗洛伊德的论文中，我们可以看到两种截然不同的面对生活挑战的方式。一种是将目光转向现实，接受它原本的样子，这一姿态让哀悼成为可能；另一种则是对现实视而不见，矢口否认，这一姿态的后果则是思考被魔法式的全能控制代替，哀悼的过程永远无法开始。

克莱因

克莱因的客体关系模型主要强调的是内部客体或部分客体的世界。[①]与弗洛伊德的模型相比，在克莱因的分析中，外部现实作为心理生活的一个影响因素以及代理人的重要性被淡化了。不过，克莱因仍然把自我与现实的互动，尤其是挫折的体验看作心理发展的一个重要因素。挫败感会放大死亡驱力，同时也与坏客体的内化相关（Spillius et al., 2011）。在她对两种心位的区分中，我们可以注意到偏执-分裂心位更加主观的部分客体与抑郁心位更“现实的”整体客体之间的振荡。部分客体往往是母亲乳房的严重扭曲版本，在偏执-分裂心位，投射和内摄机制以及分裂起到了核心的作用；在抑郁心位，客体整合并表征为整体的人，更接近现实。这是自我逐渐发展的结果：

> 整合、意识、智力能力、与外部世界的关系以及其他自我功能正

---

① 想想那个关于克莱因派的被分析者在咨询迟到后的思考的笑话：我知道这是我的无意识，但公交车也确实卷入了一起交通事故。

在稳步发展……尽管乳房仍旧被作为主要的客体，与作为一个人的母亲之间的关系也在逐渐发展，当孩子能够感知并内摄作为一个人的母亲时，这种关系会变得更加稳固和充分，对她的认同也会得到进一步的增强。(Klein，1952，p.72)

在随后的文本中，有一个与我们的主题直接相关的观察：

隐含于抑郁心位修通过程中的、不断面对心理现实的体验，增强了婴儿对外部世界的理解。相应地，父母的形象也从原先被扭曲的理想化或可怕的人物变得逐渐接近现实。(出处同上，p.74)

在抑郁心位，父母的内部表征变得更加现实，而父母本身可能成为修复、关心和爱的客体。

克莱因在这里描述的是婴儿出生后第一年的心理发育。不过，她提出的“心位”的发展方式并不是通过或达到。心位是在任何时候都可能被激活的潜在位置。因此它们在人一生的心理现实中都持续发挥着作用。

温尼科特

温尼科特对心理或外部问题的主要贡献在于提出了体验的中间区域，它既不是完全内部的，又不是完全外部的。他将之命名为“潜在的”或“过渡的”空间，对于儿童来说，由过渡客体占据。在温尼科特看来，儿童占有这样的客体是为了保存一种全能控制的幻觉，它仿制的是婴儿控制一个尽其所能适应婴儿需要的母亲的幻觉：

从出生开始……人类就面临客观感知和主观设想之间关系的问题，如果母亲没有开一个足够好的头，那么这一问题就无法以健康的方式解决。我所指的中间区域是能够允许婴儿处于原始创造力和基于现实检验的客观知觉之间的区域。(Winnicott，1953，p.11)

温尼科特指出，如果没有足够好的母亲的帮助，婴儿就不可能从快乐原则走向现实原则，也不可能建立一个这样的中间区域。这样的母亲需要能够：

> 主动适应婴儿的需求，并根据婴儿日益增长的理解适应失败和承受挫败结果的能力而逐渐减少这种适应。（出处同上，p.10）。

这里温尼科特预见了比昂的模型，在比昂的模型中，母亲对婴儿焦虑的涵容是婴儿发展出承受挫败的能力和思考机制的必要条件（Bion, 1962a; 1962b）。

在温尼科特的思想中，潜在空间对人类文化的发展起着至关重要的作用（Winnicott, 1953）。他强调其具有悖论的性质："婴儿创造了客体，但客体实际上已存在，等待着被创造并被贯注为客体"（Winnicott, 1971b, p.89）。这一表述完美地补充了弗洛伊德认识论立场的复杂性。它与新康德哲学的批判立场以及比昂"前–构想"的说法密切相关（见后文）。

在温尼科特的思想中，外部世界和作为外部存在的人的心理活动在婴儿心理中的发展，是从通过认同与客体相连到使用客体的进程（Winnicott, 1971b）。在通过认同与客体相连的过程中，儿童将客体体验为其自身可以被全能控制的一个部分。在使用客体的过程中，儿童赋予客体一种独立的存在，并以这种方式把它推向外部现实（也就是一个"真实的"人的方向）。

博拉斯曾对投射性认同在感知他人过程中的作用做出评论。他指出，投射性认同的问题在于，其兴趣点是自我的投射而不是他者的特质。他补充道：

> 排他性地使用这一（投射性认同）理论去知觉、认同、共情以及批判性评估会带来破坏客体本身完整性的风险。我们很难逃脱这样一种具有讽刺意味的认识：一种旨在通过心理入口来确认我们对他者感知的理论，恰恰可能导致自我取代他者。（Bollas，2006，p.713）

这一观察结果也与哈马莱宁在他的讨论中指出的困境一致。博拉斯基于自我将他人知觉为分离的他者的能力，替代性地提出了“知觉认同”的概念。[①] 拥有了这种能力，自我就可以欣赏他者的特质，从他者的完整性中得到滋养，并赞美他者的不同存在。他用温尼科特式的思维方式[②] 总结道：

> 这个模型预设了差异（而非相似）带来的愉悦，隐含着对客体差异的欣赏……知觉认同使我们得以去爱一个客体。（出处同上，p.714）

比昂

比昂（Bion, 1962a）将弗洛伊德的模型发展成了更详细的思维理论。他的出发点明显是康德主义。他将思维按照发展历史分成前-构想、构想（或思维）以及概念三种类型。前-构想是一种体验重要现实片段的天生特质。他以婴儿对乳房的期待为例。当一个（对乳房的）前-构想接近实现（真实的乳房）时，其结果就是构想。他将对乳房的先验知识和一种“空洞的思维”称为前-构想。这些都是康德主义的观点。这意味着独立于经验的知识或真相，先于（对真实乳房的）经验存在的知识。

康德的认识论试图通过逻辑来确保真实和精确（即科学）（Kant, 1781）。比昂将康德的理论体系应用到弗洛伊德的理论构架中，并形成了一种关于思维发展的心理学理论。他的出发点有三个方面：儿童的基本需求、天生的心理能力以及当他们的需求未被满足时对挫折的承受力。

比昂用婴儿和乳房的模型来表述他的思想。他描述了前-构想、实现和挫折承受力的四种“组合”或“配置”。第一种出现在前-构想与其实现相遇的情况

① 这里博拉斯使用了“自在之物”的表述。在这一段落的其余部分中，他使用了“客体”或是“自在之客体”的说法。为了和本文的论点一致，我用“他者”或“分离的他者”来代替。

② 在当前这个相当有限的内部或外部议题中，博拉斯是对温尼科特的补充。但在其他领域，他的贡献当然是高度独立的。

下：婴儿饿了，而乳房就在那里。其结果就是构想。因此构想就与满足的情绪体验紧密相连（Bion, 1962a, p.306–307）。

其他三种配置涉及婴儿饿了但得不到乳房的情境。比昂写道："我提出的模型是当婴儿对乳房的期待以没有乳房可供满足的方式实现时的情境。这种相遇被体验为无–乳房，或是'缺席的'内部乳房"（出处同上，p.307）。

然而这种情境是相当模糊的。婴儿有没有能力处理缺席的乳房所带来的挫折？"如果对挫折的承受能力是足够的，那么内部'无–乳房'会转变为一个思维，并发展出'思考'它的装置"（出处同上，p.307）。这是第二种配置。乳房不在，但挫折被承受住了，那么结果就是一种思维以及一种思考装置的发展。比昂所描绘的思维出现的方式符合弗洛伊德的思维同一性观点以及他的自我发展模型。当自我承受住了没有与满足性客体相遇的挫折，并开始"思考乳房"（思维同一性）的时候，它就能适应现实（通过延迟和迂回机制）。这就是弗洛伊德的"现实原则"。

如果对挫折的承受能力不足，婴儿有两种选择来处理这个坏的内部"无–乳房"情境：(1) 逃避；(2) 修正挫折。当婴儿无法处理挫折时，就不会形成观念或思维，而是导致逃避。[这是对弗洛伊德模型的补充。弗洛伊德没有讨论孩子无法承受"无–乳房"挫折的情况，尽管他在文献（Freud, 1917a）中曾有所暗指。] 这种无法承受挫折的负面的实现不会产生思维，而是会形成一个坏客体（β 元素，自在之物），只能进行排空。排空进一步打乱了思维装置的发展，投射性认同取而代之（Bion, 1962a）。如果挫败被修正，会发生什么呢？这就是比昂讨论的第四种配置。修正指的是将无法承受的挫败变为可以承受的过程。儿童挫败体验中的一个关键因素是母亲的白日梦（reverie），也就是母亲将婴儿无法承受的内部状态（婴儿无名的恐惧）修正为可承受的感受状态。这一过程使"K链接"的建立成为可能（1962b）。K链接是比昂用来描述与现实相关的知识（一个思维）的一个术语。因此，与排空（目的在于否认现实）相比，修正旨在了解无–客体（因缺席而触发了挫败感的客体）。这个过程相当于比昂的 α 功能，通过这一功能，感官状态获得心理意义。他将K链接和 α 功能与对现实的好奇心联系起来，而 β 元素指的则是仍然无意义的感官状态。由于没有意义，因此也不受制于心理层面的工作，它们只能排空，例如，通过我们能够观察到的心理躯体化的过程。

在考察比昂的理论时，我们要去探究，儿童能够承受挫折是一种理想情况，还是一种发展过程的最终产物？如果没有母亲的存在和涵容功能，婴儿还能处理它们的内部状态吗？我们倾向于认为母亲的涵容功能是婴儿发展过程中必要的促进因素，构想和思维的形成是婴儿在没有这种辅助下无法完成的过程。这意味着比昂的第二种配置其实是第四种配置的特殊（理想）实例，这与温尼科特的模型密切吻合。

同样值得注意的是比昂的模型与福纳吉（Fonagy）的心智化模型的对应关系。在后一个模型中，心智化能力——即对自己和他人心理状态的反思能力——与孩子对父母的依恋相关（Fonagy et al., 2002）。因此，比昂和福纳吉都将儿童心理环境的质量，尤其是儿童的焦虑得到处理的方式，看作思考和心智化能力发展的基本因素。

比昂的理论细化了与外部现实有关的思维装置以及构想和思维发展所需要的条件。他指出了当婴儿得不到支持、无法处理不可避免的挫折和焦虑时，这种发展会受到怎样的干扰以及个人从经验中学习的能力将受到何等严重的损伤。

总结

弗洛伊德将他对外部现实的构想及其在心理现实中的地位——快乐和现实原则的区别——建立在知觉同一性和思维同一性的观念上。克莱因和温尼科特各自发展出概念来处理同样的动力。克莱因的模型包含了对现实如何被知觉扭曲的详细描述——通过投射性认同、分裂和否认。她提出的两种心位指出了对现实更多扭曲的知觉和更少扭曲的知觉之间的区别。这一区别也关系到对他人的知觉。

无论是在过渡空间的概念上，还是对通过认同和使用客体来与客体联结的区分中，温尼科特给出了婴儿从全能的初级过程思维到更加现实的体验他人发展过程的精确描述。此外，他还强调了母亲对孩子情感抱持的重要性，这能帮助孩子发展承受挫折和面对现实的能力。

比昂从弗洛伊德的模型出发，详细阐述了一个更加具体的思维理论。他细化了温尼科特提出的挫折承受力的观点，这个观点最早暗含在弗洛伊德关于哀悼和忧郁的论文中。需求满足客体缺席时的挫折承受能力是比昂模型的核心。这种能力与否认现实和接受并发展出思考现实的装置这两种选择相关联。用比昂的话来说，要在 β 元素的排空（即投射性认同带来的无意义感官印象）和形成K链接并产生 α 元素（即有意义的感官印象）这二者之间选择。

比昂弥合了弗洛伊德和客体关系模型，也就是弗洛伊德的“驱力客体”和克莱因与温尼科特的客体关系作为人格建构材料之间的鸿沟。

这四个模型从不同的角度探讨了精神分析中内部或外部的问题。在我看来，它们对婴儿与外部现实接触以及婴儿现实原则的发展过程的核心概念是相通的。

对他人的体验

在上一节中，我从总体上回顾了三个客体关系模型（克莱因、温尼科特和比昂）中的内部或外部问题。从认识论立场上并没有看出明显的差异。因此，当我们转向对他人知觉的具体问题时，这三个模型的主要论点其实是共通的。

在内部世界中，自我表征与内化的客体表征是相互关联的。那么在现实世界中，一个人与另一个人之间的关系又是怎样的呢？我们已经看到，自我与真实的人之间不可能有直接的关系。对“在那里”的那个人的知觉，总是受到被情境中特定因素激活的内部客体关系的影响。这就意味着，一个人（我）与另一个人的关系被这个人在我身上激活的（内部）客体的特质所影响。换句话说，一个在真实时空中情绪上重要的人物，会与一个我内心世界中的客体发生联系，并因此接管这个客体的情绪责任。用上文的例子来说，内化的父亲客体在后来与权威人物的相遇中会被激活，并渲染和扭曲对这些人的知觉。这就提示我们，来访者对父母的描述并非“客观的”描述。我们获得的是他们对父母的客体表征的描述，而这些是被特定方式“扭曲了的”描述。在分析过程中，通过对移情的分析和修通，对父母的描述会被修正，变得更加“正常”，更少被投射所扭曲

（也见Klein, 1952, p.74）。

如果扭曲非常强烈，就像我们在强烈的移情反应和投射中所见到的那样，那么对这个人以及与他的关系的知觉（体验）会被客体特质及其激活的情感主导。在这种情况下，对这个人的体验，在很大程度上就被固着在其对自我的意义上。在知觉者的心中，这个人就"变成了"这个客体，而这个人对知觉者来说就充当了外部客体的角色。

所以，客体在内部世界而人在外部世界。此外，我们可以将与人的关系说成与一个外在或外部客体的关系。外部客体是因（内部）客体关系的投射或情绪移情而被错误知觉的人。这个人并没有被"现实地"知觉和对待，而"就是"他者（Zachrisson, 1998）。客体"背后的"人被"转移"到这个真实的人身上——也就是移情的概念！外部客体一词就是对这一思想的浓缩。

临床片断

下面的材料可以用来说明我们正在讨论的这种动力。被分析者B是一位30多岁的音乐家。他和他的家庭成员（母亲、父亲和弟弟）关系紧密。在B的描述中，他父亲是一个很分裂的人：聪明、强壮、暴力；同时，他又非常善良和自我牺牲。B觉得父亲对儿子们十分尽心，但同时也粗暴、居高临下。

B性格中的核心元素是分离焦虑以及对攻击的压抑。咨询记录摘自他第一年分析的最后几个月。这些材料展示了客体表征在移情中如何强烈地影响着对分析师的体验。

咨询记录

在一个清醒的噩梦中，B看到父亲在床上，仰面平躺在他身边，双臂伸开，头朝一边，被钉在十字架上，已经死了。他害怕极了，转过身看了看他的妻子，又看了看父亲。然后他醒了过来，又看了父亲两次，才意识到父亲的身体和手臂其实是床单和毯子，而头则是地上的一个废纸篓。这个梦出现在B为父亲准备生日庆祝会的期间，他正在竭尽所能地让父亲开心。同时，他也对父亲羞辱自己的态度感到愤怒。心目中父亲的形象在无限善良和残酷贬低之间摇摆不定。

B由此产生了一系列联想：父亲拽着B闯红灯过马路，态度粗暴而烦躁。B当时7岁，对父亲违反法律的记忆非常清晰，印象十分深刻。他想起自己十几岁的时候偷了一本色情杂志，逃跑的时候浑身颤抖，迷迷糊糊，就像处于恍惚状态。接着，一个极其羞耻的想法让他瞬间僵住：他想象我在他身后充满鄙夷地手淫。他深感屈辱。居高临下的父亲被移情到轻蔑的分析师身上，从背后俯视着他。

尽管如此，B还是表现得很顺从，深深感激我能够倾听他的诉说并接纳他。他无法想象与我意见不同：即便不赞同，他也会适应我。这一动力的综合图景在我们的工作中逐渐浮现出来。他的顺从与他和母亲的关系有关，在幻想中，这么做是为了防止母亲拒绝他，拒绝父亲对他的羞辱及其激发的挫败和（无意识的）愤怒。这些元素都出现在移情关系中，且分析师可以向他描述：他内心对被母亲抛弃的焦虑，被父亲羞辱却没有任何方式自卫的焦虑——以及这一场景如何在他的很多关系中反复出现（包括和分析师）。

有一天早晨，B没有来咨询。在下一次咨询中，他讲述了自己由于害怕睡过头，晚上醒了好几次检查是否上了闹钟。但最后一次他碰巧把闹钟关了，结果到了咨询结束的时间他才醒过来。他说治疗给了他沉重的、有时几乎是承受不了的压力。但他不能允许自己责备我。该被责怪的是他。他要再多设一个闹钟。

在下一次来咨询的路上，B想象那是我每天第一节咨询，而我更想和妻子在床上多待一会儿。这个想象令他勃然大怒。但意象很快发生了变化：他看到我孤身一人，郁郁寡欢，妻子离我而去。他一下子被怜悯之心抓住。但暴怒仍然在他的内心占据上风。权威人物在他心中闪过：教师、部队的教官、他的父亲和我。此时，矛盾的冲动拉扯着他。他开始对自己会做什么感到害怕。他想象自己拿着锤子攻击我——然后他看到了我的表情，那种轻蔑瞬间把他压得粉碎。

这出活现在内部客体世界中的戏剧扭曲了他对过去和现在的情境的知觉。父亲的抑郁和对儿子的依赖，父亲的善良、轻蔑以及暴怒给他带来的矛盾体验在他的内心碰撞，使他陷入情绪的旋涡。这些情感在分析中被激活，并移情到了分析师身上。

不久之后有一次我需要取消咨询。B一开始的反应是反对，他不愿意服从我的安排。接着暴力而毁灭的意象出现了。他想象自己使劲敲桌子，举起斧子向桌子砍下去。他想象我坐在他身后，脸上挂着嘲讽的微笑。他想象我看着他，心里觉得他十分丑陋。而他躺在躺椅上，暴露无遗，备受羞辱。

我指出，取消咨询似乎提醒了B一个事实，也就是我和其他人之间也有关系。他打断我，说他认为我打算开始见一个新的来访者。而且，他还认为我告诉了这个新来访者，我很快会有一些额外的咨询时间空出来——就是他的这些咨询时间。

从这里我们可以看到B的愤怒有几个不同的来源：(1) 他在躺椅上感受到的羞辱；(2)“他被迫把自己的位置让给一个新来访者”的想法；(3)“我在欺骗他”的想法。但他仍然觉得指责我将引发灾难性的结果。只要他稍稍动怒，就会酿成大祸。他注意到之前我曾向他描述过这样的想法和感受，但当时他并没有理解我的思路。他现在感觉到，这些才是问题的核心。

在下一次咨询快要结束的时候，他感到愤怒令他无法呼吸。他害怕自己会失控并真的对我进行身体上的攻击，于是他开始道歉。但他忽然停了下来，说：“我现在已经厌倦了不停地道歉！”我感觉他忽然瞥见了他父亲和我的区别，并且随着我们对移情进行的工作，他最终开始更多地以我的样子来看待我。

B强烈的父亲移情扭曲了他对我的体验，我被他内摄的非常复杂、矛盾、有时分裂的父亲客体形象转化成了一个外部客体。我们已经集中在这一点上工作了1年多，我努力让这一动力更加清晰，而他努力从内心去看见和接纳这些力量。现在，我们的努力开始结出果实。他说厌倦了自己总要道歉，是走出这一移情的小小的第一步，通过这第一步，我在他心目中逐渐变得不那么是“父亲”或“母亲”，而是更“真实”。当他在圣诞节假期结束后回来时，他对我的感受有了一些变化，谋杀式的暴怒和分离焦虑在他心中不再那么显著，其他的主题开始进入我们的工作。

分析师作为一个分离的他者

现在让我们对这个案例做一些思考，在这一片段接近尾声时，与他人的关系不再那么被内部客体的特质所支配。B对他者（我）的知觉变得不再那么僵化。它不再被移情客体的特质主导，并且他人（我）可以作为一个分离的他者出现。B开始将分析师知觉为一个个体，以分离于自己的方式与自己产生关系。这个他者，由于被他知觉为一个人而被投入了兴趣，甚至可以说是好奇心和关心，因而关系变得可以改变和发展。比起之前的另外一种位置，这种对他者的体验拥有更鲜明的存在感和更丰富、更自发的性质。我认为这样的发展来源于分析工作的累积效应：（1）分析师与移情特质的配对，对来访者的感受和投射的涵容以及澄清和诠释动力的努力；（2）来访者努力理解动力，并能够让这些洞察影响他的自我理解和对分析师的知觉。所有因素都在这个过程中发生。这类发展通常不会是向一个新的功能水平的忽然跳跃，而是一小步一小步、来来回回的积累，反复的修通是必要条件。

这个模型的概念与诺维克（Novick）等人发展出的开放和封闭的自我调节系统的概念有着惊人的相似。他们写道：

> 我们……对施受虐及其内部防御性质的全能信念的研究使我们认为：在发展过程中有两种截然不同的冲突解决方案。一种是与现实相协调，特点是快乐、有能力和创造力；另一种则是回避现实，特征是施受虐、全能感和停滞。(Novick & Novick, 2001, p.26)

诺维克等人将这两种自我调节系统与双轨发展模式联系起来。从胎儿期到青春期，不同阶段的环境反应质量，也就是父母如何承受他们以及孩子在儿童期所体验到的痛苦和焦虑，在个人发展轨道中起着一定的作用。我们注意到，这种思想与前文所述的温尼科特和比昂的观点趋同。同时，我们也注意到封闭和开放系统与克莱因的偏执-分裂和抑郁心位之间的对应关系。事实上，如果我们想到这些不同的概念所处理的现象之间是紧密相连、甚至有时是相同的，那么这些趋同也就不会让我们感到惊讶了。

尝试绘制全面的模型图

总结我们的推演，可以得出如下简单的观点。（要记住，我们的焦点仅限于客体概念的一个方面，也就是内部或外部维度。）内部客体关系是内化客体的各个方面与自我表征之间的情感关系。外部客体是通过投射或移情外化到一个人身上的内部客体。对一个人的知觉中投射的部分较少时，这个人可以被体验为一个分离的他者。外部客体和分离他者之间的差异是相对差异。外部客体被其所投射的内部客体的特质“渲染”或“投注”。这意味着他们被自我所控制，因而对于自我来说具有固定的意义，就像一个封闭的系统。在临床材料中，我们可以看到，内化了的父母表征如何通过移情扭曲B对分析师的知觉，使分析师看起来是欺骗的、拒绝的和充满蔑视的。与之相反的是，当一个人被知觉为分离的他者时，他——在更高的程度上——是不会被外部客体关系所支配的。他者可以激起好奇心，而体验会产生变化。

我们可以把这两种不同的与人连接的方式设想为两个可能会被激活的位置。在第一个位置上，自我与被投射或移情的“外部”客体联结，从某种程度上来说，这与内化的客体没什么区别。在第二个位置上，我们对与他人的关系具有相对现实的知觉。这种知觉不可能完全不被内部客体世界“扭曲”，但它足以让他人在知觉者心目中成为一个“独立的存在”，并且为彼此的联结、关心、兴趣、学习和知识开辟空间。

在发展过程中，儿童会在两个位置之间摇摆。当一个孩子或来访者从与“他者”联结变成与“外部客体”联结时，是对现实抓取的松动，就像从抑郁心位转向偏执-分裂心位（克莱因），或是从开放的自我调节系统转向封闭的自我调节系统（诺维克等）。我们可以将其视为一种退行，但这是一种位置和轨道之间转换的退行，而不是根本上的发展道路的倒退。显然，我们必须面对这种正常的成长特性。在一个更成熟的位置和一个更不成熟的位置之间摇摆，是人类发展的特征，也是发生改变的特有历程。

图2是这一模型的图示。从中可以看到自体体验他人的两种位置。左边的位置Ⅰ展示了当客体主导他者体验时的动力，而右边的位置Ⅱ展示了他者被知觉为“他人本身”时的动力——相对远离了投射。

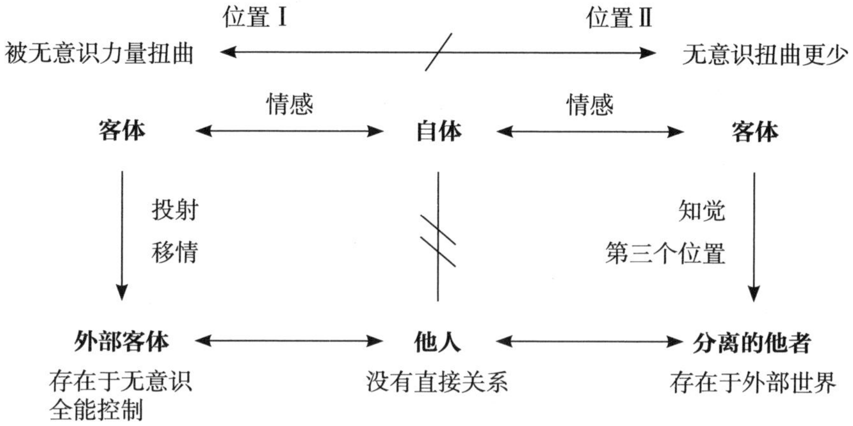

图2　将他人作为外部客体和分离的他者的体验

模型中分布的体验的特质

我们可以假定将体验的特质分布到图中（图3）的两个位置上。大致上把更具投射性的和“主观的”元素放在左边（位置Ⅰ），把更“真实的”知觉元素放在右边（位置Ⅱ），与弗洛伊德的“快乐/不快乐”和现实原则对应。当然，这只是展示这些概念位置及其内涵的方式之一。

Ⅰ 外部客体	中部空间	Ⅱ 分离的他者
封闭系统		开放系统
外化		第三个位置
投射	“正常”移情	知觉
意义固着	过渡空间	好奇和兴趣
（“精神病”	“神经症”	“正常”
孤独？		关系？
空虚？		联结？）

图3　模型中体验特质的示意图

外部客体留驻在主体的内部世界中。极端情况下，它隶属于一个封闭的经验系统，不受现实的影响（Novick & Novick, 2001）。在另一个（第三个）位置上，主体认可他者的他者性，并在现实中给予它独立于自体的存在。他者被认可为其自身。这种独立性引起人们对“它是谁”的好奇和兴趣，也正是在这个位置上，个体才能从体验中学习。

温尼科特的过渡空间处于内部和外部世界之间，是一种悖论式的存在，既不在外部也不在内部，又同时在二者之中（Winnicott, 1953）。非精神病性的移情也在过渡空间中占据同样的悖论位置，既在内部又在外部，同时处于过去与现在（Freud, 1914b; Zachrisson, 1998）。不可抗拒的移情（Freud, 1912a）指的是来访者对分析师的积极体验，在这种体验中被移情“变形”的分析师不会成为工作的阻抗。在讨论治疗和工作联盟的概念以及有成效的分析性工作的条件时，这个概念发挥了作用（Evans, 1976; Stein, 1981）。在这个模型中，它属于开放系统（Ⅱ），即第三个位置——治疗性改变发生的位置。甚至可以说，正是由于自体将某些方面善意地“投射”到他者身上，才创造了被他人共情理解的条件。事实上，这一过程作为一种互动现象，产生了非言语沟通和理解。随着时间的推移，这一互动关系与移情分析结合，就能够逐步将分析者从移情和投射的“扭曲”中解放出来。临床上要说明这一进程并不容易。来访者逐渐撤回投射，开始更加共情性地知觉分析师，并开始在分析性关系的体验中形成一种更深入的互动。这样一种“良性循环”就是我们所说的“好的”分析过程的一个特征。

我和温尼科特在一个点上持不同想法。他认为孩子对过渡客体具有一种全能控制的幻觉。在我看来，这种幻觉隶属于“外部客体”动力，过渡空间则是一个中间位置，在幻觉和知觉之间。

极端的外部客体是一种精神病性的体验（Britton, 2007）。另一个极端——完全没有投射（主观性）的知觉，则是一种虚拟的、“理想的”位置，就像“正常”，即完全非-神经症，是一种无法触及的理想状态。大多数来访者都处于中间区域，至少保留了一些对现实和他人产生兴趣和好奇的空间。因此，他们可以参与和分析师之间“正常的”移情关系，使内部客体关系和阻抗可以被修通。这将使内部和外部现实之间的区分更加明确——也就更能够创造性地使用潜在空间的各种可能性。

哈马莱宁反思了这些问题带给我们的焦虑，一种被人类存在性孤独的威胁所唤醒的焦虑（Hämäläinen, 2009）。让我们来看看关于孤独的三个开创性的分析文本。温尼科特（Winnicott, 1958）认为，他人在场下的保持孤单的能力既是关键发展步骤的结果，也是成熟的标志。相对地，弗罗姆-莱克曼（Fromm-Reichman, 1959）描述了她的精神分裂症患者深度而痛苦的孤独体验——一种无法言说、无法承受的焦虑。克莱因研究了内部孤独感的来源，认为这种状态源于“无处不在的对无法企及的完美内部状态的向往”（Klein, 1963, p.300）。她把这种孤独与偏执和抑郁焦虑联系起来，与弗罗姆-莱克曼一样，她将孤独视为精神分裂症或抑郁症的一部分。这些观点似乎都认为：无论哪种形式，孤独都是一种普遍的人类体验。但它在严重精神病理状态下会变得更加恶性和令人痛苦。本文的论点促使我们对此进行更多的反思。自我在某个位置上与投射或移情的“外部客体”产生联系，这与内化客体无异。这一体验与一种深度的孤独感相连，因为这种关系并不是互动的真实的关系，而是一种更类似于精神病状态的虚假关系。从这个角度来说，最深层的孤独属于“外部客体”动力。而在另一个位置上，对他者（作为一个人）的体验是以分离为标志的，这种分离包含了关系的可能，因而是对孤独的缓解。

对与模型相关的一些理论概念的评论

将本文的思路与其他模型和概念进行比较也具有启发性。只要模型之间共享认识论基础，并在个体对世界的知觉中赋予移情和投射位置，我们就可以预期观点和概念形成的趋同性。这其实不言而喻，因为角度虽然不同，但现象是相同的。

西格尔在符号方程中（Segal, 1957）提到了现实检验的崩溃。符号或语词等价于它所表征的事物。想法和现实没有区别。提及事物的名称就会使其成为真实，形成愿望就使愿望实现。在这样一种内部状态里，思维无所不能，对现实施加神奇的控制，就像在“外部客体”的位置上一样。我所描述的两种位置和斯坦纳（Steiner, 1993b）指出的来访者的两种态度之间也存在密切的关系：被（治疗师）理解的需要和（自己）去理解的愿望。这并不奇怪：去理解的愿望显然是一种面对现实的好奇心和努力。基林莫（Killingmo, 1989, 1995）对基于冲突和基于缺陷的心理病理的区分也与此类似。前者的治疗目标是通过诠释揭示无意识冲突，这与模型中的位置Ⅱ对应。在基于缺陷的病理状态中，治疗目标是不同的。在对无意识冲突进行诠释之前，需要先确认自我经验的意义（肯定化）。这些来访者需要先被理解，才能对自己产生好奇心和去理解的愿望。

布里顿的“第三位置”与我的位置Ⅱ（见图2）非常相似。布里顿（Britton, 1989）用这个术语来指代孩子的一种能力——以目击者而不是参与者的方式去观察父母关系，并承受其中的爱和恨的感受：

> 如果孩子的内心可以承受在父母关系中知觉到的爱和恨，那么这就为他提供了一种客体关系第三位置的原型，在这个位置上，他是目击者而不是参与者。第三位置的存在使得客体关系可以被观察。从这一点出发，我们也可以设想被观察的位置。这就为我们提供了一种能力，让我们看到与他人互动中的自己，可以在保留自己观点的同时接受他人的观点，在做自己的同时也可以反思自己。（Britton, 1989, p.87）①

我们注意到布里顿呼应了承受一个人感受状态的重要性，温尼科特和比昂也都强调这一点。引文的最后一句清晰地预示了心智化模型的一个核心要素（Fonagy et al., 2002）。

---

① 本书的第一章讨论了俄狄浦斯动力和知识的冲突（追求自我认识和否认现实）之间的关系。

模型的一些价值

以这个模型为背景，精神分析任务的一个核心方面就变得更加清晰起来。我们试图帮助来访者从一种固着的关系状态向另一种更现实的关系状态转变，也就是说，从把人当作外部客体（被主导的内部客体关系的投射所扭曲的）去建立关系，到把人当作分离而独立的他人去建立关系。我们可以认为这是一种从“过去幽灵式”的移情朝向真实关系的变化，具有体验和学习（一个“新客体”）的全新的可能性。这种对他者分离性和主观性的知觉能力，通过移情分析和修通得到加强。这是来访者收回投射的过程。这种反思的一个副产品是，我们可以看到区分（内部）客体和（真实）他人的能力就是“第三”位置的一个部分。因此，第三位置在知觉者的心中建立起了对现实和对另一个真实的人的兴趣和好奇心。这一观点也阐明了第三位置所发挥的功能是现实检验和经验学习能力的先决条件。因而第三位置也呼应了分析态度（分析师均匀分布的注意）中最为关键的因素，也就是共情或反思倾听中的反思部分。

我们需要注意分辨“正常”移情和“精神病性”移情。在正常移情中，被分析者对分析师的体验保持着一种“仿佛”的性质。客体的特质被投入分析师，但并没有被（完全地）认同。这类移情给予了分析师潜在空间，与温尼科特的过渡客体类似。相对地，当来访者将分析师认同为客体时，也就是当分析师对来访者来说成为一个外部客体的时候，这种“仿佛”的体验就消失了，来访者进入了一种错觉，现实检验崩溃了。

在弗洛伊德的《哀悼与忧郁》一书中，我们也认识到两种相反的面对生活挑战的方式。着眼于现实、带着好奇心和兴趣拥抱现实、从经验中学习——这些使得哀悼成为可能。而另一种方式则是对现实视而不见，并否认现实。其结果就是思考被魔法式的全能控制所取代，哀悼的过程永远无法开始。所以，哀悼是从自我到现实知觉的必要元素：在对分裂的自我重新整合的过程中，也在放弃对分离和死亡的否认的过程中，也就是要接受现实本来的样子（Caper, 1992; Steiner, 1996）。

带着这些思考，我们重新回到文章的开头，对哈马莱宁关于精神分析中内部或外部关系的结论做出评论：我们如何认识他人的主体性，对其保持真实意识，而不陷入极端现实主义中去？我们如何能够保留过渡现象以及与其相关的全能感，而不陷入宗教激进主义中去？最后，我们如何能够与另外一个真实而分离的主体互动？（Hämäläinen, 2009, p.1295）

这些问题也许听起来艰深晦涩、吹毛求疵，实际上却相当重要。如果我们思考的基础不够清晰或模棱两可，那么整个大厦就不稳定。概念的灵活性是必要的。但清晰度也是重要的，减少模糊的概念的努力在精神分析中必有其一席之地。

认识他者的主体性，而不是仅仅将他者看作“客观”表面的能力，避免宗教激进主义（也就是对绝对真相知识的全能幻觉）的能力以及将他者知觉为真实的、分离的主体的能力——这三种能力都取决于知觉者在与他者关系中的位置，取决于他们知觉这个“分离的他者”的能力。反过来说，当投射严重扭曲他者形象时，我们就会发现极端现实主义（将他者视为世界上的一个表面或一件事物）、宗教激进主义（真相源于自我的全能判定）以及对他者主体性的知觉无能。无法将他人认识为“分离的他者”的缺陷就会导致这样的结果。没有这种认识，他者就不会被知觉为独立的人，而仍然是一个缺乏自主性和主体性的外部客体。

第三章

精神分析——一门科学？

［与亨里克·D. 萨克里松合著］

区分科学和信仰体系的决定因素是知识的效度。那么，我们如何验证精神分析的理论呢？更具挑战的问题在于，验证它们是有可能的吗？

我的合著者H. D. 萨克里松和我尝试开发一个针对精神分析知识效度的探索性模型。其中核心的问题是：精神分析理论是可以完全从精神分析内部进行验证（内部效度），还是需要引入精神分析以外的知识（外部效度）？我们认为二者都需要。内部效度需要处理观察的主观性和推理的循环性问题，外部效度则需要处理相关性的问题。为了防止理论向错误的方向发展，我们建议在理论建设中采取自律和批判的态度。通过仔细检查理论的薄弱点并验证观察结果，可以降低愿望思维（wishful thinking）出现的风险。我们总结出了一个探索性的效度模型。这个模型将内部和外部标准的一致性和连贯性相结合，为精神分析的验证过程提供了一个四叶参考模型。

争　议

1997年11月，安德烈·格林（André Green）和丹尼尔·斯特恩（Daniel Stern）在伦敦会面，讨论婴儿研究与精神分析的相关性。这场辩论带来了《临床和观察性精神分析研究：争议的根源》（*Clinical and Observational Psychoanalytic Research: Roots of A Controversy*; Sandler et al., 2000）的出版。这一出版成果不仅标志着两位当代精神分析巨匠的相遇，也是对精神分析作为一种知识体系的核心争议的总结。这场辩论的基本问题是精神分析理论的效度。格林坚持认为只有来自咨询室的数据才与精神分析相关。这就意味着精神分析只能在精神分析的框架内部，也就是通过精神分析师的分析实践来验证。斯特恩则认为，精神分析理论必须——至少是间接地——由非精神分析知识（如婴儿研究）验证其合理性。这里的问题在于：是可以仅依靠精神分析本身去证实其理论效度？还是有必要引用其他来源的知识？

桑德勒等人（Sandler et al., 2000）著作的其他贡献者以及之前的几篇论文都讨论了这个问题。这些文献的主题有两个方面。一方面是关于精神分析知识能否成为自然科学或人文科学的一部分，或二者都可以，抑或二者都不可以；另一方面，是关于精神分析知识与其他领域知识的相关性。本文的目标是在尝试整合上述两个主题的基础上，提出一个针对精神分析理论效度的启发式和规范式的模型。我们并不想开发一个正式的效度清单，而是想提出一个可以让精神分析师用来评估理论质量的内部模型。我们的目标是在日常工作的背景下讨论科学理论，精神分析师可以将之应用于阅读、精神分析论文撰写、参加会议、与同事讨论，当然还有治疗情境，简而言之，就是任何需要精神分析理论参与的情境。我们的意图在于讨论精神分析师的理性态度，而不是为精神分析制定一个研究方案。

理论、真相和效度

理论这个概念通常与观察或实践相对应。用更科学的话语来说，理论的功能是“理性化、解释并掌握（世界）”（Popper, 1959, p.59）。亨普尔（Hempel, 1996）也强调理论的解释性，它作为某种对无法被观察的事物的陈述，旨在连接和理解观察结果。因此，理论指的是具有表述功能的抽象陈述，能够解释、预测、甚至（用现代主义的术语来说）掌握观察所得。理论处理的是观察之外的东西。它们帮助我们理解观察结果之间的关系，即事情是如何发生的以及为什么。最关键的是，理论给予我们做事的理由，例如，选择某种干预措施或是期待干预措施产生某种效果。因此，临床上的诠释并不是理论，理论是构成临床诠释的基础的思想。

精神分析的科学地位一直处于激烈的争论之中。为了简化这个问题，我们将这场辩论的一个重要部分定位在规范性，而不是技术性的层面。也就是说，这是态度问题，而不是方法问题。这一区分或许可以解决这场辩论中的部分分歧。科学态度涉及批判性地和“客观地”质疑自己的知识，即便科学的现实并不总是这样（Latour & Woolgar, 1979）。采取批判性的态度而不采用表面价值，从一开始就是精神分析的基础，并且事实上与精神分析的历史解释学观点并不冲突。里克尔（Ricoeur, 1970）在使用“怀疑解释学”这个概念描述精神分析实践时强调了这一点。在科学哲学中，巴舍拉尔（Bachelard, 1940）在质疑科学家努力工作背后的动机时，转向精神分析寻求一个解释性的框架。在更为“科学导向的”哲学家中，波普尔（Popper, 1959）提出了对理论进行系统性怀疑的模型。他认为科学最严格的形式是由其命题可被证伪来定义的。这意味着从理论中推导出的预测需要在实验或是在自然事件中被检验，也就是当特定观察成为可能的时候。在这样的检验中存在着不相符的可能性。预测是在观察之前就提出的，这能够起到防止愿望思维的作用。尽管格伦鲍姆（Grünbaum, 1984）说明了弗洛伊德实际上确实证伪过他的一些理论，但对于精神分析来说，证伪仍是一个复杂的问题。在波普尔主义的意义上，大部分精神分析知识所依赖的诠释要去证伪是相当有问题的（甚至是不可能的），而对理论假设的系统和实验性的检验又超出了常规精神分析实践的范畴。出于这个原因，在精神分析知识的发展中，需要有其他方法来防范不加批判的主观性风险。由此可见，持续质疑和批判性地反思自己的工作，以及否决、改进或扩展理论假设，也就是批判性态度，都极具必要性。批判性态度在建立理论和模型的过程中，通过寻找使理论失效的薄弱点和观察结果，起到了防止愿望思维的作用。只要知识的延伸仍然是发展新理论和验证旧理论的目标，那么这种对自己的知识始终保持怀疑的态度就是必要的。为了保证精神分析知识的稳健发展，批判和仔细审查的立场必须作为一种基本的思考态度。举例来说，布拉斯（Blass, 2004）最近就用一些不同的术语强调了这一点。当科恩伯格（Kernberg, 1986）批评分析培训机构更像技术交流学校或宗教修行场所，而不是大学学院或艺术学院时，他强调了两件事：第一，精神分析的双面性，即精神分析中始终存在的理性思考（科学）和创造性直觉（艺术）之间的张力；第二，如果没有一种持续的、自律的和批判的态度，分析就会存在成为信仰和教条的风险。

斯特恩和格林在讨论通俗语言中所说的理论真相时，谈到了合理性和相关性的问题。奎因（Quine, 1992）和戴维森（Davidson, 1990）等哲学家认为“真相”是透明的，这个概念的预设非常不明确，使真相本身变得毫无意义。但它还是开启了一场无止境的哲学辩论。此外，这一真相概念指向某种静态，暗示着用来检验理论的绝对标准的存在。相反，我们更倾向于使用效度的概念以及与之对应的失效概念，它代表的是一种过程和一种努力。我们认为这种动态的效度概念更符合当下精神分析理论发展的现实。通过用效度的概念来取代真相的概念，我们想强调的是一种知性的态度，不仅仅关注对和错，还关注可用性和解释效力，也就是动态的品质。我们的理论在不断进化，在这个过程中，人们所接受的教条也应该受到质疑。当一种理论运转良好的时候，换句话说，它能够帮助我们以一种有意义的方式理解复杂的临床材料并指引我们做出富有成效的诠释的时候，我们对理论的信心就会加强。不过，我们确实面临这样的风险：只看到自己想看到的东西，而忽略不符合我们想法的东西。我们会受到验证自己的理论的诱惑，有时也可能会为愿望思维感到内疚。这就是主观性的问题。

当理论让我们迷失，不能帮助我们理解材料并得出有用的诠释时，我们对它的信心就会被削弱。如果这种经验反复出现，并且在与同事的讨论中得到证实，我们就需要修改理论，或者用更有用的东西取代它。我们可以把这个过程称为“理论的失效”。在精神分析理论的现实情境中，这种失效过程需要时间，并且通常是以延伸或细化而不是证伪的形式发生。对更为充分的理解的需要日渐积累，直到提出对理论的修正或是另外的理解。随后，必须在临床实践中证明新的理论作为一个更好的工具的价值。

科学哲学家们指出了各种各样、或多或少相互竞争的真相标准，每一个都有优势和弱点。我们将考察两个经典的真相标准——一致性和连贯性，我们也将尝试用适合精神分析理论的方式来发展这些标准。我们将讨论限制在这两个标准上，是因为我们试图构建一个适用于日常工作的启发式模型，这就需要把事情看得简单一些。此前关于精神分析中的真相标准的文献也曾聚焦在这些概念上（如Hanly, 1990; Strenger, 1991）。这些标准有其局限性，以下的讨论可以被看作处理或至少是澄清它们的一种尝试。我们的讨论将间接地涉及被称为实用主义和共识的真相标准，尽管我们没有明确地提出。

一致性和连贯性

一致性（Correspondence）

一致性的经典形式是由托马斯·阿奎纳（Thomas Aquinas）通过公式“veritas est adæquatio rei et intellectus”定义的，它可以被翻译为“真相包含了一个客体及其心理表征的一致”。在科学哲学中，这意味着，科学理论如果与观察结果相一致，那么它就是有效的。这是科学实证方法的基石：为了检验一个假设，你必须提出一个可以检验的实证结果，然后检验它。

然而，通过假设使观察形成理论，再回到观察，并不是一项简单的任务。因此，客体与内心客体表征的一致受到了神经科学和哲学的双重挑战。帕利在一篇关于神经科学和知觉的论文引言中指出：

> 每一种知觉实际上都是大脑在情绪、动机和先前经验的指导和影响下，用个体感官线索的建筑材料主动搭建起来的。（Pally，1997，p.1021）

如果我们严肃地将此作为一种认识论陈述，一致就不能简单地指向心理表征本身，因为这种表征部分是由内部或个人因素构建起来的。这就意味着，我们在构建和检验科学理论时，观察本身已经是一个复杂的问题。在精神分析中当然也是如此，对临床事实的讨论将会说明这一点。罗蒂（Rorty, 1979）认为，心理不能被视为“自然的镜子”。他说，我们无法成为自己的观察结果或自己心理的外部观察者。他的结论是，我们在语言之外不可能有任何共同的知识。他认为，没有理由相信心理可以与世界上的客体相对应。相反，我们必须依赖可以通过语言交流的事物。我们并不完全同意这一说法，但支持罗蒂的主要观点，即一致性不可避免地与个人和社会因素相关。

考虑到上述部分论点，对当代形式的一致的讨论聚焦在如何定义表征与客体之间的一致性上。问题是如何理解观察结果并将其概念化，也就是强调语言在定义和表达我们在理论中想要解释的观察结果时的重要性（Quine, 1987, 1992）。因此，我们可以把一致性定义为观察与描述的一致。但这种说法的问题在于意义的建构；诠释是从对客体的知觉向理解以及与他人分享的行动一种行进。为了形成理论可以对应的观察结果，知觉必须用语言来描述。这是一个普遍的科学问题。在精神分析中，这种意义的建构不止在一个层面上进行。当我们构建一个临床事实时，表面的、意识的意义受制于另外一个层面的诠释以及既定的无意识的意义。

奎因（Quine, 1960, 1992）对语词和客体的关系做了深入的讨论。他认为，语言和现实世界之间的联系由观察性的句子组成，即所有有能力的见证者（观察者）都会赞同的描述。如此一来，科学客观性的宏大概念被化解为共识意义上的主体间性的问题（Quine, 1992, p.20）。这反过来引发了第二层意义：通过一致形成的效度取决于精神分析界对哪些观察结果能够达成一致。精神分析必须克服多个人观察同一事件的困难。不过，通过精神分析期刊、会议以及其他方式进行的演讲和讨论的目标，就是对如何诠释临床材料以及发展充分的概念和模型来理解材料达成更广泛的共识。当这些过程富有成效时，就会带来理论上的进步。

奎因认为观察的结果是句子，也就是说，属于语言和话语（在我们的情境中，就是精神分析话语）。因而一个理论是具有效度还是失效取决于交流用语。这就意味着观察必须属于精神分析参照系（话语），才能用来验证精神分析理论。因而，相关性问题对于一致性应用于效度标准来说是非常重要的。

连贯性（Coherence）

理论的连贯性关系到它的稳定性，即理论的概念和陈述与该理论的其他部分之间以不矛盾的方式相关联。比如，研究概念以及概念之间的关系（概念分析)，以呈现矛盾或论证概念稳定性，就是应用连贯性标准的例子。显然，在精神分析中，就像在任何一个知识体系中一样，连贯性是一个必要的标准。当一个理论不连贯时，它就包含着矛盾，这些矛盾可能会以悖论的方式出现，而悖论总是被视为知识体系中非常特殊的情况。在精神分析中，温尼科特(Winnicott, 1953)阐述了他的过渡客体的概念所具有的悖论性质，萨克里松(Zachrisson, 1998)认为移情也具有相关的悖论性质。另一个说明精神分析中连贯性问题的复杂性的例子是反向形成(reaction-formation)的概念。如果没有明确规定使用这种概念的条件，那么理论就是伪连贯的，因为许多相互矛盾的观察可以通过引用这样的概念来"解释"。就其本身的形式而言，这一概念就形成一种诱惑，阻碍了理论与观察之间真正的、富有成效的面质。这并不意味着否定过度决定(overdetermination)原则，即同一现象可能存在不同的起因。但这类概念的使用必须有明确的标准。

传统意义上，真相的连贯性标准与哲学的唯心主义学派相关，该学派认为真相是心灵而不是自然的问题。连贯性标准被一些精神分析师认为是验证精神分析理论最合理的方式。汉利(Hanly, 1990)和施特伦格(Strenger, 1991)都对这个话题进行了深入的讨论。一个问题在于，不止一种连贯性理论可以解释一组观察结果，并且两种连贯性理论可能截然不同。效度因为过于依赖理论而成为相对的概念：

> 真正令人担忧的是，如果我们在语言中所说的事物与现实的任何方面都没有合理联系，那就无法判定关于外部现实的句子是真是假。(Putnam，1995，p.65)

这意味着只使用连贯性标准的弱点在于它不包含理论及其所要描述的事物之间的关系。汉利和施特伦格用不同的术语，得出了同样的结论：在一个句子体系中，仅依靠连贯性并不足以构成充分的效度。这与当代哲学家的观点一致(如Quine, 1987, 1992; Davidson, 1990)，他们认为一致性和连贯性对合理的效度模型具有同等的贡献：

> 如果加以适当的考察，连贯性和一致性就不会成为对立的真相理论，而是两个互补的方面。从最佳的视角来看，连贯性是关于如何到达真相，而一致性则是真相与其所描述对象的关系（Quine，1987，p.214）。

精神分析数据的复杂性

临床事实

精神分析理论效度的一个核心问题涉及精神分析事实的复杂性。这并不是精神分析所独有的，所有高级知识体系在为其理论建立经验基础时，都需要克服自身的复杂性。问题是精神分析中特定的复杂性。精神分析理论建立并试图解释的现象相当多样化。聚焦于情感和关系的内部世界发展中有意识和无意识的象征过程，是精神分析理论的核心现象。来访者的行为和表达自己（性格）的方式所具有的特征，以及自己对这个过程的感受和反应，对精神分析师来说是重要的附加现象。

1994年的《国际精神分析杂志》（*International Journal of Psychoanalysis*）75周年纪念版展示了这种复杂性的一个衡量方法，选择临床事实作为主题，很多人在对这个概念的本质的研究中做出了贡献。多数人似乎都同意，临床事实不仅是事实，也符合某种特定角度的观察结果。

卡珀（Caper, 1994）强调了分析性设置在观察临床事实时的核心地位，奥肖内西（O' Shaughnessy）详述了这一主题：

> 临床事实，产生于分析时间内能够使分析师进入来访者内部世界的特殊条件下，表现为来访者和分析师之间的一种直接心理现实的形式。（O'Shaughnessy，1994，p.939）

卡珀提到了分析性设置，而奥肖内西谈到了分析时间内的特殊条件，或者说特权位置，这使得由此获得的观察结果有资格被称为精神分析中的临床事实。奥肖内西接着说：

> 我的临床观察并不是通过观察“基本数据”，然后做出推论或援引假设和理论而形成的，而是以某种特定的方式体验现象本身。这是一种个人化的观察方式，受制于我的局限性，使用我所拥有的能力，注入理论，或是对来访者的认识……这完全是……“来自我的某个视角”（p.945-946）。即便不是一个从基本数据中进行推断的有意识过程，它也显然是对此刻正在发生的事情“赋义”的一种诠释。在这个过程中，理论起着重要的作用。对这样一个事实的验证必须包括一种共同的理解，要么在分析情境中，要么在督导中，“你对我们所知觉到的材料的理解是否和我对它们的理解是一样的？”

根据这些作者的观点，精神分析事实的复杂性包含了两个重要的方面。一个方面是分析性设置要作为观察的特权位置；另一个方面是要对观察结果赋义，使它们与精神分析反思相关，才能够称之为临床事实。精神分析中的临床事实是发生在分析情境中并在分析性框架下被诠释的观察结果。在初步观察得出的数据和对来访者的内心世界及分析过程进行清晰的理论陈述之间，似乎存在一个连续谱。这一连续谱由几个诠释的步骤组成。分析师观察并注意到在来访者身上、自己身上以及他们之间发生了什么。在这个过程中，他不断地反思这些观察结果，识别（相关）现象，即赋予它们意义。同时，对于在这个过程中被识别出来的不同现象，使用分析性模型将其相互连接，形成关于过程的假设和论述。也就是说，现象在更加理论的层面被诠释。因而出现一个持续建立意义的过程，从现象的识别到对其内涵的理解，再回到新的观察，新的观察又反过来修改理解，如此往复（Gadamer, 1960）。

从这个角度来看，选择什么作为临床事实就是个见仁见智的问题了。基本观察结果、被识别的现象、不同现象之间的关系以及包含并关联几个现象的理论陈述，都是对分析过程概念化时建立分析相关意义所不可缺少的部分。然而，理论与它所关注的现实的一致性问题仍然存在。精神分析中这一挑战的性质是由临床事实及其与理论的关系的性质决定的。

观察临床事实的特权地位的概念与格林的观点一致，即只有在分析性设置中所进行的观察才与精神分析相关。显然，对于那些与斯特恩一样持相反观点的人来说，挑战在于说明他们所引用的现实与精神分析的相关性。由于这些事实在我们所讨论的意义上不属于临床，我们必须证明它们是精神分析性的，也就是说，它们可以被置于分析性话语之中。这是使它们能与精神分析相关联的方式。我们想要用于效度验证的非临床事实必须通过精神分析的诠释才是有效的。要做到这一点，除了进行翔实可靠的精神分析反思之外，别无他法。

格林还面临另外一个挑战，即从主观性到主体间性的转变，这一点是对抗错误信念和循环论证的必要保障。临床事实是分析设置下的、受制于诠释的观察结果，这种性质导致了这个问题。第一步是让几位观察者对一次会谈中所发生的事情的描述达成一致。这里有一部分是实际问题，即如何处理分析情境中的亲密度和保密性。我们不能简单地邀请研究者进入房间。我们只能相信分析师给出的描述的真实性。录音有时也被用于研究，但它只能作为分析师报告的补充，因为不可或缺的反移情反应只能通过分析师的自我报告来获得。第二步是证明对观察结果的分析意义具备主体间的连贯性。不同的分析师会从同样的描述识别出同样的临床事实，还是在识别结果上存在分歧？一个被识别的临床事实在理论上的诠释是相同的，还是不同的？如前文所述，在精神分析论坛上对临床材料的理解和诠释的持续性讨论将这些问题置于考验之中。在精神分析理论的构建和效度检验过程中，分析师们必须能够认识到缺乏共识的情况。我们认为，与会谈中所发生的事情的识别和理论理解相关的所有分歧都应该被认真对待。长远来看，持续的分歧会带来临床和概念上的细化。

内部和外部效度：再论争议

为了约束和发展连贯性标准，施特伦格（Strenger, 1991）引入了内部连贯性和外部连贯性的概念。[①]他的目的在于通过这些概念将某种特定的理论从更一般性的理论中分离开，且前者应包括在后者的内涵之中。他的外部连贯性概念意在将精神分析与其他理论的联系概念化。在他看来，一个理论的内部连贯性必须由其外部连贯性来补充，使其论述能够与其他参考体系或论述联系起来：这个理论应该与其他学科所体现的公认的背景相一致（p.188）。

我们发现施特伦格关于内部和外部的区分是卓有成效的。接下来我们将扩展这一区分，以便更好地把握本文开头提出的争议：仅靠精神分析是否能够验证精神分析理论？其他学科的知识对此是否必要？

更明确地说，我们把前者看作内部效度，而把后者看作外部效度。我们用以下方式来诠释施特伦格所做的区分：内部指的是将精神分析理论视为一个语句的封闭系统，而外部指的是一种与相关的或是更一般的解释系统（即相同或相关领域的其他科学学科）相联系的语句系统。这里隐含着一种内部和外部效度的动态观点，从这个意义上来说，理论的“边界”（什么是外部和内部）是由理论共识和传统或其他（比如专业组织）来定义的。举个简单的例子，将克莱因理论内部的讨论定义为这个模型的内部，而将非克莱因学派分析师聚焦于客体关系的讨论定义为外部。克莱因学派和其他客体关系取向的分析师所具备的共同的理论基础对客体关系理论来说是内部的，而其他精神分析流派则是外部的。我们认为这些边界是探索性和动态的，应根据讨论的问题来采用。

通过应用施特伦格的区分，我们可能会提出以下方法来解决效度问题。内部效度意味着理论框架内的一个语句被放在与系统内的其他语句和在系统内被概念化的观察结果的关系中。这意味着精神分析理论是通过被包括在精神分

① 在我们看来，施特伦格使用“连贯性”这个概念的方式包括了与观察的“一致性”；当提到语句系统中不存在矛盾时，他使用了“稳定性（consistency）”，但我们没有看到他对此的明确表述。

析知识体系中的内容以及在这种参考框架下观察到的结果来检验的，主要就是咨询室中的精神分析。外部效度意味着我们将这个理论与其他知识体系联系起来。它必须与另一个知识体系相一致，或者至少不矛盾，才具有效度。其他理论框架中的观察也可以包括在精神分析的外部效度中。这就意味着精神分析理论至少在非精神分析知识的背景下也是可信的。

与内部效度相关的困境有两个方面，主观性的问题和循环性的问题。我们如何为精神分析理论建立共识性和主体间性的基础？我们是否能在不将这些结构作为研究工具的一部分的情况下研究我们理论的结构？换句话说，由于我们用一种循环的方式论证观点，我们最终可能无法质疑精神分析中的基本理论陈述。当我们先验地拒绝所有非精神分析知识，认为它们与精神分析无关时，就可能落入这样的陷阱。

关于外部效度，问题在于是否有可能通过另一种话语的视角，也就是另一种参考体系，以一种有意义的方式来研究精神分析。换句话说，这样的研究是否与精神分析相关？在我们看来，答案是肯定的，我们将在下文提出这一观点。

一致性和连贯性在内部效度中的应用

内部效度的一个明显优势在于可以在理论发展所使用的语言体系中对其进行检验。在精神分析的知识体系内，对于该理论关注哪些现象、如何将这些现象概念化以及如何解释这些现象，存在一定程度的共识。这大致上就是库恩（Kuhn, 1962）所说的范式。精神分析话语的发展是为了把握那些在其他学科中只在有限程度上被概念化的现象，精神分析通过广泛的理论框架来诠释这些现象。精神分析师可以在日常工作中用经验来对质理论。所有讨论与临床经验相关的理论或理论概念之间关系的新文献都是对这一过程的潜在贡献。格林（Sandler et al., 2000）主张精神分析只能进行内部验证。他认为，心理学研究关注的是精神分析中被概念化为意识和前意识的领域，而只有精神分析关注无意识领域。对于格林来说，这意味着发展心理学或神经科学等临界学科缺乏把握精神分析相关内容的概念框架。精神分析师已经构建了有用的词汇库来概念化

（临床）事实，而这正是这个群体所感受到的有趣之处。想要理解和批判精神分析知识体系的人必须“理解”精神分析的实际话语。如果想要获得与精神分析相关的观察结果，就必须在精神分析的框架里对它们进行概念化。

沃巴特（Werbart）指出了与此理论相关的精神分析理论和观察结果之间的联系：

> 没有观察就无法检验理论。而没有理论，任何观察都是不可能的——（我们）甚至不知道我们应该寻找什么，或是我们应该如何诠释我们所发现的结果。理论存在于两个端点，存在于每一次对自我内部和外部的研究的开始和结尾。（Werbart，1999，p.87）

尽管沃巴特做的是一个普遍性陈述，但它强调了精神分析观察和精神分析理论如何交织在一起，而理论又是如何依赖诠释的。这反过来暴露了在努力验证理论的过程中所面对的循环论证的风险和诱惑。我们认为，这是支持内部效度有必要结合连贯性和一致性的另一个论点。

内部一致性关系到精神分析话语中被概念化的精神分析理论的经验基础。这一方面涉及理论和概念之间的关系，另一方面也涉及上述作为临床事实的分析情境下的观察结果。因为精神分析理论构成了对精神分析设置下的观察结果的概念化框架，所以这些观察属于精神分析内部。通过内部一致性验证的精神分析理论的效度和失效，在每一次精神分析会谈中都潜在地发挥着作用。当临床事实被理解时，观察和概念之间的连贯性得到证明，这有利于理论的效度。不过，这只是对既有想法的确认，并没有产生新的学习。当精神分析师对理论没有信心时，失效过程就会发生。当观察和概念之间出现张力时，我们就处于新的学习发生的位置上。这种张力的产生是由于概念和观察之间缺乏连贯性，或是分析师之间对材料的理解和诠释存在分歧。海曼（Heimann, 1950）拓展了反移情的意义，约瑟夫（Joseph, 1985）将移情重新诠释为总体情境，斯坦纳（Steiner, 1993a）引入心理退缩的概念，这些都是理论发展的例子。其效果就是，如果创新被证明有用，它就会取代（失效的）旧理念。不存在什么关键性的检验，只要以合理的方法应用，就可以促进理论的合理发展。在精神分析理论背景下，无论是在期刊上、会议论文中，还是同事之间，对于观察和临床上事实的讨论都属于内部一致性的应用。

负面结果发表的稀缺在精神分析界应该引起关注。从失败的分析过程中可以学到的东西可能要比成功的过程更多。当然，精神分析实践还需要考虑个人因素。分析的失败是由于理论不足，还是由于分析师的错误？当涉及一致性标准的应用和部分理论失效时，精神分析既是“应用型艺术”又是“科学”的双面性带来了相当复杂的问题。有分析师质疑通过内部一致性来使精神分析理论失效的可能性。一些理论家试图通过将精神分析定义为一种叙事科学，将内部连贯性作为唯一的效度标准来“挽救”精神分析，避免其失去科学性。诚然，精神分析的发展是基于咨询室里的经验和观察，叙事视角是精神分析的一个重要方面，但将其作为精神分析的全部，却是一种投降而非直面科学挑战的表现。正如汉利在关于精神分析中的真相概念的论文中所总结的那样，“一致性理论作为心灵的一个基本态度，对来访者来说是精神分析治疗的必要因素”（1990, p.382）。

通过使用内部连贯性的概念，我们想指出的是以概念分析的形式对精神分析理论进行研究。这意味着研究精神分析理论诠释和概念的连贯性，确保合理地界定和定义概念，并讨论和澄清潜在的矛盾。我们应当引入新的理论概念，并与其他精神分析概念进行相关性的讨论。前面已经提到了温尼科特的过渡性客体概念的悖论性质以及必须谨慎对待这类概念。正如桑德勒（Sandler, 1993）在他关于投射性认同的论文中所提出的那样，概念的弹性程度就是一个需要考虑的方面。他认为并非所有来访者与分析师之间的沟通都是投射性认同。如果是，这个概念就会成为沟通的同义词，把它作为一个独特的概念就是多余的。为了将其与沟通区分开，并“挽救”其实用性，桑德勒提出了一个更加精确的定义，这就增加了词汇的连贯性。谢弗在文献中（Schafer, 1976）提供了另一个这种努力的例子。这是从内部对整个理论体系的基本原则和关键概念进行的重新概念化。这类理论工作仍在进行，其结果发表在精神分析书籍和期刊中。

总而言之，精神分析理论的内部效度至少应该基于两个标准：(1) 内部一致性，指的是对分析设置中的观察结果所做的概念化与精神分析概念之间的对应；(2) 内部连贯性，指的是不同精神分析概念和解释之间的连贯性。精神分析的内部失效在理想情况下应该带来现有理论的修订或替换。从精神分析的历史来看，现实中的情况更为复杂。历史上并不缺少理论争议，但它们很少会立即带来理论的澄清和发展。取而代之的是从这些争论中产生的不同思想流派。科恩伯格和科胡特（Kohut）在自恋型人格障碍的理解与治疗上的争议可以作为这种发展的一个例子。造成这种结果的原因有很多。其中一个涉及临床事实的复杂性以及诠释在确定分析事实时所起的作用。另一个则涉及很多概念的弹性所带来的相当宽泛的应用。因此，真正的面质被回避，不同的理论持续并存。正是由于这些一致性标准在使用上的问题，为了确保精神分析的长期健康发展，反思和批判性的态度是精神分析理论化的先决条件。

所有人都认同内部效度的必要性，多数人也认可理论中的矛盾所带来的挑战以及与一致性标准相关的问题。分歧发生在接下来的问题上：内部效度对于精神分析来说足够吗？如果答案是“否”或“不确定”，那我们就必须考察另一条路径：精神分析的外部效度。

一致性和连贯性在外部效度中的应用

精神分析的内部效度有两个核心问题：第一，如何通过对临床材料的系统、批判性的研究来加强临床事实的主体间性？第二，如何避免或减少循环论证？后者指的是由于我们质疑的概念与质疑过程所依赖的概念相同，导致困于自己的概念框架而无法对理论进行质疑的风险。科学哲学家保罗·费耶拉本德（Paul Feyerabend）曾讨论过如何解决被自己的范式或概念框架“卡住”的问题：

> 现在——我们如何能够对我们一直在使用的东西进行检验？我们如何分析那些已经习惯用来表达最简单直接的观察结果的术语，并

揭示它们的前提条件？我们在预设的世界中持续前进的时候，又如何能够发现我们的预设是什么样的呢？答案是明确的：我们无法从内部发现它。我们需要一个外部的批判标准。（1975，p.31-32）

费耶拉本德最终结论是，对一个理论体系的根本性的批判无法通过使用与其内部相同的范式来进行。来自相同范式的批判建立在同样的基本概念之上，因而对理论的批判并非根本性的。费耶拉本德认为，一个严谨的科学家的最佳策略就是采取多种方法论，也就是收集所有可得的数据，并使用所有可得的方法。只有打破方法的“霸权”，才有可能使知识得到延伸。我们认为斯特恩（Stern, 1985）的探索性工作就是一个很好的例子，将几种不同的系统性实证研究与精神分析、临床诠释相结合。

为了使人们关注精神分析理论对外部参考的需要，施特伦格（Strenger, 1991）发展了格伦鲍姆（Grünbaum, 1984）提出的一系列论点，引入了外部连贯性的概念。在下文中，我们将只强调施特伦格论证的主要观点，并从一个更加综合的角度参考他的专著。格伦鲍姆提出了反对“精神分析的解释学构想”的论点。他建构了这样一个故事：来访者的精神分裂症症状被驱魔人诠释为恶魔附身；当使用驱魔的方式去除恶魔之后，精神分裂症的症状也减轻了。跟随格伦鲍姆的思路，施特伦格指出，即使驱魔人可以建构出一个完美的具有内部连贯性的解释，并展示出治疗效果，他们对于精神分裂症症状的理解仍然不会被科学界接纳。施特伦格认为，仅有内部效度的知识体系所具有的效度是不充分的。它们需要依赖更广泛的知识体系来确保构建出来的不是一种封闭的、自我生成的、在本身之外毫无意义的理论。他指出，尽管这种要求是常识性且非原创的，但似乎并未总是被精神分析关注。施特伦格举了一个标准失效的例子：在应对发展心理学的既定理论的面质时，克莱因派的发展理论中的概念需要进行的修正。在另一个话语体系中，坎德尔（Kandel, 1999）的论文也提及了一个有趣的关于形成精神分析概念表达的例子，他认为精神分析中的几个最基本的概念可以在生物学框架内被重新概念化。

根据观察者参考的理论框架或者他们用来描述观察结果的话语，驱魔人的例子中采用的观察结果可以被称为精神分裂症、恶魔或是强迫行为。这就说明了上文沃巴特（Werbart, 1999）的论点：观察必然是满载理论的。在精神分析中，没有什么比对临床事实的讨论更清楚地说明了这一点，在这里，精神分析框架内的观察性诠释构成了建立事实的必要步骤。因此，循环论证的风险也适用于精神分析的经验基础。

这一现状说明了其他框架内的观察应当与精神分析联系起来考察的必然性。采用其他话语体系中概念化的观察来验证精神分析理论，这可以被称为外部一致性。在当代精神分析研究中有几个这样的例子。例如，居勒斯塔（Gullestad, 2003）报告了一个使用成人依恋访谈（Adult Attachment Interviews, AAI）对精神分析中的改变所做的案例研究。AAI的结构来自学习理论、家庭系统理论和认知科学，但居勒斯塔以一种有意义的方式用它们发展出一种对治疗性改变的精神分析理解。在这个过程中，她在非精神分析话语（即记忆系统）概念化的观察和精神分析对这些观察如何被理解的解释之间移动。卡普兰-索尔姆斯和索尔姆斯（Kaplan-Solms & Solms, 2000）呈现了另外一个例子，他们将神经心理学和精神分析方法结合起来，扩展了我们对精神分析现象的理解。在这两个例子中，非精神分析话语概念化的观察被用来支持精神分析理论。这是有价值的，因为它可以降低分析师的愿望和信念带来错误观察的风险。

精神分析理论有可能外部失效吗？我们已经提出，精神分析理论的失效带来的是替代理论的发展，而不是对旧有理论的证伪。重要的是，精神分析理论的外部失效在某些情况下带来了新理论的发展，而这些理论仍属于精神分析外部。鲍尔比（Bowlby, 1969）对驱力理论的不满及依恋理论的发展就是一个例子。依恋理论和精神分析的综合是一个持续进行的过程（Steele & Steele, 1998），这表明外部验证可能会带来对精神分析理论的重新诠释。这个例子凸显了当内部和外部效度相互冲突时会出现的问题。当从临床经验中获得的知识与其他既有且相关的知识发生冲突时，我们该怎么办？在严格的逻辑系统中，这意味着出现了一个矛盾，也就提示其中一个或两个理论都可能失效。在精神分析中，情况从来都不是那么明确，同时也存在一种试图为这种情况辩解的诱惑。更进步的立场是将这样的情况视为挑战，并将其作为理论发展的一种可能性进行仔细考察。外部和内部效度不一致的情况可以被视为一个令人兴奋的理论发展的机会，而不是对精神分析的威胁。

福纳吉（Fonagy, 2003）关于他和安德烈・格林之间就婴儿研究和精神分析的辩论的文章可以说明这种情况。福纳吉提到了一个让人感到困惑的分析。他的被分析者系统性地贬低了他，他感到自己在分析上的努力对来访者来说一无是处。但与此同时，来访者在生活的不同领域都表现出了显著的进步，尤其是在人际关系中。福纳吉以此为例，说明精神分析的结果似乎往往与“成人”精神分析理论所确定的分析过程并不相关。福纳吉难以从传统精神分析的参考框架中理解被分析者，更不用说去解释来访者如何以及为什么会从分析中获益。然而，通过将他的精神分析思考与反思功能理论以及记忆系统的结构和整合理论相结合，他能够更好地理解发生了什么。他利用这些外部理论来建立新的临床事实，并发展了一种对来访者功能的精神分析理解。他的结论是，婴儿研究的视角并不是用来取代精神分析视角的，而是用来帮助临床工作者形成理论模型，并用于理解被分析者。

效度的综合模型概览

我们要把精神分析理论的效度验证和失效视为一种进程，而不是证实或证伪的决定性测试。这种进程在严谨的规则和批判性的理性态度的指导下发生。我们已经论证了在精神分析理论的效度验证和失效过程中，内部和外部效度需要解决不同的问题。内部效度必须克服主观性的问题，并努力加强观察和诠释的主体间性。同时，它还需要克服循环论证的问题，并挑战不愿意质疑精神分析理论的基本原则的态度。内部效度的优势在于，观察和诠释从一开始就在精神分析话语中被概念化。这使相关性的问题更容易被处理。对于外部效度来说，情况正好相反。在这里，主体间性和不存在循环论证的情况通常更容易显现，相关性则成了主要问题。我们必须用令人信服的方式将作为参考的外部知识翻译成精神分析话语。

在我们提出的模型中，精神分析理论可以与四个效度验证或失效的参考因素相关联：

- 在精神分析话语中被概念化的观察
- 精神分析理论本身
- 其他知识（理论）体系
- 在其他框架或话语中被概念化的观察

第一，在精神分析话语中被概念化的观察（即被确定为临床事实）验证了理论。这被称作内部一致性。失效是理论对观察结果的不充分处理所引起的不满积累的结果。

第二，理论陈述被彻底暴露在概念分析之下。这就是所谓的内部连贯性。这是为了确保理论能与精神分析内部的其他理论陈述相联系，确保概念的定义足够清晰，而其应用也足够明确。这个层面上的失效可能显示了精神分析框架内部理论的不一致或概念的缺陷。

第三，对精神分析理论和来自其他领域的相关知识之间是否具有连贯性进行批判性的考察，这就是外部连贯性。这至少表明精神分析理论与既有知识并不矛盾，并且实际上应该得到既有知识的支持。在这个层面上，失效必须克服相关性的复杂问题，不过，它也可以指出精神分析理论与其他既有知识相比的局限性。这一点可以通过创造性和批判性地将其他领域的知识与精神分析理论相互联系来实现。

第四，要考察在精神分析话语之外被概念化的观察与精神分析理论的关系。这被称作外部一致性。这样的观察可能来自婴儿研究、神经精神分析、记忆研究、知觉-生成研究、人类学等。这个层面的效度验证或失效可以采用这些研究传统中概念化的数据来检验精神分析理论（或假设）。我们已经提到了两个例子，使用AAI来记录分析过程中的改变，以及神经心理学和精神分析方法的结合。建立相关性的论证至关重要。

我们认为，这四种可能的参考是互补的，每一种都以自己的方式对精神分析的效度验证或失效做出贡献。尽管很少被全部应用，且其中任何一种都无法构成充分的检验，但它们都是这个过程中必要的参考。失效，或者说效度的损伤，并不是单一事件，而是一个随时间扩展的过程。对一个概念或一种理论的不满会带来不断增长的对精细化或替换的需求。这个模型的局限在于它没有为精神分析理论的效度验证或失效提供明确的标准。就目前的情况而言，这是一个具有理性态度的探索性模型。概念化可参考文献（Zachrisson & Zachrisson，2005）。

第四章

康德的遗产

［与埃里克·斯塔尼克和阿恩·约翰·维特莱森合著］

弗洛伊德提出的精神分析源于一种与相关学术学科（如心理学和精神病学）相矛盾的认识论立场。我们认为，精神分析与康德认识论紧密相连，而这一认识论对谦虚抱有严格的坚持。本章的目的是阐明弗洛伊德的思想是如何嵌入康德认识论的。虽然他没有明确表示过，但当时盛行的康德哲学的讨论确实影响了弗洛伊德。因此，我们虽然并不认为弗洛伊德关注康德的哲学理论，但从狭义的角度来看，他的认识理论立场受到了康德的影响。通过引用近期的哲学工作成果，我们澄清了康德先验唯心主义和更现代的批判实在论之间的区别，并说明了为什么前者更适用于精神分析工作。这也引出了我们如何将先验唯心主义理解为现代客体关系理论中一个至关重要的隐性前提。我们会谈及克莱因和温尼科特内隐的认识理论立场，以及比昂提出的更外显的立场。最后，我们将探讨精神分析对知识可能性的态度。

引言

精神分析的科学地位问题在精神分析领域内外都存在长期的争论（Grünbaum, 1984; Habermas, 1972; Heidegger, 2001; Popper, 1963; Ricouer, 1970; Sartre, 1956; Vetlesen & Stänicke, 1999; Wittgenstein, 1967）。在这场辩论的早期阶段，讨论的是精神分析的科学地位——它是一门科学吗？它是医学、科学心理学和生物学领域的一项科学事业，还是一种更像哲学、文学和神学这些解释性学科一样的人文努力？其中最臭名昭著的是卡尔·波普尔（Karl Popper, 1963）的断言：精神分析是一门伪科学。

然而，很少有研究者关注精神分析的认识论立场这个潜在问题。本文的目的就是说明精神分析植根于康德的认识论，且这一立场影响了它的科学地位。尽管有些学者将精神分析与康德哲学联系起来（Bergo, 2004; Eriksson, 2012; Fulgencio, 2005; Pettigrew, 1990; Tauber, 2009），但我们还是会采取一种更有限的讨论方式。我们要问的是弗洛伊德思想的认识论是否衍生自康德的立场。之所以用“衍生”一词，是因为我们认为精神分析植根于特定的认识论，但并不符合康德的总体工作。如果我们不澄清这一特异性，那就很难理解康德与精神分析世界观的亲缘关系，而对此问题的澄清常常会导致误解。在早期精神分析中，弗洛伊德思想有两个特点说明了其对康德的继承。第一，弗洛伊德（Freud, 1933）在生命最后的时光分享了康德对理性的坚定信念：“我们对未来智力——科学精神、理性——的最大希望，就是随着时间的进程，能在人类的心理生活中建立一种专治”（p.171）。第二，弗洛伊德认为，我们只能接近真相，但永远无法到达真相：我们对于世界和自己的知识总是要借助表征，而永远无法直接感觉。弗洛伊德（Freud, 1900）是这样说的：“无意识是真实的心理现实；它最内部的本质对我们来说就像外部世界一样未知；它由意识数据所呈现，就像外部世界由我们的感官所呈现的一样不完整”（p.613）。这种对理性的强烈信仰，以及我们无法得到关于世界的知识而只能通过表征去接近的观点，在20世纪逐渐式微。但我们认为，它在精神分析领域仍然保留着强大的位置。而这就是科学心理学和精神分析之间误解和争议的来源。

如我们所见，弗洛伊德的认识论立场似乎受到了康德的启发，他在《无意识》（*The Unconscious*）中写道：

> 正如康德警示我们不要忽视这样一个事实：我们的知觉是受到主观条件限制的，不能被视为对不可知事物的感知；精神分析也警示我们不要把通过意识途径获得的知觉等同于无意识心理过程的目的。（1915b，p.171）

弗洛伊德的认识论

弗洛伊德从很早开始就关注心理和外部现实的关系。正如在本文开头的引文所展示的那样，他认为无论是心理还是外部现实，都是无法被完全知晓的。通往知识的道路在于通过理性思考对经验进行阐述。我们只能接近现实的真相，但永远无法完全到达。那么，对于弗洛伊德来说，什么样的知识是可能的呢？儿童认识世界的能力又是如何发展的呢？首先，他对知觉同一性和思维同一性进行了区分（Freud, 1900）。它们与初级和次级思维过程的概念一起，结合快乐原则和现实原则，共同构成了人类发展出对世界的思考和知识的基础。弗洛伊德最初的推演思路是这样的：当外部世界的驱力-满足客体缺席时，（饥饿的）孩子首先知觉到（幻觉）关于满足体验的记忆，即母乳（知觉同一性）。但他还是没有被满足，取而代之的是一个次级过程，通过与该体验建立思维认同，创造出了该体验的心理意象。这是意识思维和与外部现实接触的萌芽（Freud, 1900; 也见 Zachrisson, 2013b）。

后来，弗洛伊德（Freud, 1911b）将他关于思考和接触世界的发展的概念阐述为一个更全面的模型。他引入了初级和次级思维过程以及快乐原则和现实原则的概念。我们感知世界的方式不可能不受干扰（纯粹现实原则），它总是被渴望、期待和恐惧所影响（根据快乐原则）。在弗洛伊德的模型中，自我是心理中的代理人，与外部现实保持接触，“协商”本我（驱力）、超我（道德要求）与外部现实中的约束和可能性之间的张力及冲突。从知觉到思维同一性的变化标志着自我发展的开始，并为延迟和迂回机制的功能（延迟反应的能力和选择间接行为方式去获得快乐和逃离不快乐的能力）打下基础。这些机制是自我功能以及个体适应现实的特征。

至此，我们可以看到弗洛伊德的心理发展模型如何描绘了一个对外部或内部现实没有直接视角的人类主体。弗洛伊德式的主体是一个努力去理解现实、同时努力理解内部状态的人。但随着经验和心理能力的发展，人们在日常生活中能够很好地与内部和外部现实联结。重点在于这种与现实的关系是不确定的。我们永远无法确定心理表征准确地指向现实，我们必须对自己主张的真相保持谦虚。这与康德的观点一致。弗洛伊德还强调，我们对内部现实真相的不确定性不仅适用于患者，也适用于分析师。

精神分析中对认识论的争论

继弗洛伊德之后，精神分析学界对认识论问题进行了广泛讨论。本文无法对此做出全面的综述。不过说明其中的主要范式对开展我们的讨论是很重要的。欧文·霍夫曼（Irwin Hoffman, 1991）很好地概述了20世纪90年代之前的讨论，总体上与今天的情况一致。他所主张的社会建构主义观点与我们不同，但他讨论了一些主要问题。首先，霍夫曼认为，实证主义和社会建构主义范式之间的张力经常与另一个维度——驱力-关系维度混淆在一起。他对这个观点进行了讨论——对驱力的关注往往与实证主义精神分析相关；相反，对关系的关注则是出于社会建构主义观点。他有力地证明了这一论点是站不住脚的，更有意思的是，他认为反对实证主义立场的精神分析学派往往到最后还是站到了自己观点的对立面。之后，他讨论了精神分析领域内不同立场所展示的“真正的”社会建构主义者——虽然在霍夫曼的眼中，他们其实是隐性的实证主义者。

我们认为霍夫曼遗漏了一个认识论中与此相关的备选者，也就是先验唯心主义。在我们看来，这一立场或许可以解释，为什么大部分心理学家在实证主义和社会建构主义中都找不到一席之地。查尔斯·汉利（Charles Hanly, 1995, 1999, 2009）提出将批判实在论作为一个备选。批判实在论在认识论上是一种介于二者之间的、与我们相近的立场。不过，下面我们将看到它有一些缺点，通过现代康德主义认识论可以说明。

不过，仍然存在一些明确的实证主义和社会建构主义的例子。让我们来看一看。当彼得·福纳吉（Peter Fonagy, 2015）写下精神分析不能被称作一门科学的时候，他采用的是一个严格的科学立场。他在论证能够提供科学知识的方法时所采取的狭义理解，显然坚持的是实证主义。另一方面，也有很多社会建构主义立场的例子，除了霍夫曼，还有奥林奇（Orange, 2003）和萨夫兰（Safran,

2002）。

康德认为经验实在主义的观点（我们可以称之为实证主义立场）和理性主义认识知识的方法（社会建构主义立场）都不足以让我们发展出关于有感世界本质的知识。这两种立场都假设知识——无论由感知还是由思考或逻辑提供——能够在不考虑人类心理局限性的情况下被创建。社会建构主义者可能会反对，认为建构主义所关心的正是心理的局限性及其对知觉现实的影响。但是，这其中有一个细微的差异。在社会建构主义中，人渴望通过研究建构来直接认识世界。在康德认识论中，知识是关于世界的，但总是被人类心理中介，因此关于世界的知识总是有局限的。当代康德研究的权威，哲学家亨利·艾利森（Henry Allison, 2012）称之为一种谦虚的认识论立场。

康德的哲学工作和弗洛伊德的精神分析

康德认识到我们在自己眼中并不是透明的："我"永远无法确定自己行为的动机。既然我对自己是不透明的，那么别人行为的动机也一样令我困惑。这种直接接触的缺乏适用于自我认识，也适用于对他人的认识。

康德将这种不透明的状态解释为认识论上的，而不是心理学层面的。这是一个原则问题，适用于所有人，无论历史、文化和成长经历如何。相比之下，弗洛伊德在他的元心理学层面部分受到尼采著作的启发，试图发展出对此现象的心理学解释。在弗洛伊德的概念中，我们对自我认识的渴望与避免这种认识所带来的痛苦的愿望是冲突的。这会带来危险的、威胁性的感觉，会引起焦虑，让我们不舒服。因而，我们发展出了一整套丰富的防御机制来防范自我认识。对弗洛伊德来说，如果认为达到透明性是毫无矛盾的，那就太天真了。

承认康德和弗洛伊德二者理论的差异是非常重要的。康德的理论是普遍意义上的纯粹认识论，对一个认识主体成立，也必然对所有认识主体都成立。弗洛伊德的理论是心理学的，关注对透明认识状态的阻抗机制。这些机制是普遍的，适用于所有的人类主体。但它们在每个个体中的出现是特殊的，取决于个人经历中触发它们的特定情境。

康德强调明确区分智力和感受，前者是自由和理性之地，而后者是非自主和决定论的。智力越是胜过被理解为“病态的”（康德的术语）的感受，主体就越自主。弗洛伊德构想的精神分析则旨在探索理性思维和主观感受之间的交互关系，试图理解是什么引发了欲望，是什么塑造了我们的感受并赋予它们能量、方向以及自传式的独特模式。所有关于精细的、动力性的以及个体条件化的人的情感生活的演变方式，都超出了康德的哲学工作范围。尽管诸如“无意识”的提法和“被驱动”的概念都明显属于后康德的，且并非他的认识论的一部分，但仍可以肯定地说，这些概念强调了我们的自主性存在所不可避免的限制。

康德的认识论

尽管康德和弗洛伊德之间有着明显的差异，但陶伯（Tauber, 2009）认为弗洛伊德受到了康德理性主义和认识论立场的启发。然而，弗洛伊德要将精神分析发展成为一种人格理论、心理病理学和治疗计划，就承受了既要成为帮助精神患者的人本主义心理学，又要成为与生活学和医学齐名的科学事业这两方面雄心的压力。陶伯（Tauber, 2010）认为，如果弗洛伊德将他的计划与当代新康德主义联系起来，那么这种诠释学和科学之间的张力就可能得到更加彻底的澄清。

但是，我们不会从新康德主义的视角来阅读弗洛伊德，而是要呈现一个独特的对康德认识论的理解，并将其应用到精神分析中去。我们认为这个对康德的注释并不精练，也不能说详尽。我们受到了艾利森（Allison, 2004）和斯加比尔（Sgarbi, 2012）的启发。我们尤其借鉴了艾利森对康德先验唯心主义“两面性”观点的理解，这与我们熟悉的“两个世界的阅读”相反；我们也借鉴了斯加比尔关于人类理性中的自发性的重要性的观点。

康德的认识论架起了理性主义和经验主义的桥梁，从中寻求一种综合，但又超越了康德分别从笛卡尔（Descartes）和休谟（Hume）的学说中所采用的核心真相。理性主义认为，我们只能通过向内寻求理性和反身性思维所提供的形式，才能够获得知识。凡是普遍的、真实的东西，都必须通过理性来发展。经验主义持相反的观点：我们只能通过我们的感性、通过感官所提供的接触外部现实的途径，来获得关于世界的知识。经验主义认为，我们通过对我们的观察所得——感官数据——进行全面的描述和系统化，通过将它们与他人的观察数据对比，来检验有效性，通过试错的方式逐渐发展出对世界和自我的知识。大致来说，理性主义终结于唯心主义，经验主义终结于朴素实在论。然而，这就是挑战，它们都提出了有效的主张。理性主义建议我们以自我批判和非教条的态度，仔细审视我们表征和思考世界的方式，以此获得知识。经验主义则督促我们一丝不苟地观察不断变化的外部世界，调整我们的表征去获得科学知识。康德通过这样一个假设将这两种观点联系起来：对世界中事物的认知应该引导我们系统性地去观察这个世界，从而获得关于现实的知识。同时，我们还需要思考这些知识（去认知），以便把握这些知识是如何构建现实的。康德以这样一种方式将认知从思维中分离出来。如下文所展示的那样，我们可以把康德的概念与比昂对思维的区分进行比较，即概念指的是对世界的经验以及思考这些想法的工具的发展。根据康德的观点，当我们认知世界中的客体时，有两个要求：首先，必须要有可以用来思考客体的概念；其次，要有可以赋予客体的直觉（德语“Anschauung”）——这两点被称为“并行命题”（concurrence-thesis; Ameriks,1991; 见 Sgarbi, 2012）。但是，按照康德的思想，我们并不需要直觉的感性来思考。我们纯粹思维的能力是一种自发的天赋（Sgarbi, 2012, p.48）。用康德的话来说，人类心理可以到达先验的主张——一种先验的真相。这些是真正的概念性的真相，我们的感性既无法获得，也无法评估。

我们的论证并不涉及先验真相的可能性。这里是为了提及康德的观点：认知世界中的客体和纯粹思维都包含着先验条件。认知客体需要用概念来构成思考者的感性。反之，思维可以是纯粹的想法，不包含直觉。由此出发，康德揭示了认知和思维的先验条件——这也是他的哲学被称为“先验唯心主义”的背景。可以这么说，康德著名的“哥白尼的革命（Copernican revolution）”就在于这个观点：人类的认知并不是世界上的客体冲击我们的感官所导致的，而是我们作为认识主体所拥有的特殊能力主动“形成”的，也是在这个意义上构成了我们寻求获得知识的世界。就我们的目的而言，他的复杂论点中耐人寻味的部分在于，先验唯心主义允许一种相当于“经验实在论”的与世界联结的方式。因此，康德的认识论为作为一个经验实在主义者——也就是研究者——提供了论据，同时也论证了，我们观察到的世界和我们自己，这些真实的事物存在于概念的话语中。另一种与精神分析相一致的描述这一认识论立场的方式在于，我们与世界的关系好像是真实的，但同时，我们体验到我们对世界的表征并不完全与真实一致。我们必须牢记这样一种可能性，因为我们无法克服或者消除它。

我们通过表征来把握这个世界和自己，而不是直接通过感官。这与康德的“自在之物（thingsin themselves）”相对应。我们如何理解这一概念，是激烈争论的来源。我们的观点与艾利森（Allison, 2004）的“两面性”观点一致。这个观点并没有把世界构想成与它呈现给我们的不同。正如艾利森所说，“换句话说，我主张的并不是先验于人类认知条件的事物不能存在（这将使这些条件成为本体性的，而不是认识性的），而是这些事物对我们来说不能算作客体”（出处同上，p.12）。这种对康德的解读隐含着一种“谦虚的认识论”（出处同上，p. xvi），即一种把人类视为有限的观察者和思考者、永远无法获得对事物的“天眼”的认识论。

哈伯马斯（Habermas, 1972）和里克尔（Ricoeur, 1970）提出，精神分析可以被视为“深度解释学”和“怀疑的解释学”。这两个标签都抓住了精神分析作为一种科学工作的精髓，在这项工作中，我们从不把表象视为理所当然：患者所说的和分析师所感受到的都不是直接的理解；表象可能被扭曲。我们的观点是，康德的先验唯心主义提供了一个认识论模型，强调了我们必须对自己创建的知识保持最谦虚的态度。套用艾利森的话就是，我们要谦虚地看待我们对他人，甚至是对自己的理解的完整性；我们没有“天眼”，也并非无所不知。

不过，谁又能声称自己在科学中获得了“天眼”呢？在康德看来，先验实在主义者——无论自愿与否——正是这样做的，他认为理性主义和经验主义都属于这一范畴。如今，由罗伊·巴斯卡尔（Roy Bhaskar）及其同事（见Benton & Craib, 2010）发展出来的批判实在论，在我们看来就是很好的例子，说明了我们在先验实在主义中可见的缺点和问题。

在转向讨论批判实在论之前，需要先对先验实在主义总体上的缺点做一些评论。我们将聚焦在经验主义，特别是康德对休谟的经验主义的反驳上，因为它可能是历史上对实证心理学研究最具影响力的认识论。根据艾利森所述

(Allison, 2004)，用康德主动而非被动的意义来说，休谟的失败之处在于他没有认识到感性结构的先验形式的存在，这也是我们的印象。艾利森写道，“在缺乏这些规则的情况下，就没有理由说，有了客体（印象）A，就一定要有客体（印象）B：而这正如康德所示，就是休谟对因果关系的怀疑之源”(2004, p.27)。

这种缺乏解释感性先验形式的理论，使得经验论容易受到怀疑主义的影响。先验实在主义对此问题的另一个解决方法是坚持以神为中心的模型——将我们的印象本身看作事物，即它们“就是”独立于我们的认知。这样我们就有了一种不受任何假设制约的看待世界的视角。这意味着我们的感官为我们提供了真实世界的直接镜像，简单地“复制”它本身的样子，而这就是无所不能的“天眼”。

艾利森（出处同上）写道，康德认识论提出了一个命题，即人类的理解和知识获得既需要概念，又需要感官直觉。人类不可能永远只通过感觉来获得知识。知识的前提是概念主动形成我们的知觉。而我们的知觉本身总是散漫的。

我们的目的并不是要为康德的认识论辩护。正如大量关于康德的文献所表明的那样，他的认识论和其他任何认识论一样存在问题。我们可以认为，尽管仍富有创造性，但德国哲学在康德之后持续地处于危机中。谢林（Schelling）、费希特（Fichte）和黑格尔等哲学家都致力于解决康德哲学本身具有的很多挑战（见Pinkard, 2000）。不过，康德的认识论是一个论证充分的思考系统，我们的目的是展示它对弗洛伊德思想的影响。事实上，更确切地说，它引导弗洛伊德的思想朝向它的核心概念，并成为精神分析，尤其是客体关系模型新发展的基础。在我们探究弗洛伊德的精神分析中很大程度上隐含的认识论之前，我们将先说明先验唯心主义和当代批判实在论的区别。这两种认识论的区分是相当重要的，因为我们后文中将会讨论，有些人认为批判实在论代表了精神分析本质立场。

批判实在论与先验唯心主义的比较

由英国哲学家罗伊·巴斯卡尔及其同事发展出来的批判实在论重新激活了科学界对认识论的讨论（见Benton & Craib, 2010）。这种认识论立场强调，我们只能通过表征来接触现实，由此避免进入朴素实在主义立场。此外，批判实在论提供了一种关于科学家如何通过先验论证来发展对世界的知识的理论。顺着康德的思路，“先验”论证的出发点是一些我们认为毋庸置疑和无可挑剔的人类经验特征。康德（Kant, 1781）在《纯粹理性批判》（*Critique of Pure Reason*）中指出，构成经验的表征的统一是其作为客体经验存在的必要条件。也就是说，在进行先验论证时，康德从一般经验的无可置疑的特点转向更有力的关于其可能性的条件的论断，从而回答了“经验何以成为可能？”的问题，而这一点适用于所有拥有经验的主体以及所有的经验实例（见 Taylor, 1995, p.20）。在批判实在论中，先验论证是研究人员在构建与内部因果结构有关的知识时常用的方法。这一先验过程始于明确的观察，然后是使这些观察能够成立的条件（Benton & Craib, 2010）。例如，我们观察到苹果每次都掉到地上，但是为了解释形成这一必然背后的潜在因果结构，牛顿必须发展出万有引力理论。

总体来说，我们对批判实在论抱有同情。但我们认为，尽管它相当精密，但仍陷入了康德（Kant, 1781）所说的先验实在主义的深渊。他认为先验实在主义：

> ……将空间和时间视为自成一体的事物（独立于我们的感性）。因而这种先验实在主义将外部现象（如果它们的现实性被认可）解释为自在之物，独立于我们和我们的感性而存在，根据纯粹知性概念，它们也就在我们之外。（p.369）

由于批判实在论采用先验论证来把握“真实的”潜在因果结构，它并没有尊重人类理解的局限性。用艾利森的话来说：“因此，先验实在主义完全背离了话语论命题”（Allison, 2004, p.27）。话语论命题具有至关重要的意义，因为它指出了人类知识必须尊重所有知识内隐的局限性，只有从人类视角出发才是可能的，不存在全知全能的视角。

有人可能会问为什么先验唯心主义没有得到更多的认可。部分原因在于对先验唯心主义长期存在的误解——它是反-现实主义的、是主观建构主义的（Callaha, 2010）。从我们被艾利森启发的对康德的解读来看，没有什么比这更偏离真相的了。先验唯心主义旨在展示我们的知识的局限性。在康德看来，如果想要的是有效的知识，那么我们对知识的探寻就不能忽视这些局限性，或者渴求绕过或超越这些局限性。此外，这些限制并不是随意的，而是取决于人类主体的构造。从这个角度去解读，康德的唯心主义并非关于主观性和建构主义，而主要是主观性所固有的不可改变和不可避免的性质，也就是真正给定的限制。它旨在具体化可知和不可知的条件。很多批评家以一种纯粹消极的方式解释康德给出的限制，认为这是在限制我们对知识的探寻。然而，康德的工作是为了向我们展示认识世界上的客体的必要条件。

在此背景下，我们将在克莱因、温尼科特和比昂的思想中追溯康德认识论的元素。我们将不考虑关系的精神分析或自体心理学。我们认为它们需要自己的分析，也许更符合黑格尔的认识论。

客体关系模型中的内隐认识论

我们没有看到克莱因和温尼科特明确谈论他们的认识论立场。他们最关心的是发展临床模型。不过，克莱因（Klein, 1952）在描述自我的逐步发展时，曾间接暗示了她的立场：

> 自我的整合、意识、智力、与外部世界的关系以及其他功能正在稳步发展……
>
> 当乳房仍然被当作主要客体时，这种逐渐发展起来的、将母亲作为一个人去联结的关系得到更加充分的建立，当孩子可以将母亲知觉和内摄为一个人的时候，对母亲的认同会带来力量。(p.72)

在后文中，她观察到，“持续面对心理现实的体验，隐含在抑郁心位的修通工作中，增强了婴儿对外部世界的理解。相应地，其父母的形象，从一开始被扭曲成理想化或可怕的状态，也逐渐变得接近现实”（p.74）。孩子对世界的知觉逐渐“接近现实”！虽然克莱因的理论明显偏离了弗洛伊德，但她仍同意他对思考的发展以及直接认识世界的限制的观点。温尼科特（Winnicott, 1953）在他对心理发展的反思中也暗示了认识论问题：

> 从一出生……人类就关心客观知觉的和主观构想的事物之间的关系问题，如果没有母亲给予一个足够好的开端，那么人类就无法找到这个问题的健康的解决方案。我所说的中间区域，允许婴儿基于现实检验，待在原始创造力和客观知觉之间。（p.11）

我们注意到，婴儿从快乐原则进展到现实原则，并且在足够好的母亲的帮助下建立起中间区域，这样的母亲“……主动适应婴儿的需要，这种适应……随着婴儿面对失败的能力和对挫折的承受力的增长逐渐减弱”（p.10）。

在温尼科特的思想中，潜在空间对于人类文化的发展起着至关重要的作用。他强调了这一空间的悖论性质：“婴儿创造了客体，但客体也在那里等待被创造和贯注”（Winnicott, 1971, p.89）。这种表述增加了弗洛伊德认识论的复杂性，也是“并行命题”的一个美妙的版本（Ameriks, 1991; 见 Sgarbi, 2012）。

对弗洛伊德、克莱因和温尼科特的总结

弗洛伊德将外部现实的概念及其在心理现实中的位置建立在初级和次级思维过程以及快乐和现实原则的观点之上。它们呈现了弗洛伊德认为必要的思维发展步骤，并关系到我们关于世界的知识背后的知觉与心理结构之间的相互作用。在我们的解读中，这呼应了康德的名言“没有直觉的概念是空洞的，没有概念的直觉是盲目的”。

克莱因和温尼科特在处理相同的动力时分别发展了自己的概念。克莱因的模型包含了对现实知觉如何被扭曲的详细描述——通过分裂、否认和投射性认同。温尼科特描述了婴儿从全知全能的初级思维过程到对世界逐渐更加现实的体验的转变。

这三个模型从不同角度处理了关于现实的知识的问题。但我们认为，关于

婴儿与外部现实接触、思维的发展以及现实原则，它们拥有一个共同的概念，而这个概念与康德的遗产背道而驰。

比昂与康德

与克莱因和温尼科特相比，比昂更加明确地阐述了他的认识论立场。在他的思维理论中（Bion, 1962a），根据发展历史，他将思维分成前-观念、观念（或想法）以及概念。前-观念是一种天生的、体验现实重要片段的倾向。[①] 他用婴儿对乳房的期待作为例子。当一个（对乳房的）前-观念遇到一个近似的实现（真正的乳房）时，其结果就是观念。他将前-观念作为对乳房的先验知识，一个“空的想法”——二者都毫无疑问是康德的说法。它们包含着不依赖于经验的知识或真相，这些知识先于经验（真实的乳房）存在，但如果没有在经验世界被实现，就是“空的”（回想一下康德的格言“没有直觉的概念是空洞的”）。

康德的认识论寻求确保真实和精确（也就是科学）的知识（Kant, 1781）。比昂将康德体系中的元素应用到弗洛伊德的模型中，并形成了关于思维发展的心理学理论。他的出发点有三个方面：儿童的基本需求、天生的心理能力和需求未被满足时对挫折的承受力。对比昂来说，婴儿和乳房的模型可以用来说明他的思想。他描述了前观念、实现和挫折承受力的四种配置。第一种发生在前观念与实现相遇的情况下：婴儿饿了，而乳房就在那里。其结果就是观念。因此，对比昂来说，观念与满足的情绪体验紧密相关。比昂这样写道：“我提出的这个模型是一个期待乳房的婴儿遇到没有乳房可以满足的实现。这一相遇被体验为无-乳房，或内部乳房的‘缺席’”（Bion, 1962a, p.307）。

但这种情景是模糊的。婴儿是否有能力处理乳房缺席带来的挫败感：“如果对挫折的承受能力足够，那么内部‘无-乳房’会变成一个想法，并且发展出‘思考的装置’”（Bion, 1962a, p.307）。这是第二种配置。乳房不在，婴儿承受了

① “前-观念”在比昂模型中的功能似乎与康德体系中的范畴相同。哈特曼（Hartmann, 1958）关于自我适应“平均预期环境”的说法似乎也暗含了相似的概念。

挫折，其结果就是想法和思考装置的发展。比昂所构想的思维出现的方式符合弗洛伊德思维同一性的观念以及自我发展模型。当自我承受住了没有与满足性客体相遇的挫折，并开始“思考乳房”（思维同一性）的时候，它就能适应现实（通过延迟和迂回机制）。这就是弗洛伊德的“现实原则”。

如果对挫折的承受能力不足，那么婴儿有两种选择来处理这个坏的内部“无-乳房”情境：(1) 撤离；(2) 修正挫折。当婴儿无法处理挫折时，就不会形成观念或想法，而是撤离。这是对弗洛伊德模型的补充。弗洛伊德没有讨论婴儿无法承受“无-乳房”挫败的情况，尽管他在关于哀悼和忧郁的论文中提到了这个问题（Freud, 1917）。无法承受挫折的负面实现不会产生思维，而是会形成一个坏客体，只能进行撤离。比昂用 β 元素或自在之物来描述这个概念。在比昂的（Bion, 1962a）的模型中，撤离打乱了思考装置的发展，取而代之的是投射性认同。

如果挫败被修正会发生什么呢？这是比昂讨论的第四种配置。修正指的是在母亲的帮助下，对婴儿来说无法承受的挫败变得可以承受的过程，就像患者在分析师的帮助下一样。这个过程建立起一种关于现实的知识（一个想法）。因此，与撤离（目的在于否认现实）相比，修正旨在了解无-客体（因缺席而触发挫败的客体）（Bion, 1962b）。通过这个过程，感觉状态获得心理意义，并使好奇心指向现实。

比昂明确地从弗洛伊德的模型出发，并将其阐述为更加详细的思维理论。他还对弗洛伊德（Freud, 1917）首先提示、后来由温尼科特提出的挫败承受力进行了详细的阐释。当需求-满足客体缺席时，忍受挫折的能力是其模型的支点。这种能力与两种选择相关联，一种是否认现实，另一种是接受现实并发展出一种思考现实的装置。在比昂的模型中，一边是通过投射性认同从无意义的感觉印象中撤离，另一边是将感觉印象转换成有意义的实体，即对现实的知识。

比昂的理论具体化了思维装置以及对外部现实的观念和想法发展的条件。他明确预设了一种构造体验的先验形式（前观念）。我们想问的是，他关于思维装置的观念与康德对认知和思维的区分是否有相似之处，也就是说，比昂的装置是否行使了与认知相似的功能，即对思维的“了解”。从临床角度来看，比昂注意到，当婴儿得不到支持，无法处理不可避免的挫折和焦虑时，这一发展是如何被干扰的，个体与现实的联系和了解现实的能力以及从经验中学习的能力是如何严重受损的（Winnicott, 1953; Zachrisson, 2013b）。

在《转变》（*Transformations*, 1965）一文中，比昂对分析过程和在分析情境中可获得的知识的性质进行了批判性的审查。他使用网格图（Grid）作为审查的框架，并且明确参考了康德的概念，特别是自在之物以及第一性质和第二性质。在呈现了一个临床片段之后，他评论道："在会谈过程中发生了一些事情——会谈的绝对事实。绝对事实永远无法被知晓，我用符号O来表示"（p.17）。引入O之后，他又写道："这是'自在之物'，是不可知晓的（在康德的意义上）……"（p.12-13）。会谈中的事件超出了绝对知识的范畴。可以回忆一下艾利森（Allison, 2004）所说的知识的"两面性"观点。套用他的话，我们可以响应比昂的观点：会谈中的绝对事实是存在的，但它们"无法被知晓"。用艾利森的话来说，它们对我们来说不能算作客体。分析师永远不可能获得对被分析者的全知全能视角。

分析师对事件的诠释，是将实现（对未知的O）转化为其表征。比昂将这种转换中不变的元素称为"不变量"。患者的真相，比昂用Op来表示，"显然是刺激，但它所拥有的特质，似乎和康德的第一性质（过程）很接近"（p.32）。

显然，康德，或更确切地说是康德的认识论核心要素，为比昂的分析过程及其获得知识的概念提供了一个结构。这个结构是他转变模型的基础，也是在精神分析性知识中关于事件的不可知事实表征的基础。同时，他明确划定了自己的研究范围。他将康德的认识论结构应用到分析情境的展开过程中。他关心分析会谈中获得知识的可能性，并用康德的视角来知觉精神分析这一方法。

讨　论

我们对康德先验唯心主义的解读不同于那些遵循黑格尔唯心主义理解的人，黑格尔将唯心主义理解为普遍共有的主观唯心主义——"世界只为我们存在"（Kalvage, 2007, p.160）。我们的解读受到艾利森的启发，康德的先验唯心主义为我们成为现实主义者提供了基础，尽管作为学习中的人类，我们必须批判地检验我们对现实的表征。这样看来，康德的认识论似乎与罗伊·巴斯卡尔的批判实在论相同（见Benton & Craib, 2010）。批判实在论是一个特别有趣的立场，因为查尔斯·汉利（Charles Hanly, 1999）曾认为它是精神分析的认识论立场。虽然我们非常重视汉利的思想，也赞同他的目的，但我们发现康德的先验唯心主义比批判实在论更符合精神分析。

汉利（Hanly, 1999）认为批判实在论是一种现实主义立场，现实被理解为独立于人类而存在，因而需要我们去探索和发现。但是，“并不存在纯粹的客观性，也没有全知全能”，这一点也是批判实在论的主要元素。“我们的知识将永远是片面的”（Hanly & Hanly, 2001, p.523）。与巴斯卡尔的论点一致，汉利重申了关键的一点，即我们对世界、对患者以及对自己的知识都是通过表征，而非直接赋予我们的。这似乎与弗洛伊德、客体关系模型和比昂的观点是重合的。但其中的差异涉及“现实”的本体论地位。

汉利（Hanly, 1999）阐述了在分析性治疗的背景下，这一认识论立场的内涵。他写道：“患者联想的意义就是它本身，独立于患者或分析师对他们的理解”（p.432）。汉利（Hanly, 1995）用《平原上的城市》（*The Cities of the Plain*）中普鲁斯特（Proust）发现德夏吕斯（de Charlus）的同性恋身份时的叙述对此做了进一步的说明。在一段时间里，普鲁斯特对德夏吕斯的行为感到困惑，但当他发现德夏吕斯是同性恋之后，一切就都明白了。汉利用普鲁斯特的这个例子来说明同性恋的想法并不会改变现实，但是对同性恋的表征使得德夏吕斯的行为看起来变得连贯并具有个人动机。他写道，这表明“我们必须依靠观念来理解”，但观念也有被扭曲的可能（Hanly, 1995, p.906）。因此，现实主义的批判性在于，不要把我们的表征视为理所当然，而要怀疑它可能是错误的、被扭曲的或是自我欺骗的想法。我们认为，大部分精神分析师都会同意这个说法。

我们在批判实在论中看到的问题并不是这种对观念保持怀疑的需要，而是批判实在论对现实事实的陈述。同性恋可以算作对事实的陈述吗？特别是当它代表着另外一个人的“诊断”，就像普鲁斯特的叙述者对德夏吕斯的观察那样。作为精神分析师，我们难道不应该怀疑叙述者在用这种特定方式表征德夏吕斯时所代表的“欲望”？可以说，汉利的批判实在论跨越了本体论的边界。我们认为，康德的先验唯心主义，作为反对先验实在主义或其现代伪装下的批判实在论的内部陷阱来说，尽管隐含着更为谦逊的认识论立场，却是一个更有力的论点。如果把我们从没有直接接触现实，而只能通过表征和范畴来中介作为一个前提条件，那么我们认为，将现实理解为总是或多或少地被扭曲是更恰当的。引用康德的陈述，我们从未以自在之物的方式把握现实，而总是，也只能是通过自己的人类视角中介形成的表征。如上所述，与艾利森（Allison, 2004）一致，这并不是说不存在任何现实，或是我们支持主观主义和建构主义。在我们看来，汉利等人（Hanly & Hanly, 2001, p.517）错误地将康德归为与柏拉图（Plato）和伯克利（Berkeley）同一家族的“本体论主观主义者”。从我们的解读来看，康德的立场是一个专注于描绘我们知识局限性的批判唯心主义者。因此，先验唯心主义既不是主观主义，也不是建构主义。它是一种探索我们对世界认识局限性的认识论。如果我们把康德理解为主观主义者，就像汉利一样，那么我们就有理由反对他的论点。但是正如我们所说明的那样，这样的理解与主流的对康德的解读是不一致的。

结论：精神分析对知识可能性的态度

弗洛伊德对科学有一种矛盾的态度，我们认为这种矛盾态度在当代精神分析中也一直存在。今天我们仍可以观察到分析师之间存在明显的分裂，一类将自己的实践视为一门精细的学科训练，而另一类则更多地进行学术研究（见Sandler, Sandler & Davies, 2000; Zachrisson & Zachrisson, 2005）。但是，在这一道鸿沟之上，大部分分析师，尤其是更学术取向的分析师，似乎都对研究抱有清醒的期待。在面对新的研究结果时，分析师们似乎都不太愿意放弃理论或改变实践。尽管如此，随着时间的推移，精神分析理论和治疗仍在发展，并整合了新的知识——无论是依恋、关系需求、主体间沟通，还是神经心理学发现。诚然，这种发展似乎是缓慢而间接的。我们认为，这至少在某种程度上是精神分析认识论立场的结果。精神分析学家认为，关于外部世界和内部世界的知识是通过表征来中介的，其中包含我们作为人类的富有激情的投入。我们以怀疑的态度看待学术研究的成果，这些成果通常属于实证主义的认识论立场。在我们看来，这是一种合理的态度，因为实证经验主义的学术研究通常在表面价值上寻求发现，往往只得到短暂的真相，尤其是在心理学和精神病学领域中。精神分析的知识发展缓慢，并且，我们希望能够清醒地在理论上避免科学主义，同时在治疗中保持一种谦卑的姿态。在我们看来，这些都受益于康德哲学谦虚的认识论立场。

第五章

知觉——一种个人化的行动

本章将稍稍转向，讨论心理学实验和知觉-人格理论中的知觉-生成（percept-genetic）模型。在这个实验情境下，在一系列暴露中向被试呈现刺激图片，从非常短的阈限下水平开始，逐渐增加暴露时间，直到多数被试能够“正确”知觉该刺激。我们可能会认为刺激的释义（即实验者对刺激的描述）就是实验者对刺激的反应。那么，如何理解被试对同一刺激的反应呢？换句话说，如何理解在一系列的暴露中，实验者对刺激的释义和被试的反应之间的关系？

这里，我从一个非临床的观点，也就是知觉-生成实验情境出发，来探讨外部世界（刺激）和内部世界（内验、反应）之间的关系。在这个模型中，知觉的发展、形成知觉的过程都是在微观时间中被研究的。实验者对刺激的确定和被试对它的反应之间的关系不仅重要，而且复杂。我认为这两个概念属于不同的层次。在知觉过程中，被试反应的内容是被试内心知觉所构建的。同时，被试的反应可以看作个体重构的出发点，知觉形成的主观经纬线，心理对体验世界的影响。我们可以看到，这个时间情境中刺激和反应之间错综复杂的关系带来的问题，也正是临床工作者在处理临床现象和外部客体的概念时会遇到的。

引　言

知觉-生成理论认为，知觉并不是对刺激的瞬间登记，而是一个知觉形成的过程，出现在意识中的是其最终产物。这一过程具有鲜明的特征。在正常情况下，它是非常迅速的。我们的体验是瞬间的。通过特殊的技术，这一过程可以被“拉长”并得到分析。视速仪就是其中一种技术（工具），它可以从非常短（如，

10毫秒）的时间开始，逐渐延长一张图片的暴露时间。一系列暴露后形成的报告被称为知觉–生成。知觉生成具有高度个体化的模式，但通常表现为从一开始高度个体化的主观内容向最终与刺激更接近的“客观”、现实导向的内容变化（Kragh, 1955; Smith, 1963）。我们可以将其表述为知觉过程中的刺激连续构建。同时，这一过程包含着对接近刺激的材料的青睐和对个体化、主观内容的消除。通过视速仪等技术（工具），这一在早期阶段发生的个体化的主观编织过程也可用以重建和形成对个体人格发展分析的基础。

刺激与最终阶段报告

知觉–生成理论将知觉设想为一种从非常个体化的到刺激–导向的行为变化，刺激形成了知觉体验的参照点。我们该如何理解这一点呢？在知觉–生成理论中，我们可以提出以下问题：刺激与知觉过程的最终阶段之间有什么样的关系？克拉夫（Kragh, 1955, p.16–17）将刺激–知觉的两个方面做了区分：作为“物理媒介”的刺激（构成画面的点的布局）和被知觉到的具有所有现象学特质的刺激［母题（motif）］。后一个方面，克拉夫称之为（N）刺激，与个体的最后阶段密切相关。作为规则，它们是重合的（出处同上，p.68），但刺激的现象学性质被“……概括为‘客观’和‘恒定’的”（p.17）。在防御机制测试中，（N）刺激总体上可以被描述为一张图片，图片中有一个年轻人坐在书桌边，身后有一个年长的、带着威胁性表情的人。这张图片的最终阶段报告是一组被试对这一母题的个体化变式。上文这个总体性的说法包含了广泛的实践和认识论问题。之后我将讨论实践问题（刺激的确定）。首先我们来看看理论联系。

我们把知觉–生成中的阶段内容，也就是一系列暴露的报告作为起始论点，这些内容参考了系列中的早期阶段，也包含最终阶段。在知觉–生成模型的术语中，最终（结论性的）阶段被称作C，C之前的阶段被称作P阶段。如果用指数来标记它们在序列中的位置，那么我们可以用如下方式（图4）来表达：

$$\sum^{n-1}P \longrightarrow P_n \longleftarrow C$$

图4 图式1

这就意味着个体的阶段内容是由先前阶段和最终阶段共同决定的。（注意，ΣP指的并不是阶段的总和，而是它们的序列组织，也就是格式塔序列。）但是，这个知觉过程的特点就在于函数中各个因素之间的显著位移。因此，在时间逐渐增长的一系列暴露中，在从第一个阶段（P_1）到最终阶段（P_n）的过程中，我们可以看到以下图式（图5）：

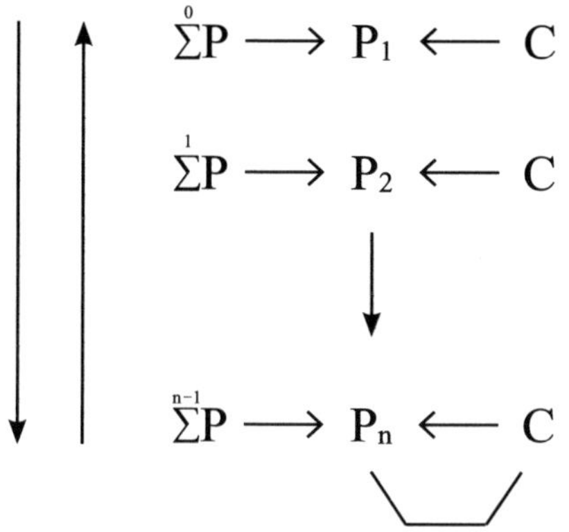

图5　图式2

在最后一行中，P_n和C指的都是知觉-生成的最终阶段。这样的双重位置阐明了最终阶段与概念构建和重构之间的关系。当对知觉过程的分析从第一阶段（P_1）开始时，最终阶段就是个体构建过程的最终产物（图式中的P_n）。当分析从终点开始时，最终阶段就构成了起点。此时它就是绝对的，并且用统一的方式对先前阶段进行转化。从这个意义上来说，它就构成了一个“重构的表征”（图式中的C; Kragh, 1955, p.70）。这些构建和重构的过程（图式中的两个较长的垂直箭头），解释了朝向最终阶段的知觉过程（构建）和为了朝向“正确的”最终阶段发展所进行的对其他可能方向的逐步消除过程（重构）（出处同上，p.69）。知觉-生成理论中的心理学领域就建立在这个水平上：在构建现实和重构意义的双重过程中。

图式2展示了知觉过程中连续阶段之间的关系。它尝试表现这一过程。现在我们以此为基础来诠释知觉-生成实验情境——视速仪用连续增长的暴露时间呈现一个刺激，持续时间是唯一的实验变量。我们从图式1开始（图6）。

图式1就会变成：$S \longrightarrow P_n \longleftarrow O_n$

或者一个等同的公式：$S \longleftrightarrow O_n \longrightarrow P_n$

图6　图式3和3b

首先，用S（stimulus/刺激）代替C（conclusive phase/结论阶段）。注意，这是从一个概念形成水平到另一个的过渡。后文中我将尝试分析这两个概念之间的关系。

其次，O_n代替了$\sum^{n-1}P$。O表示人格结构以及个体生活史的发展阶段指数。这种诠释基于知觉-生成理论的一个根本观点：

> 在知觉-人格的实际-生成（actual-genetic）模型中，假设行为序列是人格个体-发生的微观模型……任何行为序列的模式……都反映了被认为是适应性事件发展系统的个体-发生（生活史）或人格，其中每一个真实事件都被看作它所属的一系列先前事件的函数。（Kragh，1955，p.31）

知觉-生成序列中一个阶段的内容（被试在该次暴露中的知觉）是S（图片）和被试相应发展水平的人格结构（O_n）二者的产物。现在，我们在此做与图式2相同的替换，并标明时间维度（图7）：

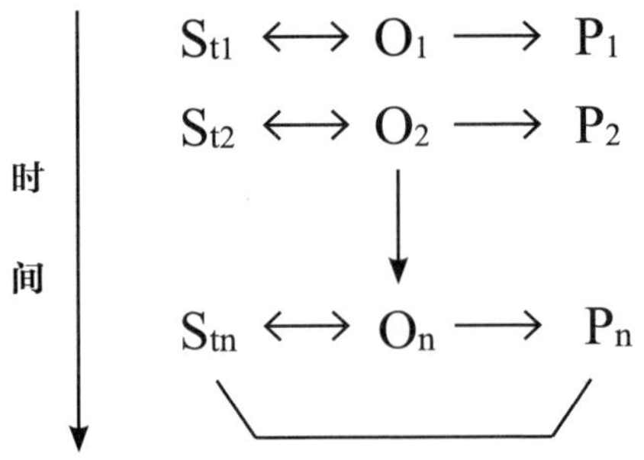

图7　图式4

注：S、t1、t2等指标代表的是时间不断增长的刺激暴露图片序列。

图式2和图式4（图5和图7）属于理论中不同的概念水平，我们称图式4为图式2的诠释。这里不能理解为从图式2中推演出了图式4。我们也可以反向从图式4推到图式2（一种操作性定义？）。这里的关键是将概念上的关系展示清楚。

在图式4中，垂直方向是时间维度，代表实验中逐渐延长的刺激暴露时间。在图式2中，对应的维度是构建或重构，代表将知觉作为一个过程来理解的一种参照框架。图式2正是在这一水平上看到知觉-生成实验中母题（最终阶段的确认）的连续性，而不会陷入经典的刺激-错误模式。

图式4明确了知觉-生成理论中的刺激概念的一些特征。在实验心理学的传统中，因变量和自变量之间有显著的区别。对经典的刺激-有机体-反应图式（stimulus-organism-response, S-O-R）的方法学解释就基于这种二分法。但在知觉-生成理论中则无法保持这一点，因为刺激并不独立于个体的反应。知觉实验中的刺激图片［(N) 刺激］只能被定义为一种最终产物：实验者或一个群体的平均描述，或是被试在最终阶段的行为。S-O-R图式中的S和R的关系因此降级到了“发展中的同一最终产物的两个不同方面”（Kragh, 1955, p.62）。

对于严格意义上的刺激，也就是暴露的图片来说，这一点是清晰的。然而，刺激也可以是广义的，除了图片以外，还包括实验的情境：暴露的时间、视速仪和测试房间的光照强度以及指导语。显然，实验情境中的这些元素也可以被当作自变量加以操作。但我们要关注的是，实验情境的设计是为了让知觉过程中的前阶段能够被分析。实验情境中的知觉等同于普通环境中的知觉（有关讨论见Kragh & Smith, 1970, p.20–22），但它的发生非常迅速，只能借助特殊的技术去研究。这些（知觉-生成）技术的功能作为工具或媒介，就像显微镜一样，使这些过程得以被分析。这里想要表达的论点在于，因变量和自变量的区别在对知觉过程的研究中是一个问题。我们无法将外部世界定义为独立于个体知觉的刺激。①

① 从认识论来看，知觉-生成理论与新康德主义的立场相关（P. Natorp, E. Cassirer）。上述两种图式之间的区别暗含了知觉-生成的立场。我们注意到，梅洛-庞蒂（Merleau-Ponty）的知识的现象学观点十分接近知觉-生成思想。在对生理反射概念的分析中，他总结道：“刺激无法在自身内部得到充分定义，不能独立于有机体。它不是一个物理现实，而是一个生理或生物现实”（Merleau-Ponty, 1965, p.31）。

刺激对于观察者来说是有意义的，因此，它不能被当作一个自变量。另一个影响在于，我们必须修正把刺激放在反应的起因位置的观点。知觉并非起始于刺激的一连串事件的结果。它是刺激和有机体作为一个动力系统所引发的结果。这就是图式4中S和O之间的双向箭头的含义。不过，这两个因素之间的关系在知觉过程中会发生改变。刺激作为决定因素的重要性会增加。（在图式2中，这对应着最终阶段作为参照的重要性的增加。）但刺激只是该过程的决定因素之一，另一个是个体的人格结构（在知觉-生成理论中，这个概念叫作连续的适应性状态——反映了人格结构）。

在知觉-生成模型中作为决定因素的刺激与在传统S-R-实验中作为原因的刺激相对应。就其一般形式而言，这点适用于所有类型的知觉-生成实验。如果我们将讨论限制在视速仪实验中的一张图片上，那就有可能更加精确。例如，在防御机制测试中，这些图片被设计成与精神分析理论中的防御机制类似的功能，描绘出一幅被威胁的人转向“无辜”的英雄人物的画面。通过对图片进行这样的诠释，刺激作为决定因素是合格的。这种被认证的刺激被称作“操作者刺激”。

刺激的确定

上文中，我们区分了两种描述刺激的方式。一种方式基于刺激的光学性质。图片被看作不同明度的点的“布局”，不具有任何意义。它缺乏现象学的内容。这种对图片的确定可以被用来维持给定图片大规模生产中的物理等效性。从更广泛的意义上来说，这类刺激除了图片以外，也包括实验情境。这种确定的意义与实验的可重复性和实验间的比较有关（Kragh, 1955, p.16-17）。

刺激的另外一面，（N）刺激，即母题，指的是被知觉的图片，带有其现象学特征。这与最终阶段概念相关，但又区别于（个体）最终阶段的个体间恒常性，而具有高度的主体间性。我们无法通过参考任一个体的最终阶段——包括实验者的——来确定（N）刺激（出处同上，p.20）。出于现实考虑，我们可以采用最终阶段的平均值（在一个个体样本中）。因此，正如克拉夫（出处同上，

p.17）所指出的，这种确定是高度主观的。然而，即便这样一个近似值被接受，也不能解决主要问题。因为最终阶段的描述（在一个样本中）展示出一种变异，而我们必须在这些变异中确定什么是“正确”的极限。这种变异取决于描述的水平。描述越具体、细节越丰富（越多的细微之处被记录下来），那么个体最终阶段知觉的稳定性就越不绝对（出处同上，p.138），样本中最终阶段描述的变异就越大。如果描述仅限于一般的类别：两个人、一张桌子等，那么组内的对应关系就越接近完美。之后我们会看到，这一点对知觉-生成的某些应用产生了有趣的影响。[①]

这种情况并不一定是有问题的。在一个实验中，如果所有被试的记录都有稳定的最终阶段，这些记录与实验带领者的最终阶段在数据分析中所使用的描述水平大致吻合，那就没有问题。实验带领者、群体平均值以及每个被试的最终阶段大致重合并且能够归纳到（N）刺激。（这种情况是传统知觉心理学隐含的假设。）但是当上述情况发生变异时，就出现问题了。我将对两种此类情况进行讨论，二者都与防御机制测试相关。

1. 在对一组被试的测试中，并非所有人在一系列暴露中都达到了稳定的最终阶段。并且，为了抑制有关图片的信息在组内的传播，在常规系列中继续增加长时间的暴露通常也不合适。

   这个问题可以通过对另一组被试在更长的暴露时间中描述图片的刺激分析来规避。这一分析的结果为（N）刺激的定义和确定“正确”描述的标准奠定了基础（防御机制测试的C阶段标准）。当然，刺激分析也可以用于相反的情况（在构建新图片时）：使图片适应测试手册中已经给出的C阶段标准，并且其降低最终阶段描述的变异。

2. 在临床案例或高级人格分析中，图片对被试的特殊意义至关重要，我们有理由去推敲（N）刺激的定义和被试最终阶段的差异。通常，这可以通过添加一个能够得出稳定最终阶段的长时间暴露来确认。

① 现实的“客观”定义的问题本质在科学哲学中也产生了有趣的结果。在那里，我们也可以找到主体间性替代客观性的有力论据（Zachrisson & Zachrisson, 2005）。

> 如果这个最终阶段偏离了（N）刺激的定义，那问题就出现了。序列中较早的阶段要参考哪一个最终阶段？是已定义的（N）刺激，还是被试个人的最终阶段？如果相同的结构出现在被试的最终（稳定的）阶段，那么我们是否要在P阶段的水平上对防御机制的迹象进行评分？如果要继续我们的论证路线，应该参考被试自己的最终阶段，那么答案就是否定的。但还有另外一种可能性，它会使这个问题变得更加复杂：即使是长时间的暴露，在相对低的刺激强度下，知觉防御仍会起作用。被试的描述仍然处于P阶段水平，他的现实检验被占主导地位的知觉防御所扭曲。在这种情况下，必须采取的策略就是通过对知觉特质的现象学分析逐个进行确认。对图片的印象有多鲜明？被试对其知觉的“客观性”及准确性的信念有多强烈？知觉的稳定性又是怎样的？

尽管如此，这个问题的核心仍然存在。事实上，它是一个普遍存在的心理诊断问题，涉及健康这个概念本身。在诊断情境中，哪一种现实的概念应占据主导？是来访者的心理现实，还是医生或者社会既定的标准？这在社会学领域等同于（N）刺激定义的问题。进一步来说：现实概念的哪些变式可以被容忍（C阶段的标准）？这些是所有心理诊断系统在应用中固有的问题。在社会层面，似乎有可能进行所需要的判定（使用更一般化的描述来表达更宽泛的视角），但在个人经验水平上，有可能进行吗？

改变刺激图片：知觉-生成的一些问题

如果图片的某些物理特征发生改变，例如明度或对比度，那么对知觉-生成会产生什么影响？原则上来说，图片的变化会以两种方式影响知觉-生成：导致序列中的阈限阶段发生位移，并在生成过程中造成结构上的变化。

第一点在知觉-生成实验中是必然的。为了让实验产生有趣的结果，一系列的暴露必须涵盖知觉的发展过程，也就是给予足够长的P阶段。这部分取决于实验条件，尤其是系列暴露的时间，也部分取决于图片的物理特征。图片中不合适的对比或暗度较大会使知觉的发展过程过于突然或过于迟缓，导致序列中过晚出现第一阶段或过早出现最终阶段。这将导致信息量的减少，因为P阶段的部分结果没有被记录或被浓缩到较少的几个阶段中。在这个方面对仪器进行"校准"是所有知觉-生成实验的必要条件。

图片对比度的变化也可能会导致知觉-生成的结构性变化，因为阶段的凝缩会发生增减。不过，造成结构变化的更有趣的原因在于图片母题（内容），即（N）刺激的变化。内容的变化意味着操作者对刺激的改变。而不同的母题会激活人格中不同的部分结构和冲突区域（Kragh, 1985; Zachrisson, 1967）。母题的选择和变化必须与理论和研究的目的相关。现今每一个发展取向的人格理论都强调个体的家庭关系——与父母、与兄弟姐妹以及与伴侣（和自我）的关系。因此，包含不同场景中一个或多个人物的图片在知觉-生成实验中最常见。与其他图片，例如物体的图片相比，这些图片与人格发展的基本因素有关，并且为人格心理学的议题提供了更多的相关信息。另一方面，从普通心理学的角度来说，这些图片也与知觉过程研究相关。以上评论总体上指的是知觉-生成实验。针对防御机制测试的讨论可以更加具体，因为测试在以下两个方面十分明确。首先，作为操作者的刺激是确定的。图片的构造是为了揭示对一个具有威胁性的人朝向另一个中心人物（英雄）的知觉中存在的防御结构。其次，被试在测试中的报告会根据包含了精确的C阶段标准的编码手册来做解释。这两点相互联系，使得大部分被试对图片的最终阶段（最终阶段的平均值）都落在C阶段标准的范围之内。如果不是这样，那么这张图片的测试报告与防御机制理论的关系也就无法维持。[①]

① 一张"中性的"父子图片确实能够激活知觉防御结构。在临床案例中，我们经常会遇到这种情况（Kragh, 1970）。但是，在这种情况下，我们需要将焦虑激活与这一阶段的相关回忆（生活史）联系起来。我们不能把它指向被试的最终阶段，如果它与图片的（N）刺激定义一致，即表示一种中性关系。

结　论

在知觉-生成理论中，区分知觉实验中的因变量和自变量是一件复杂的事情。刺激作为母题，具有其现象学特质及在个体中激起的意义，它只能通过研究者、群体或是被试的最终阶段行为来确定。刺激的这些面向无法用任何明确的方式来客观定义。“客观性”必须通过对许多最终阶段描述的登记和比较来实现。我们所能做的，是通过对刺激进行这样的分析达到某种合理程度的主体间性。刺激分析可以有不同的目标：确定一个实验中的刺激图片，或对图片进行特殊用途的编辑，例如参考已有的具备具体最终阶段标准的编码手册。此外，任何知觉-生成实验或测试都必须进行调整，以便在知觉过程中留出足够的预备阶段来使分析更有可能性和意义。没有这样的实验情境调整和细致的刺激分析，就很可能得出虚假或可疑的结果。

第六章

心理健康——一种正常状态？

我们如何定义心理健康？心理健康与正常状态之间的关系是什么样的？精神分析领域对这些问题又有什么样的讨论呢？

在简要回顾了过去几个世纪关于正常和忧郁的观点之后，我会转向弗洛伊德和比昂。对弗洛伊德来说，心理健康充其量不过是一种相对温和的神经症状态，完美的心理健康是无法实现的理想。比昂则更加强调这一概念的动力特性，他将心理健康理解为一个过程。之后，我将考察与个人对自己心理健康的主观看法相关的问题，并讨论本章所提出的议题对精神分析治疗的一些影响。在结论部分，我将思考心理健康与正常状态之间的复杂关系。

> “要分清谁是疯子谁是智者并非易事。上帝让我们所有人都免于被看透。”（Hamsun，1909）

引　言

心理健康和正常这两个概念都相当复杂。事实上，心理健康似乎是一个比心理疾病更加复杂的概念。我们所说的心理健康究竟意味着什么呢？心理健康和正常状态之间的关系又是怎样的呢？

医学上对健康的定义是“没有疾病”。这一定义因过于狭隘和躯体化而被诟病。1948年，世界卫生组织为健康给出了另一种定义：一种完美的，躯体、心理和社会层面的幸福状态，不仅仅是没有疾病或残疾。反对意见认为这一概念很难界定，是一种无法达到的理想，而不是正常状态。但这一观点仍然被纳入了科学的范畴。我们常常会受邀参加有关积极心理学和心理幸福感的会议。

更加实际的定义则是：健康是一个复杂的概念。它因文化、人的观念、医学和心理学方面的理解以及政治和历史背景不同而不同。在医学术语中，健康被定义为有效处理压力、保持和恢复平衡的能力。

世界卫生组织并没有给出心理健康的官方定义。文化差异、主观评价和理论争议都对此定义有影响。不过，大部分人都认为心理健康和心理疾病并非互斥关系。也就是说，没有心理疾病并不一定等于良好的心理健康。一种对心理健康的定义方式是看一个人如何处理他的日常生活。根据这种观点，健康就关系到一个人如何在社会和日常生活中使用他的认知和情绪能力。

心理健康标志着能够管理好正常强度的压力、维持友谊和爱情关系、独立生活并能够应对常规的情绪张力状态。弗洛伊德将之简明扼要地凝缩为一个公式：爱和工作的能力。在他的作品中可能找不到这样的措辞，但他在多处使用了类似的表达。

这个定义似乎是可行且正常的。但是，如果没有疾病并不一定表示心理健康，那我们就必须考察二者是否有所重叠，以及存在疾病是否就能排除心理健康的可能？我们要避免用二分法来思考这个问题。那么是否应该在更复杂的可能性、概念或者模型中去思考这个问题？

我在上文中提到了恢复和保持心理平衡的能力。我们可以将之与中国普遍辩证法中的“阴”和“阳”两种对立的力量进行比较。在西方思想中，我们也同样可以发现这种对力量之间的平衡、居中的状态的描述。对立情感的矛盾组织形式和分裂组织形式之间的区别是精神分析的一个核心元素。在矛盾状态下，爱和恨可以同时存在，爱能缓和恨而恨会冷却爱。但非此即彼的分裂状态缺乏这种相互调节的关系，会导致爱和恨之间的突然移动。在双相情感障碍、精神分裂症以及边缘型人格中，我们会发现这样的分裂。

我们可能要问，心理疾病是否包括内部状态（感受、思维、想象）的紊乱和失衡？它们的适度形式普遍存在，可以说，它们本身就是人类生活的一部分。但当发生紊乱和失衡时，它们会以一种紊乱的形式支配精神生活，或是处于一种未发展的状态，因而也无法支持正常生活。

我们当中谁没有感到过焦虑或恐慌？谁从没有问过自己，出门之前是否锁了门、关了煤气？谁没有在某个时刻对现实或者身份感到迷惑或茫然？这些并不是心理疾病的征兆。只有当它们在心理生活中占据主导位置的时候，才会成为疾病。当有没有关煤气或是锁门的想法无法消失，它就成为强迫思维或是强迫行为。我们当中谁没有感到过不安，并因此想放弃某种令人兴奋的挑战？或者相反，谁没有渴望过成为人群关注的焦点，即便没有做出相应的贡献？只有当这些反应占据主导地位时，我们才会考虑它是不是一种可被称为自恋的疾病——它们的适度存在是一种普遍现象。

几个世纪以来对正常和忧郁的讨论

需要注意的是，我在此讨论的主要是神经症和心理健康的界限。这二者之间的差异和相似性最具有争议。瑞典哲学家卡琳·约翰尼松（Karin Johannisson）在2009年出版的《忧郁的空间》（*Melankoliska rum*）一书中提出了这个问题。健康和疾病的边界在哪里？什么样的情绪属于过度强烈的、主导性的，或者说夸张的、脱离正常状态的？

忧郁一词，无论是她的使用方式，还是过去四五百年在欧洲的使用方式，都具有延伸含义。不能将它局限于描述一种病理状态，也就是我们今天通常指代的严重的抑郁。她认为，忧郁是一种介于健康和疾病之间的状态。它可以向趋近或是远离疾病的方向移动。它包含了自我体验、表达和沟通心理痛苦的所有形式，但并未脱离心理正常的范围。它会将我们推入焦虑和黑暗，但同时也是敏感性和创造力的表现。对这一概念的综合观最为鲜明的呈现必定要属罗伯特·伯顿（Robert Burton）的巨著《忧郁的解剖》（*The Anatomy of Melancholy*, 1621/1927）。

此外，她认为，忧郁不仅徘徊在健康和疾病之间，也徘徊在顺从和反抗之间——它在自我和社会之间占据了一席之地。在书中，她考察了自17世纪以来，对忧郁这一延伸含义的表达在欧洲是如何被感知的。一直以来，忧郁都是一个模糊的概念——既代表内心最深处的黑暗，也代表艺术与科学的创造力。

同时，也代表着上层阶级精致的精神生活。18世纪有一种说法，愉悦的快乐属于简单的头脑。如果你认真对待这个世界，你就必须让自己在这个世界里变得脆弱。

约翰尼松所记录的，不只是社会环境和习俗如何影响人们对心理健康的感知以及对正常状态的看法，事实上可以说是前者如何定义了后者。在18世纪，强烈的情绪、多愁善感、眼泪和浪漫被认为是正常的。在19世纪，正常意味着有“胆量（nerves）”，是明智的（sensible）表现。但紧张（nervousness）是不好的，是一种不受约束的状态，或者用当时的话来说，是一种女性化的表现。

这一概念虽是基于神经系统的发现，但并非一种科学主导的观点发展，而是科学对大众观念的适应。她写道，极端地说，并非科学将神经系统的新知传播给了社会。相反，其实是社会局势逼迫科学为具有“神经自我（nerve ego）”的新人类创造出了一个新的躯体。

这样说也许太极端了。对此，我是这样理解的：科学所创造的这个神经-躯体可以从社会和文化的角度去解读。因此，我们就可以区分出“有胆”，即感性是一种高尚的表现，而“紧张”是可鄙的。这就像我们现在可能会因为“神经质（neurotic）”而贬低一个人。

约翰尼松认为，对心理健康和正常状态的理解取决于社会话语和习俗。它取决于对人类心理生活的科学观念，并非唯一，也并不具有根本性。

心理健康，一种理想的状态

我想强调，心理健康是相对的，它与社会习俗的变化息息相关。现在我们回到精神分析的领域。精神分析如何理解心理健康？弗洛伊德所提出的分析治疗的目标最为谦逊。在一个假设性的回答来访者关于对分析可抱以何种期待的提问时，他写道，治疗所追求的目标是将歇斯底里的痛苦转变为日常的不快（Freud, 1893, p.305）。挪威分析师基林莫在一场关于精神病学诊断系统的讨论中总结道：每个人都有自己的人格，对我们所有人来说，人格都有或多或少的紊乱（Killingmo, 1994）。

从精神分析的角度来看，不存在完全没有神经症症状和性格特点的人。无论是对家庭成员还是对朋友，我们的情感最多能达到的就是矛盾状态。安德烈·格林在关于希腊悲剧的书中就写到，家庭是悲剧的现场，它是悲剧事件发生的主要场所——爱和恨的强烈正是在家庭中到达顶峰（André Green, 1969, p.7-8）。这样来说，心理健康就变成了一种虚拟的概念，一种理想化的、无法达到的状态。我们最多能做到相对的非神经症。从精神分析的角度来说，这是我们为社会化所付出的代价。自我有一项艰巨的任务，需要在三者之间协调，一边是基本的需要和欲望，另一边是超我的要求和评判，同时还有所处现实的可能性和局限性。没有人能安然度过童年。

弗洛伊德在1939年的《文明及其不满》（*Civilisations and its discontents*）一文中对这些动力做了论述。他思考了本能欲望和文化限制之间不可避免的冲突。弗洛伊德对人类处理强烈欲望和文化要求之间冲突的方式持悲观的态度。

当然，这只是对人类基本生活境遇的众多可能的解释之一，其理论基础是精神分析的人格模型，而这一模型并没有被普遍接受。现实虽如此，但对弗洛伊德而言，这番论述背后还有更多的含义。他经历过第一次世界大战，也目睹了纳粹的进军。1930年版的本书以人类内部爱和毁灭之间的冲突为结尾。而在1933年希特勒掌权后的新版中，他增加了一句话：谁能预知后果和结局呢？

除此之外，心理健康的主观定义在精神分析中也是有问题的。心理症状是令人烦恼的，它们与自我格格不入。但神经症性的个性特点却并非如此。即便它们阻碍和主导我们的生活，在感受上它们仍是我们的一部分。它们是自我协调的，但症状是自我失调的。也就是说，在我们将自己身上明显的吝啬行为当作一种美德、一种有价值的东西的同时，其他人，包括精神分析师，可能将之看作一个困扰和一种神经症性的个性特点。

从这样的角度来看，关于这个问题，精神分析的结论仍是混乱的；心理健康遥不可及；正常充其量是神经症程度的多寡；我们对自己是谁以及感受到什么的体验也并非安全指南。

关于比昂与心理健康的说明

不过，精神分析对此仍有话说。让我们跟随比昂的思路来看一看。他以母婴关系为例。婴儿不可避免地会感到饥饿、焦虑、疲惫或是不适。他会用哭泣的方式告诉母亲有什么事情不对劲了。即便不是每一次都能做到，但通常母亲能够移除这些紊乱并且安慰到孩子。如果这个过程没有发生，孩子就会充满焦虑。比昂称之为无名的恐惧、一种无言的对毁灭的害怕。这是一种无法忍受的状态，孩子需要母亲的帮助来缓和这种焦虑，使之变得可以忍受。母亲对待孩子焦虑的方式，对无名的恐惧所做的必要的调节，被比昂称为白日梦（reverie）。这是一种梦的类型——在这个过程中，母亲理解且共情孩子的焦虑，但自己不会被淹没。通过这种方式，无法忍受的状态得到调节，孩子可以重新接受它。这个过程反复发生，孩子就会随之发展出自己处理焦虑和精神痛苦的能力。后来比昂为来访者-治疗师关系提出了一个相似的模型，他将这种调节状态称为涵容。

当焦虑得到调整后，内部状态就可以被工作、可以入梦、可以被象征化，也可以被思考。如果没有这样的调整，这些工作就不可能进行。相反，这些焦虑会被剥离并体验为身体的痛苦或症状，或者被投射给他人，又或者变成行动（见诸行动）。当不能思考体验时，就无法从中学习。就无法带着好奇心和兴趣去接触这个世界。我尝试用通俗的语言来表达我对于比昂的 α 功能、将 β 元素转化成 α 元素（Bion, 1962a, 1962b）这些概念的理解。

比昂模型的出发点是弗洛伊德的论文《哀悼和忧郁》（Freud, 1917）。弗洛伊德描述了两种处理严重丧失的方式。如果丧失被接纳为现实，就会开启哀悼的过程。丧失让世界变得贫瘠而空洞，但哀悼的工作可以重建与世界的关系，并恢复进入新的有意义的关系的能力。哀悼是一个需要工作的过程，也需要时间来完成。但是，如果丧失没有被接纳而是被否认，哀悼的过程就无法开启，与世界的关系也就无法恢复。与丧失被接纳时世界会变得贫瘠不同，此时，自我会变得贫瘠而空洞。这是对丧失的客体的一种矛盾、自恋的认同所造成的结果。用弗洛伊德的话来说，客体的影子落在自我身上，自我陷入停滞，因为无法哀悼和修复，我们就会陷入忧郁。

我们如何将这一思路转化为关于心理健康的精神分析概念？请注意，比昂使用了与精神病学在划分精神病时使用的相同的界限，丧失现实感和现实检验力。在此基础上，抛开对心理不悦和痛苦的容忍能力，他勾画出两条道路。其中一条通过好奇心和兴趣加深与现实的接触和真实的关系。另一条道路的标志则是对精神痛苦进行否认和清除，而不是思考和象征的形成。这将导致与现实的接触减弱，与人的关系被投射所扭曲，即我们所说的精神疾病。

这一心理健康的概念不与诊断和固定分类相连，取而代之的是心理健康被理解为一个动态的过程！

日常生活中的心理痛苦

在这个模型中，焦虑、抑郁以及其他形式的心理痛苦不一定是病理性的。它们属于生命本身。当痛苦变得不能忍受、无法处理，也就是无法承受时，个体的心理疾病才开始。我们就不得不问，如果这是心理疾病的起点，那么它同时也是心理健康的终点吗？我们需要区分神经症的和“正常的”抑郁及焦虑吗？

从这个角度来说，哀悼的工作就成为保持心理健康的必要过程。通过涵容和白日梦来调节不可忍受的心理痛苦，使之变得可以忍受，就成为心理健康的决定性因素。只有当对身体状态和体验进行象征化和工作的能力变强时，哀悼的工作才得以开始。我们也可以说，是心智化的能力增强了。在这一概念中，内部的状态、焦虑、抑郁或是困惑变得不可忍受时，精神疾病就开始了。

从经验中学习的能力，也就是以好奇和开放的心态与世界联结的能力，以及将遇到的人看成自己而不是你相信或是期待他们应该成为的样子的能力——这些能力是心理健康的重要元素。对他人的共情是基本要素。相反，以偏见和投射去与他人相遇则是一种心理健康水平下降的表现。

这一议题引出了将诊断分类延伸到预防领域的争论，即心理健康的早期迹象是否应该接受治疗。在我看来，治疗如果是在将抑郁状态向哀悼状态转化的方向上，那么就是有意义的。如果是抗抑郁的药物治疗，那么就有可能是将自然的人生过程推向病理的领域。

那么，一个人对自己的心理健康的主观体验呢？如果一个人能够体验自己的疾病，对其有所洞察，那么就不成问题。这个人和周围人的体验是相同的。对于什么是现实能够达成一致。但是，当一个人与周围人的体验不一致时，问题就出现了，就像在躁狂状态时对心理痛苦的否认，或是一些自我协调但对生活质量产生严重限制甚至降低生活质量的性格特质。有时，也许我们不得不问，哪些是真实的现实——多数并不总是正确，而精神病学也有可能被误用，将不合理情境中的健康反应归为病态。不过，通常情况下，处于躁狂或者抑制状态下的人至少会对自己的疾病具有部分的知晓。也许不一定是直接以精神痛苦的形式去了解，而是间接地，由于活在一个投射的、扭曲的世界中，感受到孤独、空虚、缺乏关系互动。

通常，我们用正常来表示健康，尤其是其反义形式，当我们说一个人不正常时，表示我们认为他疯了。在这种用法中，正常并不是一个统计学概念。我们指的是这个人的现实感是不对的，是疯狂的。而正常人拥有相当充分的现实感。请注意，我讨论的是在西欧使用“正常”一词的方式。在现实生活中，判断对现实的描述是正确还是错误的，并不总是件容易的事。我们还记得汉姆生（Hamsun）的话，理解谁是疯子、谁是智者，并不容易。

分析治疗的结果

比昂提出的 β 元素转变成 α 元素的 α 功能模型启发了精神分析领域对治疗过程的重新思考和新概念的诞生。弗洛伊德的治疗模型是针对神经症来访者发展出来的，折磨他们的主要是被压抑的想法和感受以及内部精神冲突。治疗的目标是解除压抑，将无意识的动力意识化，其方法是诠释，而结果是洞察。本我在哪里，自我就应该去哪里（Freud, 1933, p.80）。

在这些来访者身上，α 功能至少在一定程度上是有效的，印象和身体状态可以被象征化，并准备好在心理层面上被加工和诠释。体验是有意义的，也就是说，意义被建立、压抑并能够被诠释，从而将体验的意义带入意识层面。

那么，对那些 α 功能不能正常工作的人，对身体状态的心智化无法发生或者以一种缩减的方式发生时，情况是怎么样的呢？这些案例并没有对洞察做好即刻的准备，也无法从诠释中获益。他们对自我以及内部世界的好奇心是削弱的。用约翰・斯坦纳的话来说（John Steiner, 1993b），在他们准备好了解自己之前，他们需要被分析师理解。在准备好接受那些关于被压抑的意义的诠释之前，他们将受益于以分析师为中心的诠释，通过分析师来建立意义并确立内部的状态。

与比昂的模型相关的概念有很多，它们也与斯坦纳对以分析师为中心和以来访者为中心的诠释之间的区别相似。克莱因提出的两种心位、巴林特（Balint）提出的来访者因基本错误而痛苦的理论、科胡特所说的受伤的孩子的概念都属于此列。基林莫（Killingmo, 1989）对基于冲突和基于缺陷的精神病理做了区分。在他提出的模型中，因结构性的、发展性的缺陷而痛苦的来访者尚未发展出由神经症冲突主导的人格结构。用基林莫的话来说，这一状态需要技术上的改进，在来访者准备好对自己保持好奇心和反思之前，他们的感受需要被肯定和确认。我们注意到，基林莫和斯坦纳的概念之间紧密相关，而另一位克莱因派分析师费尔德曼（Feldman）在论文中提出的对动力的确定（Feldman, 1993）也与他们一致。

在这种背景下，根据来访者在治疗期间以及实际治疗时刻所呈现出来的功能和结构水平，将分析工作分为两个水平或者说两个阶段似乎是明智的。更高水平的神经症状态的标志是结构动力和内部心理冲突（自我与本我之间或自我与超我之间，也就是系统间冲突）；更紊乱的前神经症状态的标志是自我的发展失败和冲突（系统内冲突：信任或不信任、孤独、困惑、渴望与恐惧、自轻自贱、僵持）。

对神经症水平使用众所周知的治疗步骤，从对冲突和压抑的共情和观察开始，通过澄清和面质帮助来访者对诠释做好准备。治疗目标在于洞察和加深自我认识。为了确立这种自我认识，必须重复这些步骤，这个过程就是修通。

对前神经症、发展失败的水平，在上述的常规分析工作之前，需要增加另外一种分析工作。这一系列的治疗步骤，始于对困惑、孤独、挫败和无助感的共情和观察。随后对感受状态进行肯定和确认，旨在调节这些状态使（不可忍受的）痛苦能够被涵容。对修通的巩固过程还包括哀悼的工作。最终目标是洞察和更深入的自我认识。

在我的印象中，当今很多治疗模型中都可以看到对分析方法的这一延伸观点。除了已经引用的客体关系模型和克莱因，还可以加上托马斯·奥格登（Thomas Ogden）和与分析中的第三者工作（Thomas Ogden, 1994b），这些观点激发了美国分析界向关系的转向。我认为，比昂的 α 功能和容器或涵容模型，对治疗方法的发展及理解心理健康来说都是至关重要的元素。

总结性想法

让我们回到最初的问题，心理健康是一种正常状态吗？最直接的答案是，要视情况而定。这取决于我们对心理健康和正常的定义。如果我们指的是一种理想的健康状态，完全没有神经症症状和抑制，那么答案就是否定的！这是一种统计学意义上来说极端不正常的状态。但如果我们遵循比昂模型的思路——心理健康被看作一个过程，是为了与现实联结而进行的一种持续不断的对体验和痛苦的加工——那么答案就是肯定的！大部分人在充满喜悦、混乱和恐惧的迷宫般的梦境中度过一夜之后，都能够在清晨恢复对现实以及与周围人的关系的感知。这是自我对心理世界晦涩力量的胜利，值得尊敬和钦佩。每个人都有独特的人格，一个人可以与其他人相似，但绝不可能完全相同。统计学上的正常在这里没有任何意义。统计学可以测量某个方面、特殊的特质、整体中的一部分，但无从以整体的复杂性记录一个个体。诊断可以指出人格中的重要方面，但无从描绘一个鲜活的人的全貌。

心理健康意味着什么？它是一种正常状态吗？也许这个问题本身比我们给出的答案更加重要。答案是暂时的、有限的、特异的。但我们对这个问题的反思还要继续。

第二部分

临 床 概 念

—— 案　　例 ——

第七章

一个孤单又充满蔑视的男孩

一个男孩的自恋性动力突出表现在对分析师的持续蔑视和不合群的（asocial）行为中。当诠释被来访者拒绝和嘲笑时，我们在精神分析中还能依靠什么方法呢？

这篇对一个10岁男孩的分析报告聚焦于经典的自恋机制，其特征是使用夸大和蔑视防御自卑、羞耻和依赖的感受。在治疗情境中，这一动力表现为对分析师强烈而持续的贬低。我还讨论了来访者的不合群行为与自恋动力的关系。对来访者人格的理解和诊断的核心问题在于被分裂的内疚感与结构性缺陷之间的关联程度。这一问题的答案会对治疗方法产生影响。我想强调的是，当不合群行为成为来访者与分析师的一种联结方式时，分析设置中的抱持功能就变得至关重要。最后，我还将从总体上讨论抱持和涵容的功能对心理成长的重要性。

引　言

蔑视是攻击的一种形式。它通常使对他人的攻击变得与众不同。在分析工作中，我们常常发现蔑视与自我蔑视密切相关，它表现为对自卑感的贬低。这种紧密的关系从理论上可以理解为是对自体的一种保护，用全能和自大去防御自卑感、无助感和无价值感。这是经典的自恋防御。在临床上，这种动力表现为用蔑视和贬低分析师来防御自我蔑视和羞耻感（Abraham, 1919; Kernberg, 1984; Sigrell, 1994）。

我将用一个分析案例中的材料来说明这些联系，在很长一段时间当中，来访者对分析师的贬低是其最具标志性的动力。这种情况的持续时间之长，让我开始怀疑分析工作能否改变这种态度。除了自尊议题之外，来访者也有不合群行为。这就引出了超我和内疚感的发展问题，它在多大程度上是发展缺陷？还是对内疚感和抑郁的防御？从结构的角度来看，问题在于我们是需要处理为发展的还是分裂的超我。不合群的因素给分析设置带来了压力。这一问题在最后的讨论中做简要的思考。

转　　介

佩尔（Per）被转介来接受分析的时候是9.5岁。转介的原因是他有很严重的（与人）接触问题。他很孤单，没有朋友，总是支配他的弟弟。假装游戏中的争吵会导致真正的打斗，他会把弟弟的脑袋往地板上撞，并且兴奋地大笑。压垮父母的最后一根稻草，也是促使他们寻求治疗的事情，是他和他弟弟找到了进入附近一个车库的方法。而他们在车库里造成的损坏总计超过1000欧元*。他还威胁弟弟，如果说出去，他就自杀。

既往病史

佩尔在2—8个月大的时候有过疝气。他很早就开始用杯子喝水，6个月时断奶。他结实好动，在弟弟出生之前去了托儿所。在那里，他很快就收获了“淘气”的评价，对一个1.5岁的孩子来说，这种描述很令人惊讶。

两个男孩之间相差17个月。弟弟4个月大的时候得了幽门狭窄，生命危在旦夕，因此父母的注意力完全放在这件事情上。

佩尔一个人待着的时候很无聊。但他弟弟是个名副其实的创意和游戏宝库。佩尔独处时觉得无事可做。在学校里，专横的态度和无法与人接触使他与同学相当疏远。与这种强烈情绪交替出现的是悲伤和孤立，他感到周围一片死寂。

---

* 欧洲联盟成员国的通用货币单位，可按实时外汇汇率换算。——译者注

父母觉得他是个不太有吸引力的孩子：他们无法信任他；他会撒谎，并且从来不承认自己做过任何错事。他似乎缺乏分辨是非的能力，或者说，他的道德准则就是只要不被发现，那么做什么都可以。造成破坏之所以愚蠢，并不是因为破坏本身，而是因为被抓住了。他在学校经常陷入冲突，通常是这类情况：一个同学从他手里抢走了球，佩尔生气地撞他，同学摔倒后，佩尔又去踢他的肚子。他的行为粗暴且不受控。

与此同时，这位愤怒的“奥兰多（Orlando）”在成年人的陪伴下却可以扮演一个微笑的社会成功人士——富有魅力、老练且能够有礼貌地交谈。在他开始治疗的那个秋天，他的父亲因为工作过劳而请了一段时间的病假。佩尔对此的反应是：“这不是我的错！”两个孩子，尤其是佩尔，和他们的外祖父母关系都很好。他的外祖父在他开始接受分析的2年前去世。

初 始 访 谈

佩尔是一个身材高大、肌肉发达的9岁男孩。一开始，他很友好，面带微笑，以一种相当成熟的方式做出直接的回应。我遇到的是一个健谈、自信的成功人士。他显然一心想给我留下好印象。我请他告诉我是什么样的问题把他带到我这里来的。他迫不及待地说了起来，说他的问题是在学校被霸凌。大约从一年级就开始了，当时他对同学并不十分友好，而这是他现在被霸凌的原因，尽管老师认为他最近已经有所改善。一年级的时候，他有时会否认他确实做过的事情，所以现在常常因没有做过的事情受到指责，而且别人也不相信他说的话。有时候别人不让他踢足球，尽管当他负责组织比赛的时候，是允许其他人参与的。所以，他不知道现在究竟应该怎么做才好。很明显，单单表现友好行不通，因而他非常倾向于将自己遭受的对待同样施加给其他人。

这个心怀好意的年轻人将不幸的过去背负在自己的肩上。由于在一年级时的粗心大意，他表现得不够好，现在他受到了惩罚。但是，类似的情况确实存在，任何人都会因此被困住。整件事情是有逻辑的，像是孩子在模仿成人的方式思考。尽管这个人心存好意，但忘恩负义和不公正似乎主宰了他的世界，他要怎么办呢?

我请他描述一下学校的情况,他说自己脾气不好确实是个问题。我说:"你很容易生气。""当然可以这么说。是的,我是。这是事实。"他笑着回答。我们讨论了(生气的)引信短以及随之而来的问题。他弟弟不是那样。他弟弟的引信很长,有几千米那么长。他妈妈也是。爸爸的比其他人稍微短一点,大概短几毫米,而他确实是最短的那个。他几乎没有引信。我们谈论了由此在学校里导致的问题。因为他的强壮和暴脾气,很多人怕他。他没有什么朋友,除了弟弟之外,只有一个男孩。他谈起外祖父,外祖父的去世对他来说非常糟糕。外祖父经常带他远足、去网球场或是做其他事情。在访谈快要结束的时候,他说起我有很多书,他好奇是为什么。我做了一些回答,访谈结束于他询问我关于心理学培训的问题,我给了他一些回答——需要7年,等等。

在第二次会谈中,他告诉我有一个同学嘲笑他,最后他承受不了就打回去了。然后他被指责了。事情总是这样。他总是那个被训斥的人。他不知道应该怎么做。他觉得过去几周情况变得更糟糕了。很明显,他在某种程度上对自己的攻击性感到不安。我说:"你很想知道什么能帮到你,到这儿来见我是不是会对你有所帮助。""是的,是这样的。"他说。

他告诉了我车库的故事。他们找到了进去的方式,并且把车库当成了他们的秘密基地。他们在那儿破坏了一些东西,那儿有一辆已经没有什么保存价值的老自行车和相当多的汽车轮胎。他们玩得很开心。他们用一把锋利的锤子搞破坏。他不应该做那种事情,他知道,当然,但愚蠢的是他们被发现了,并且不得不赔偿。那一共要好几千挪威克朗*。他不得不拿出自己存的1000多克朗,其余的由父母支付,但弟弟什么钱也不用出。他觉得这不公平,因为弟弟也毁坏了不少东西。他说这些的时候语气轻快,但有些闪烁其词,"不是我一个人干的——某种程度上不公平——如果我们没有被抓住"。看起来他似乎用这种方式去面对自己的内疚。

我把他的注意力引向我给他准备的一盒玩具。他打开盒子,快速地往里看

---

* 挪威货币单位,可按实时外汇汇率换算。——译者注

了一眼，并没有仔细检查里面的东西。他瞥见两把玩具枪，顿时变得兴致勃勃。其中一把不太好用，但他同样喜欢，对它们的价格也很感兴趣。然后他说起了自己的玩具枪，是一种既有爆炸火药也有飞箭的组合式手枪。我不知道是不是真的有类似的东西存在，但听起来那像是一把很好的枪，像是世界冠军的手枪。

我问起他的朋友，但他不想谈。这只会让事情变得更糟，他说。就好像仅仅提起他们就会引起问题或者使问题变得更加严重。同时，他也间接地承认被一些自己无法控制的事情所折磨。

第三次会谈中，他提到前两次见面之后他想到一些事情，有些时候是他先开始取笑或者惹出麻烦的——当然，并不经常，但有时是这样。这么说来，并非总是别人先惹出麻烦，而他总受到责备。他是故意对之前会谈中有点偏见的印象做出某种程度的修改吗？也许他现在可以承认这一点了，因为他发现我是一个友好的倾听者。

第一个半年

在开始的几个月里，佩尔对分析非常热情，他会在家里谈论分析，把我称作他的朋友，称赞我的玩具枪，告诉我他的一些梦，也会在分析中画画。第一个梦是他从很小就做过很多次的噩梦。他觉得第一次做这个梦是在三四岁的时候。在这个梦里，一家人开车行驶在挪威的西海岸，他们驶进了一条隧道。隧道的前面和后面都被堵住了，这时发生了火灾。他们开车穿过火焰，出了隧道，却冲出了悬崖。他在坠落中惊醒。幸亏这只是个梦，这令他松了口气。他对这个梦有很多想法。他感到害怕，但他已经很久没有做这个梦了。他常常要在床上躺几个小时才能入睡。我把这和他的噩梦联系起来，但是他拒绝接受这样的联结。

他开始使用玩具枪，这也是他攻击性的第一个迹象。他对准墙上一张海报上的大写字母A，并把它打得粉碎（分析师姓名的首字母缩写是AZ！）。在接下来的几次会谈中，他把我的书打成碎片，最后把我身体的每个部分也挨个儿打成碎片：先是一只手臂，然后是另一只……事后他会笑着否认他所做的一切。他的幻想似乎变得过于真实了。

他的第一张画画在图形纸上，用了好几个小时。没有一个部分是随便画的。所有的正方形都被小心翼翼地涂上不同的颜色。其他的画也和起初的这一张差不多：英国国旗、瑞典国旗和挪威国旗，他用尺子画出来，非常仔细地完成。它们都被画得尽可能精确。我们注意到这种严格的形式和暴力噩梦中失控的坠落形成鲜明的对比。这种相互交替的对比更多地展现出分裂，而不是结构性的缺陷。

有一次在会谈中，他坐着折一只纸飞机，忽然没头没脑地问："你知道'teoria'是什么吗？"我不知道。正确答案是《唐老鸭》（*Donald Duck*）里的一艘月球飞船。当他得意扬扬地说出答案后，又补充道："在这方面我比你厉害。"他知道一些我不知道的事情，这后来成了一个主题。"正确"是一件至关重要的事情。如果他不正确，那么他就是愚蠢且毫无价值的。他必须知道，也必须正确——这似乎是他认为自己有价值的一个基础。此外，这也是针对他所赋予我的无所不知的形象的一种必要防御。

复活节前的最后一次会谈中，经过了2个月的分析之后，他看似漫不经心地抛出一个问题：还有其他孩子和他一样在接受治疗吗？我问他是什么让他想到这个问题。"嗯，没什么"——他只不过随便问问。他很惊讶没有得到任何答案。后来我才知道，桌子上有一张纸，我在上面记录了一些要放到他盒子里的东西。纸上还有一些其他笔记。他以为这张纸上记录的是我应该给我的儿童来访者采购的东西。于是，他看到他面前有一群其他孩子。但他不愿意承认这对他来说有任何意义。也正因如此，他才表现出那种漫不经心的态度。

复活节后，回到治疗时，同样的问题又出现了：还有其他孩子在接受治疗吗？他逼着我回答，对于我"为什么这件事情如此重要"的问题置之不理。最终，问题变成了，如果一个人连如此愚蠢简单的问题都不能回答，接受这样的治疗还有什么意义？他认为这个问题一点也不重要，不明白为什么问题这么简单，他却得不到答案。

他十分诧异："我以为我们是朋友，我把信任托付给分析，但是到头来居然遇到这样的事情。"

这是第一个关于移情主要特质的线索，他对我产生了极其强烈的蔑视和贬低："你怎么会这么笨？"——他朝着书的方向做了个手势——"连这么简单的问题都回答不出来！"

这就是负移情的表现，它常常与分析中第一次较长的中断相联系（Meltzer, 1967）。逐渐增强的想要和分析师联结的需要激起了佩尔陷入"小弟弟们"的阴影、被抛弃和孤立的焦虑。分析师一开始是他的朋友，现在却变成了他蔑视的对象，根本不关心他，在没有解释原因的情况下休了一周的复活节假期。他用轻蔑的态度试图否认分析师的重要性以及他所感受到的贬低。

承认复活节假期的重要性意味着承认他的依赖，这对"世界冠军"来说是无法接受的。

夏天快到的时候，他表达了他的烦躁，因为分析干扰了他的业余时间。当他的同学们放学后到处玩耍时，他却需要接受每周四次的会谈。事实确实如此——分析需要时间。暑期结束之后，他的怒气日益增长。他明确表达不想再来了。他宣称，起初他把我当成朋友，但现在他不知道这种分析对他是否有任何好处，也不知道继续下去有什么意义。

然而，他总是在放学后径直来参加会谈。但，那是为了他妈妈。很长一段时间里，他都坚决否认自己想要和我接触或是接受分析。这完全是因为这对妈妈来说意义重大，而他十分依恋她。我们可以看到他既否认我的重要性，又否认从分析中得到过有价值的东西。他左右为难：一方面，他无法承受我这儿有一些他所需要的、有价值的东西的想法；另一方面则是我蔑视他这个黏人小孩的可怕的可能性。这种情境使得精神分析变成了一件有损身份的事情。

第一个暑假结束后，他告诉了我一个来自他内部世界的意象。他曾看过一个电视节目，里面有一个心理学家在谈论精神失调，他说，这好比我们内部有一个四缸引擎，如果汽缸不同步，功能就会很差。但对他来说不是这样的。他头脑中有一部打字机，还有两个人，一个善良、一个恶毒，他们在为谁应该用打字机而争吵，也就是说，谁应该决定他该做什么、说什么。

无论思考由别人完成，还是有两个思考者在斗争的认识，都很有启发性。然而，我并不认为这是一个完全成熟的隐喻，而是"现实"和隐喻之间的一种过渡。这种以有形的现实形式出现，对自己想法的责任的否认，是不容易诠释的。

第二个半年

假期结束之后，佩尔描述了一个噩梦，和隧道里的汽车的梦有关。他梦见自己在一辆汽车里，发动机里装有炸弹。汽车着火，炸弹爆炸了。他被甩出车外，醒来时感觉自己像在自由落体。在这个梦里，我们也看到了火灾、爆炸和坠落。火灾和爆炸可能是无法控制的愤怒，一种没有引信的失控的破坏性。自由落体会让我们想到分离焦虑，被抛而不是被抱持。会不会在他生命的头几年里，母亲的涵容是不足的？他的母亲也是个被收养的孩子。这一点和他的疝气以及弟弟的幽门狭窄有联系吗？

在《致死的疾病》（*Sykdommen til Døden*）中，克尔凯郭尔（Kierkegaard）为不被抱持的状态提供了一个表达：绝望——被“上帝之手”松开（1849, p.45）。作为焦虑的一种形式，它与伤害引发的焦虑以及其他阉割焦虑不同，是一种无边无际的焦虑，不那么结构化，也更加原始。

到了秋天，佩尔对我的轻蔑的攻击变得越来越强烈。他用了一长串恶意的表达。只要我没有注意到他在说什么，或者不同意做他让我做的事情，他就会说，“你是疯了吗？你说的都是些什么屁话？真该死，太愚蠢了，多么白痴，这是我听过最烂的事情……”诸如此类。我对这些攻击的反移情有时是对自己遭受这一系列虐待的愤怒，有时则是因为我们的关系被不断攻击而感到伤心。

与此交替的是有些时段他会跟我聊天，或是编写自己唱的歌，有时候还会唱给我听。令人吃惊、充满蔑视的会谈与这种轻松平和的气氛形成了鲜明的对比。

这种蔑视和自我蔑视是相关的。他内心只存在两个位置：一个在顶层，他能够掌控（有能力），并且什么都知道（正确）。一旦这层外表破裂，即便非常轻微，都会让他变得一无是处、毫无价值、令人憎恶。而我就是那个鄙视和嘲笑他的人。这两种状态之间没有分级，也没有中间位置，只有无情地坠落到底。对我的贬低和攻击是一种应对崩溃威胁的方式。如果我是如此愚蠢和疯狂，而他是那个能够做出判断的人，就可以使他免受我的蔑视和他对自己的贬低及羞辱。

在很长一段时间里，我努力地通过对这种动力的评论来与他联结。但我总有一种完全无所作为的感觉。

佩尔的表情中有一种绝望。他经常会我给我一种他在悬崖边上，需要竭尽全力才能保护自己的印象。对我以及我的自我形象的攻击，是他挽救他的自我形象的一种方式，从某种意义上来说，这是他拯救自己生命的方式。在佩尔一开始画的强迫性的四边形画中，穿插着一些机器人的漫画和素描。他告诉我，他曾经梦到一个看别人一眼就能杀人的机器人。在秋天的一次会谈中，他就是机器人，用一种人造的声音断断续续地行走和说话。他攻击我：这—种—分—析—有—什—么—意—义—我—只—想—要———个—答—案。

到目前为止，他的画都是非人物的形象：从网格到机器人组合成老套的、讽刺的脸孔。那个走进我的房间，毫无底线地鄙视我的机器人男孩，他的内心可能就是那样的形象。他这种不顾一切回避与我联结的做法让我很不开心。

很多次的会谈都是从他找借口攻击我开始的。随后，这种狂热的气氛会持续整个时段。在这些会面之间，他有时会变得温和一点，能够接纳自己儿童性的需要。但这只是一种脆弱的接纳，那个机器人般的、拒绝孩子气的部分很快就掌控全局。对盒子里可爱的毛绒玩具——一只小猫头鹰——他只是哼了一声。这个冷酷、傲慢的机器人男孩在家里的床上可不止有一两个毛绒玩具。他父母告诉我他有十三个。他几乎淹没在毛绒玩具里。他内心是多么鄙视自己这个弱点啊！一个无所不知的世界冠军，床上却必须有十三个毛绒玩具。

佩尔在会谈之外也会攻击分析。他告诉等候室的其他来访者我对他的分析是如何愚蠢。在我的信箱上，他写下：安德斯是个白痴。

第三个半年

圣诞节过后，经过不到1年的分析，佩尔回来的时候明显很高兴。不过，不到15分钟，他就又回到了满嘴蔑视的老路上去了。这是在用直白的语言告诉我，对他来说，对会谈感到高兴以及感受到对我的依赖是多么令他感到冒犯。他在拼命与这种依赖斗争。

1月初，他骗走了我的钱。他把一张10克朗的钞票放在桌子上，让我也照着做。然后他从一副扑克牌里拿出两张K和两张A，让我挑出最好的一对。最好的当然不是一对A或者K——而是那两张10克朗的纸币！他把钱拿走了，毕竟他赢了。唯一没有上当的是他爸爸。不过，尽管我笨到不知道哪一对最好，我还是得考虑损失的钱。这其中还有什么吗？“这个把戏”包含了打破游戏规则，正如他不断试图打破分析的框架一样。他在家里吹嘘这件事，结果他妈妈骂了他一顿。接下来的那次会谈，他把钱还给了我。但并不是因为他觉得这样做是对的，而是因为他母亲坚持要他这样做。很明显，父亲和母亲在他的内心世界中扮演着不同的角色。

那年春天的晚些时候，我发现钱包里少了一张100克朗的钞票。我在想自己是不是佩尔偷窃的受害者，但不能完全确定。当时天气已经暖和起来，他总是在会谈中要水喝。我就把他一个人留在办公室里，自己去给他拿水。

这是个棘手的状况。如果他偷了东西，要想分析继续，就必须把这件事说明白。但如果他是无辜的，那么我提出这种指控就会破坏分析。第二天，在会谈快要结束前10分钟左右，他又想要一杯水。我起身出去拿水，但中途改变主意返回了房间。此时他已经从他坐着的椅子上起来，站在放着我钱包的桌子旁边。我接着又出去拿了水。会谈快要结束的时候，我检查了一下钱包，发现少了一张100克朗的钞票。我告诉他，他和我之间出现了一个问题：“我出去给你拿水的时候，你骗了我，拿走了我的钱。”他愤愤不平，矢口否认，还问我有没有证据。于是我说——事实就是这样——我之前不确定是否发生了这样的事情，所以检查了一下钱包里有多少钱，现在我知道丢失了一张100克朗的钞票。他从裤兜里抓出一张100克朗的钞票扔在地上，说他实在是太愚蠢了，不应该这么做。他背过身去，哭着让我不要告诉他的父母，如果我说了，他就去自杀。我说，这是我们之间的事。我希望我们能够解决这个问题。在剩下的时间里，他背对我坐着，说自己太愚蠢了，以前没有这么做过，他实在是太喜欢吃糖，所以没想清楚就这么做了。在我看来，他的反应混杂着对失信的愧疚、被发现的羞耻以及被曝光的恼怒。

在下一次会面中，他向我借了6克朗去买很喜欢的一个小玩具。这个玩具值2克朗，他想买三个。第二天我就能把钱拿回来。我评论了他很想从我这里得到物质的东西的愿望。在接下来的时间里，他一直很恼火，表现出轻蔑和强烈的失望。他妈妈曾说过，他应该把我当成朋友来对待，但朋友不会像我这样行事。而且，我始终没有给过他一个真正的答案——为什么我不能借钱给他？他不明白为什么还要继续来见我，这么做有什么意义？

他把情况反转了，正如他在学校冲突中所做的那样。我被激怒了，到底谁是谁的朋友，他又是怎样对待朋友的？我提起前一天我们之间发生的事情。他说他也得到了人生的教训。这是第一次，以后再也不会发生了。他继续对6克朗的事情发牢骚，因为我没有妥协而对我大为蔑视。我反复尝试去诠释为什么他觉得为了获得自己想要的东西有必要去偷窃和借钱，但他嗤之以鼻。当他再一次说我真的不是他的朋友时，我说我可以满足于只做他的心理医生。他站起来说这正是他感到失望的地方。然后他走到阳台上，在剩下的时间里背对我待在那儿。快结束的时候，他“砰”的一声摔门而去。

我们看到他绝望地挣扎着，想要去中和他认为由我引起的自鄙和轻蔑。况且这本身也是件丢脸的事情。以这种方式被抓令他感到羞耻。问题在于既要挽救分析师，又要挽救这个骄傲的男孩的面子。因此，作为一种可能的最后手段，我提起了那个短的引信的意象，指出他的行为很冲动，没有经过深思熟虑。他并没有抓住这种可能性，而是做了另外一件事。他扭转了局面，而我成了那个不可靠又骗人的朋友，不仅不借钱给他，还不说明原因。总的来说，我的做法不像他的朋友。在之后的一次会谈中，他发起了一次令人印象深刻的反攻。他想要一杯水，我让他跟我一起到厨房去。他走出门的时候，低声咕哝：你不相信我！

他父母还告诉我他在家偷钱，还会在商店偷东西。这是贪婪还是嫉妒？这是一种嫉妒，这种嫉妒使他无法接纳任何家里或是分析里的好的东西。而接下来，他就只能靠偷来获得自己的份额。这与赛明顿（Symington, 1993）所说的中心自恋型防御一致：对内部生命给予者的拒绝，这一概念为理解嫉妒的杀戮效应提供了另外一个角度，克莱因（Klein, 1957）称之为——对好的源泉的破坏。

第四个半年

入秋之后，佩尔将我置于一种极其不愉快的攻击之中。他把我说的话用一种荒唐而扭曲的方式重复出来。在整节会谈中，我说的所有的话都会被他用荒诞滑稽的方式模仿一遍。

几周之后，他身上出现了一些新鲜的、令我惊讶的表现：有些奇怪的事情令他忍不住好奇。每次在治疗中对我生气，结束治疗后他就会流泪并且内心充满自责。换句话说，对我的蔑视变成了眼泪和自鄙。这是新的部分，是一个对话的开端，是一次与他内部的不快乐和脆弱的部分接触的机会。

他傲慢和霸道的态度以及不可接触的内部令他的父母疲惫不堪，他们也向他们的个案工作者报告了类似的经历。在一个弟弟不在家的周末，他们坐下来和他谈话。他们严肃地讨论了当彼此喜欢的时候要如何表现；他们之间现在相处得怎么样，整个家庭现在处于什么样的情况。他们进行了一场对话。他们感受到一个能够谈论自己的想法和感受的男孩，而不是那个说个不停但无法联结的忙乱的男孩。他们觉得松了一口气。

在这个阶段，他画了两幅画，代表他内部感受的新的隐喻。这个隐喻是关于一个怪兽和意志能量的。他在描绘内心的风景。有一列由意志能量驱动的火车。一个巨大的怪兽追着火车跑过来，把它拦下，打坏了意志能量，抢走了方向盘。当意志能量被打击的时候，他就会做出疯狂的事情。由此，他展示出一幅画面：弱小的自我如何被一个怪兽般的客体所控制，这个怪兽迫使他从治疗师那里偷钱，踢同学的肚子，表现得完全像个怪兽。他说，这是以前的情况。现在火车调整好了，速度变得更快一些，所以意志能量有时（虽然并不总是）能够和怪兽保持距离。这样怪兽就不会赶上来，践踏火车，打击意志能量并接管方向盘。这是一种理想化的画面，也是一种努力呈现内部状态的尝试。和第一幅画——两个思想家在打字机前的画面——相比，这一幅有更明显的隐喻特征，这不是“现实”，而是意象。

这样的隐喻具有很高的价值，因为它们让来访者和分析师都能看到正在发生的事情。在治疗过程中出现的是怪兽，还是小的意志能量？分析师可以对这些图像形成自己的理解，也可以给出评论。在某一节治疗中，正是他内心这个怪兽带来了可爱的玩具——小猫头鹰，并且以最可怕的方式嘲弄自己内部幼稚的部分。

当他想要结束分析并戏谑式地模仿我们的关系和我的时候，闪烁的光芒和轻蔑的攻击交替着出现。我描述并诠释了他对我的攻击：它们源于他的自我鄙视。他只能认可自己是一个世界冠军，在绝望中挣扎着排斥自己身上有需求的、幼稚的部分——在他的心目中我所看不起的部分。从我这里接受好的部分，一些他不通过欺骗和作弊的方式就能够得到的部分，似乎是一种无法忍受的体验。这就是嫉妒的诅咒。

不过，有些事情似乎正在发生变化，悲伤变得越来越多，更加幼稚的行为也逐渐出现。在谈到备受尊崇的奥拉夫国王（King Olav）去世的时候，他用了一整节的时间坐着画画。他停下画笔时，呈现了一副以挪威国旗为背景的国王的肖像。这是他第一次画人物。不是刻板的重复，不是夸张的漫画，也不是机器人。这是一张人类的画像。奥拉夫国王去世时，挪威人所表达的尊重和爱激活了他对祖父的爱以及祖父的去世带给他的失落感。他正在哀悼，并且现在能够画出一幅关于失去客体的人物的图像。

第　三　年

2年过后，佩尔说，除了最开始的半年，他一直都不想接受分析。他这么做完全是因为母亲想要。他尊重母亲，所以她希望他做的事情他就会做。他坚持不懈地努力想在夏天之前结束分析。5月，他用整整一节的时间来表达他对我这个人的厌恶。有一次他说他要写一本关于毁掉他青春的人的书。“你想到的是我”，我说。“那还有谁，你这个笨蛋！”然后，他就我在分析之初说的心理学培训的问题进行了反击。“你说成为一个心理学家需要多长时间？”（指了指书柜）“要花7年的时间把那些书记下来，我只需要2年就能做到！”这一回合里，移情中蔑视的强度达到了顶点。夏天过后，当他回来时，他有了新的想法。我们在前年秋天到这年春末瞥见的他的那个部分更加清晰地呈现出来。有一次，他谈话的内容受到了学校课程的启发。他们讨论了文艺复兴时期艺术家奇马布埃（Cimabue）和乔托（Giotto）以及二者的关系。奇马布埃是在自己画室工作的教师，乔托则是在各种天气情况下都会从家里偷溜出来，透过奇马布埃的窗户研究大师画作的学生。很明显，他认同了不顾各种天气一周四次想办法到奇马布埃的画室学习大师作品的乔托。他画了一幅不失体面的画来表达这种关系。他，在两年半的时间里，一直生活在这样一种关系中，在这里向我学到的就是对他的嘲笑。他在此对我们的关系达成了一种完全相反方向的理解，带着英雄主义色彩，而不是自我贬低。他在移情中修复了一个好父亲的形象。收到这幅画真是妙不可言的体验。西格蒙德·弗洛伊德无疑会在此刻点上一支雪茄。

这是一种整合。我们的工作开始结出果实。他画了一幅关于分析关系的迷人画作，在这一关系中，他可以与一个成年人联结并从他那里学习。而且他在自己的画作中让大师使用的母题还是一个男孩的肖像！同时，这一教学环境中有某种被禁止的元素，似乎学生需要偷偷摸摸地行事，就像夜行的小偷一样。

几周之后，他想要为我画一幅肖像。他们在学校里正学习画肖像，我也愿意为他坐下。他全神贯注了一整节的时间来画这幅肖像。我很好奇他会画成什么样。当我终于看到这幅画时，它令我印象深刻，因为他画了一张不是以轻蔑或贬低，而是以尊重为标志的画。同时，他还画了几个漫画形象，保留了一部分邪恶的感觉。但这幅肖像仍是一个整合后的表征，与他最初画的非人类画作截然不同。我感到很兴奋。并且12月的时候，他父母也报告了明显的进步。他平静了很多，一切都好起来了。与此同时，他想要结束分析，而我给了他一个折中方案。我们把频率从一周四次降到一周两次，并把结束日期定在复活节，也就是3个月之后。最终会谈多减少了一次，结束日期也提前了2个月。这并不是一个好的组合。

最 后 半 年

在做完这个决定之后的圣诞节假期，佩尔跌倒了谷底。1月回来的时候，他的状态回到了3年前。他的父母感到非常绝望。就像这3年什么也没发生过。当然，结束阶段出现这种情况并不罕见。来访者会退步，然后再次进步，但会比第一次快很多。同时，我对他的客体关系有多稳固也抱有怀疑。他在绘画中表现出来的整合以及总体上的进步有多持久？所有这些会不会被降低频率和结束阶段固有的拒绝元素破坏？这一安排是否激活了与令人失望的母亲的关系，而这一关系并没有在分析中修通？我是否激活了他旧有的焦虑——掉下来，像自由落体一样被抛出去——在他的梦中出现的焦虑？

我并没有打破约定。我们继续工作到复活节，打算在那个时候结束。复活节前的最后一周，他说他认真考虑了一下，想知道我们是否应该继续到夏天。到6月我们无论如何都得结束，因为他们一家要搬到这个国家的另一个地方去了。

在那3个月里，出现了新的整合，类似于我们早先看到的变体。我们在平静的、可以放松的状态和对我猛烈的攻击中来回变换。一次会谈中，在没有任何明显原因的情况下，他想向我借一盘詹姆斯·邦德（James Bond）的录像。我试着找出其中的原因，而最终他怒气冲冲地写了张纸条：“我不管你想借还是不想借，还是怎么样，但我希望你能给我一个答案。”他说不出来到底想要一个什么答案，但非常愤怒，就像我们之前认识的他一样。他想要借的是什么？他是否想要在结束的时候带走詹姆斯·邦德的（他父亲的或是我的）力量和才智？他想要的是不是我对他的看法——他是否只是一个普通的男孩，而不是詹姆斯·邦德，一个在任何情况下都知道所有事情的超级英雄？他是不是想要确保在结束之后和我继续“联结（bond）”？

最后的几周，他又变得更平静了。我们谈论了他经历的分析过程。他反思了如果没有和我一起进入分析，他会做些什么；他在想自己是否会继续打架和偷窃。在最后一次会谈中，他说，可能有很多孩子可以通过见心理医生受益（!）。

总结反思

我们讲述了一段以被分析者对分析师的贬低为焦点的分析过程。在临床材料中，我注意到强烈的对比：在严格的控制和无法控制的自由落体之间；在持续轻蔑的纠结和放松的接触之间。我们也看到，来访者的情况获得了缓慢而渐进的改善。这是一种部分的整合。结束后不久，他母亲在信中写道，底部不再那么深，而顶部也不再那么高。世界冠军和令人讨厌、毫无价值的小孩之间的分裂，使他行为的两极化特征不再那么绝对。他的自我形象更加精细，提供了更多的空间去涵容他的优点和缺点。如此一来，自大和无价值之间的剧烈波动就得到了缓和，可以有空间去与他人建立更加放松的关系。

最开始的问题是佩尔的不合群行为在多大程度上源于未发展的超我或是分裂的超我。显然我们处理的是一种自恋的动力，而这种动力总是能在以不合群为特征的条件下被发现（Joseph, 1960）。但我们如何理解他的行为呢？他给人的印象是，这些行为对他来说变得越来越成问题。这可能暗示着他正处于一个过渡阶段：一方面，外部控制组织水平，内疚感尚未发展；另一方面，内化的道德客体导致对犯罪产生内疚感。第一种情况是一种异体适应，“要是不被发现就好了”；第二种情况是自体适应，基于相对的客体恒常性和发展出来的超我而形成。这种内化在分析过程中变得更加强烈。同时我们也有理由假设，他的自我形象的发展容易受到压力的影响，并且存在退行到较低整合程度的功能水平的风险，冲动突破引发见诸行动。也就是说，早期的母亲移情未被修通。他对频率降低和结束的剧烈反应，表明他的发展没有得到巩固。结束治疗时，他13岁，正在进入青春期。问题在于他将如何应对这一挑战。不过毫无疑问，他现在比接受分析之前有了更好的准备。

这个分析的过程是缓慢的，每向前一步都伴随着后退一步，在可见的进展出现之前经历了很长的时间。这种缓慢是这类过程必要的因素吗？还是分析师技术和能力缺陷的结果？即便这种缺陷总是不同程度地存在，我认为这样的过程是需要花时间的。这其中有几个原因。在这个男孩身上，贬低已经成为一种相对牢固的结构，正在逐渐成为一种性格特征。因此，分析是一个结构改变的问题。与此并行的是分裂的自我形象的整合。这些都是消耗时间的过程。此外，他对分析师的贬低构成了一种防御，这种防御在分析过程中攻击与分析师的接触。修通对接触的阻抗也是一个耗时的过程。如果我们假设他的绘画表达了他的客体关系，并且将早期的绘画与最后的进行比较，就会看到他走了很长的路。从带着杀人表情的机器人以及戏仿的漫画人物到挪威为奥拉夫国王悲伤的画像，或者是大师工作室窗前尊敬的学徒乔托的画像。

在这段分析中，框架长期处于压力之下，而保持设置变得尤其重要。与此同时，我感觉我对他内部世界力量的诠释知识部分地被接受并有助于他。这是否意味着他的发展更多来自设置的功能以及我对设置的维持，而不是通过诠释所获得的洞察呢？从这个角度来说，诠释具有不同于带来洞察的某种功能，它们有助于保持和加强设置。诠释的这一功能对分析师来说也很重要，它们能够增强他对攻击设置的理解。

以早期损伤为特征，通常伴以接触功能紊乱的情况下，来访者只能在有限程度上受益于针对内部心理冲突的诠释。这个问题已经在不同角度被提及。约瑟夫（Joseph, 1983）已经说明了在获得理解能力之前,这些来访者需要先被理解。这一功能——与诸如基林莫（Killingmo, 1995）所发展出来的肯定化的概念紧密相关。这也是比昂涵容概念的基本组成部分。莱拉（Leira, 1998）描述了分析师在这种情况下可以用的方法，为建立接触打下基础并保持开放，而这正是心理结构发展的必要前提条件。这既可以通过非言语的方式，通过分析师恰当的存在来实现；也可以通过言语来实现，嗓音和词语的音乐性比语义信息更重要。分析师的在场、词语和嗓音承担了抱持的功能并且向来访者传递出约瑟夫所描述的那种理解。

对分析性设置的保持，在这段分析中是一个战场，推动的也是同样一件事：维持一种抱持的功能，这是心理发展不可或缺的条件。

第八章

移情在中国

［与汪智艳合著］

中国漫长的社会文化发展史所产生的社会结构和家庭动力要素在很多方面都是其独有的。将源于欧洲和北美的精神分析引入中国的过程中，我们必须审视这些精神分析的概念和方法在这一背景中是否具有普遍性。

在本章中，我和汪智艳呈现了一个在中国的心理治疗场景中活现的移情和反移情动力案例以及我们的观察。

我们的反思基于对一位年轻人的治疗，他产生了强烈的移情反应。具体来说，他要求与治疗师建立更私人的关系，并要求她说出内心的想法。就我们的经验来看，这种治疗情境在中国并不少见。我们想要讨论的是，移情或反移情模型在治疗情境中处理这类动力是不是有效并且充分的。

每个案例的细节都是独特的，一个案例不可能给出结论性的回答。但是，在西方精神分析师看来，这种治疗动力并不奇特或是陌生。来访者移情的展开，他以争夺控制和攻击治疗框架的方式所呈现出来的阻抗和防御，以及这些操作对治疗师的强烈影响——这些在欧洲和美国都是众所周知的分析过程要素。并且，他的人格结构的发展，至少从总体上说，也符合我们对他早期关系的了解。

引　言

我们可以从一个常识性的假定开始，即精神分析模型和概念有一部分仅局限于西方文化，也有一部分同时适用于其他文化。这是一个经验性的问题。过去几十年里，精神分析思想向东方的传播为我们提供了充分的机会，来研究精神分析在不同文化设定中的有效性。在本章中，我们将描述一个移情和反移情动力活现的案例——在中国的心理治疗情境下。借此，我们希望对这些分析性概念在中国的背景下是否普遍适用的问题做出小小的贡献。

我们的出发点是一位年轻人的治疗，在治疗过程中，他给他的女性治疗师带来了很大的压力。他在很长一段时间里攻击治疗框架，并要求与她建立私人关系。我们将讨论这个治疗中的交互动力，探寻我们对他的移情感受和治疗师的反移情反应的功能的理解。我们会聚焦在他对治疗师自我揭露的要求上。精神分析引入中国所引发的一些问题也存在于讨论的背景中：在中国分析场景中展开的过程与西方是否有所不同？这些过程在多大程度上是人类共通的，又在多大程度上是由文化决定的？我们会在本文结尾处回到这些问题的讨论，首先，让我们将重点放到临床材料上。

临床片段

来访者在很多次治疗的开始都会询问治疗师最近几天在做什么。当她不回答时，他就指责她不诚实，不愿意理解他，没有真诚地对待他。他认为她把自己隐藏在治疗师的角色背后，是为了避免和他建立真实的关系。他贬低她的价值，宣称他需要的就是一个真实的人，别无其他。她试着接纳他的愤怒，并探索背后的焦虑。但他只是冷嘲热讽，拒绝她的诠释。

以下是其中一节会谈的例子。他带了一瓶可乐进来，说："我自己带了一瓶，以防你又不给我水喝。"他拒绝谈论自己，"我为什么要告诉你？"治疗师还没来得及做出评论，他又说："既然你不想回答我的问题，我也无话可说，那我就睡个午觉吧。"说完，他就闭上了眼睛。

治疗师的思考和感受

她首要的问题是：在这种情况下，治疗师恰当的做法是什么？她清晰地记得咨询室里的紧张气氛。她感到无助、愤怒和悲伤。她知道自己需要平静下来避免将感受见诸行动。但之后呢？她是应该保持沉默，假装什么都没有发生，等待来访者的下一个反应？还是冒着失去治疗师位置的风险，与来访者分享她强烈的感受？

本章的主题

在深度的心理治疗中，治疗师进行自我揭露是恰当的吗？在这个绝望、愤怒、自恋的年轻人的治疗中，他强烈的移情反应将治疗师置于压力之下，并激活了强烈的反移情反应。此时，这个问题变得非常重要。

弗洛伊德使用镜子和“空白屏幕”的比喻来强调治疗师客观中立的角色（Freud, 1912b）。他写道，与治疗师个人生活有关的信息会扭曲移情材料，因此分析师（和治疗师）应该避免传达关于自己的信息（想法、感觉和经验），以促进来访者的移情过程。考虑到这一点，很多精神分析取向的治疗师都对自我揭露持保守态度。

然而，近几十年来，对自我揭露的态度发生了变化，这一问题陷入争论，原因至少有两个方面。如今，精神分析和心理治疗不再被视为客观的治疗师对来访者主观世界的分析。治疗师的主观性在互动中是不可避免的一部分（Mitchell & Aron, 1999; Ogden, 1994b）。反移情的概念变得更加复杂。它现在被认为是一种既可能干扰，又可能为治疗师理解来访者正在经历什么带来信息的现象（Heimann, 1950; Zachrisson, 2009）。此外，现在人们也已经接受，不管治疗师公开说什么，都不可避免地会向来访者传递额外的信息。弗洛伊德说过：“有眼睛能看、有耳朵能听的人都相信没有人能保守秘密。如果他的嘴唇紧闭，那么他就会用指尖说话；背叛将从他的每一个毛孔中渗出来”（Freud, 1905a, p.77-78）。这一观察结果不仅适用于来访者，也适用于治疗师。因此，来访者会通过观察，通过关注情绪以及内部状态的迹象——如今，也通过从互联网上搜索——来了解他们的治疗师。

来 访 者

一些背景信息

来访者是一名感到抑郁的大学生。他很难集中注意力做任何事情，百无聊赖。他不关心学习，时间都花在看电影上，其中有大量关于吸毒、性虐待的内容。他希望得到帮助，回归“正常的”生活，变得更加积极。他试图通过照顾别人，满足别人的需要来交朋友，但总觉得自己只是在假装。如果别人没有像他对待别人一样对待他，他就会感到非常失望。

他的父亲是一个工作非常投入的人，只有吃饭和睡觉的时候才回家。他对儿子严厉而挑剔。来访者觉得他一直在徒劳地试图得到父亲的爱和关注，但父亲经常让他感到伤心和失望。

他的母亲没有受过多少教育，他为她感到羞耻。他提到，自己在十几岁的时候曾偷过她的钱。母亲会想办法藏到别的地方，但每次他都能再找到。他谈到这些的时候，仿佛这是一场有趣的游戏，带着一种快乐的感觉。他无法原谅母亲对他和弟弟的照顾不周。他觉得父母的婚姻不幸福。

动力概念化

这位来访者不断地寻求爱、欣赏和认可。他想要成为特殊的人的愿望和来访者的身份形成了鲜明的对比，因而治疗感觉像是一种羞辱。他不想成为来访者，而是想成为治疗师的朋友。在治疗中，他表现得像个渴望爱的孩子，但他把这种需要转移给了治疗师。他预期自己会被拒绝，就像他总是感觉到的那样，而这让他充满了愤怒。这种冲突在治疗关系中得到了清晰的体现，在这个关系中，他感到不悦，对爱和支持有所需要。同时，他又确信，如果他表达自己需要帮助，治疗师就会剥削和羞辱他，就像他以前被对待的方式一样。

他的潜藏的愤怒以反向形成的方式被伪装成对治疗师的关心。真正的关心在人际关系中是有价值的，也是必要的，但他的关心是用来控制治疗师以及保护自己不受羞辱的一种方式。他想要得到帮助——但要来自一个朋友，而不是治疗师。我们可以看到，这是比较典型的自恋的动力。

临床材料

来访者想将治疗师当作他生活中的一个真实的人，他很努力地想让她开心。他称她是自己“灰暗天空中的太阳”。他会用比喻和笑话让谈话变得诙谐有趣。在天冷的时候提醒她穿暖和的衣服。他一直尝试靠近她，邀请她在咨询室外见面，尽管知道她会拒绝。不过，在这种友好的表面之下，他是在攻击她，试图摧毁她作为治疗师的身份。他否认自己在接受治疗，甚至算不上是咨询。他不是来访者，不需要治疗，他来参加会谈只是因为这是一段不错的关系。随着关系变得更加安全和稳定，他也更可以表达他的愿望。典型的一次会谈会以他描述上次见面以来发生的事情开始，以这样一个问题结束：“我觉得现在该你说了。你上周都做了些什么？”

如果她没有满足他的愿望，去谈论她的个人生活，而是诠释他的孤独和对爱的渴望时，他变得越来越不耐烦，不愿意谈论自己。会谈就像是一场战斗。她尽最大努力维持治疗框架，做好治疗师的工作。而他拼命想要控制局面，破坏治疗过程。

总体来说，治疗师设法避免落入来访者的陷阱，并继续就他的问题工作。在这样的攻击之外，来访者在学业和人际关系上都取得了进步。他交到了一些朋友，包括一个非常亲密的朋友。与此同时，治疗师注意到她的行为使他对他们之间的关系感到越来越焦虑。她在几次会谈中都提到了他的焦虑、不满和愤怒，但他对此没有任何回应。此外，他很快就要从学校毕业，可能会去另一个城市，因而治疗不得不终止。这似乎增加了他的焦虑。在几次会谈中，他对母亲和父亲的强烈失望和潜藏的愤怒被完全转移到了治疗师身上。

她反复诠释他对她以及对治疗设置的攻击。她把他对她的抱怨与他提到的对母亲的态度联系起来。她说，他觉得她不是一个好的治疗师，因为他真正的需要从未被理解，就像他的母亲一样。她向他描述，对他来说，需要她的帮助是一件多么丢脸的事情。她还向他呈现，当她拒绝做一个理解他的母亲的时候，他有多么愤怒，而这让他攻击治疗工作，并试图破坏它。

然而，这些诠释并没有触及他，丧失与治疗师的关系的焦虑如此强烈，以至他的无意识更愿意摧毁治疗，就像摧毁所有他觉得自己无法拥有的美好事物一样。治疗师感到治疗陷入了僵局。

此时，治疗师面临着本章开头所描述的情况：来访者走进咨询室，抱怨治疗师，宣布他将在接下来的会谈时间里睡觉，威胁治疗师如果她不回答他关于个人生活的问题，就要结束这次会谈。接着他站起来，朝门口走去。这时，治疗师说，虽然他对她感觉很糟糕、很失望，但他还是来参与会谈了。他转过身坐回沙发。但继续抱怨她。治疗师需要处理她的反移情反应——强烈的被贬低和被拒绝的感觉。她尝试讨论他的愤怒。后来，她意识到，她无意识中也担心会被抛弃。最终，她打算冒一个险。

一次自我揭露

治疗师决定用自我揭露来回应来访者对治疗框架的攻击。她告诉来访者，对于他持续抱怨她在治疗中不关心他，自己感到失望和愤怒。她也告诉他，他的敏感和个性特点确实是特殊的。

来访者的反应

在自我揭露发生的时候，治疗师并不确定之后会发生什么，但她感到这是她对无止境的愤怒的唯一可能的回应。她感到他的愤怒成为他们之间治疗关系和工作的真实障碍。现在，她看到自我揭露使他平静了下来，降低了他的焦虑。他告诉她，自己之所以这样表现，是因为当他取悦的尝试并没有触动她，当她拒绝让他进入她的个人生活时，他感到很绝望。当她拒绝像对待朋友一样对待他时，他觉得自己除了激怒她之外再没有任何方式去接近她。他对自己感受的坦诚让治疗师得以评论他对爱的需要，并且与他对自己父母的感受做了联结。她告诉他，现在可以更好地理解他对他父亲的感受。此外，她还提到了他对于被拒绝以及发现她并没有期待的那样完美时感到的愤怒。接下来，他们讨论了他应对愤怒的方式。他说他一直试图激怒她，因为如果她最终生气了，就代表她是关心他的。如果她因为生气或失望而批评他，那就与他心目中父亲表达爱的方式是相同的。

反思

来访者对治疗师自我揭露的反应很有趣，也有点令人费解。大部分来访者都有一种婴儿式的渴望，希望听到治疗师说自己是最被偏爱的来访者。我们有充分的理由在是否要满足这些愿望的问题上保持谨慎。相反，我们会更努力去描述，当来访者想到我们有其他来访者，也有自己的家庭和朋友时，那种痛苦和羞辱的感觉。这么做的原因是，听到关于自己在治疗师心目中的位置的描述，可能会被体验为一种对未来的承诺，并且使他产生对自己在治疗师的生活中持续保持重要性的期待。同时，这样的话一旦说出口，就很难保证不会反复重演。

但是，这位来访者对治疗师自我揭露的反应并不是要求更多，而是平静了下来，这让治疗师觉得这可能是一个建设性的干预。也许事情会往这个方向发展，但治疗师一定要小心他再次施压。尤其是，要小心不要升级对他在她心目中的重要性的保证。治疗师需要注意的是职业和私人生活的界限。当然，也没有必要表现得没有人情味。她完全可以采用一种轻松，甚至是幽默的方式，分享一个笑话或者一起大笑。实际上，以一种个人化的方式与来访者联结，以建立和保持治疗接触是必要的（Shafer, 1983; Zachrisson, 2009）。如果来访者与他人的关系不是太紊乱，那么他就会接受治疗关系和朋友之间的区别。在一定的帮助下，大部分来访者会放弃友谊，继续接受治疗。对于这个来访者，我们要记住他希望在治疗师的个人生活中占有一席之地，他用很聪明的方式来给治疗师施压，以实现这个愿望。我们可以在他下一步的进程中学习。

自我揭露的余波

自我揭露之后，一切似乎都很顺利。治疗师也因干预带来的即时效果备受鼓舞。当来访者更开放地谈论感受的时候，治疗师感觉离他更近了。过了一段时间，她才意识到，这种新的态度里隐藏着一个陷阱。她逐渐注意到，他的愤怒变成了对她的细心关照。当她提及这个改变的时候，他回答：“是你说我没有考虑到你的情况和困难，不是吗？”所有的愤怒又浮出水面。治疗师现在意识到，她的自我揭露虽然在短期内是成功的，但也强化了来访者继续打破私人界限的尝试。这就像他和母亲玩的游戏，他偷了她的钱，她不得不另找地方藏起来，然后他再次找到钱，战胜了她。尽管这样做在某种程度上达成了更开放的效果，但也帮助他回避了分离焦虑。治疗师的自我暴露满足了他想成为她最喜爱的来访者的婴儿式愿望。他在她心目中位置的保证，不可避免地成为一种对未来的承诺，同时也让他期待自己在她生活中的重要性会获得更多的保证。

对这位来访者来说，治疗师的自我揭露还有另外一个影响。这里我们插入来自另一个来访者的片段，来说明当治疗师试图安慰来访者的时候，会给来访者带来的复杂影响。

> 在一次会谈中，我一直在与被治疗师抛弃的恐惧做斗争。当我试图谈论这件事时，我感到绝望和无助，忍不住哭泣。我的治疗师起身坐到我身边的一个椅子上。那一刻我强烈地渴望她能给我一个拥抱。我知道她感受到了我的渴望，但她什么也没做，只是在我身边坐着，离我很近。在后来的一次会谈中，当我们谈论起这件事的时候，我可以看到，虽然我婴儿的部分是那么脆弱，但我仍然有一个独立的部分想要哀悼自己的丧失。如果治疗师拥抱了我，那种独立和掌控感所带来的骄傲和强大的感受就会被脆弱和羞耻的感受取代。

自我揭露有助于安抚来访者，暂时地调节他的焦虑。但这么做也可能意味着漠视他的羞耻和依赖感（Zachrisson, 2008）。而这些问题肯定存在于这位年轻的自恋来访者的内心生活中。

这些会谈对治疗师来说很有挑战。她必须努力面对这种情况，回到治疗的位置，保持住设置。与这个来访者的关系在她内心激起的焦虑逐渐变得清晰。这段治疗是她职业生涯中持续时间最长、强度最大的一次。她意识到保持治疗的位置对来访者和她来说都很重要。

他的分离焦虑也在这些会谈中表现出来。他很快就要毕业，离开这个城市，如果没有成为朋友，那么他们之间就要面临分离。他努力地使她相信，他必须和她建立私人的关系，否则就会有糟糕的事情发生在他身上。

反思

治疗师无法成为一个比他母亲更好的母亲。取而代之的是，她必须帮助他更多地了解自己，了解自己为什么感到如此痛苦并充满抱怨。为了帮助他降低防御并唤起他对自己的好奇心，有必要为他提供一个自我探索的安全之地。此外，不要屈服于他的操纵也很重要，因为这样做会引发防御性的蔑视并破坏治疗工作。

会谈的片段

从这部分材料中，我们可以感受到这一阶段治疗的动力学味道。

【来访者嚼着口香糖走进房间，看了看钟。】

治疗师：发生了什么？你在看钟。

来访者：没什么！（沉默）你是在等我说话吗？还是你想做些什么？我没什么想说的。（沉默）[督导评论：他在反抗治疗工作。阻抗]

治疗师：关于我们上周讨论的事情，你有什么想法吗？

来访者：上周我们说什么了？ [负面态度。阻抗]

治疗师：你说你感到我在控制我们的关系。

来访者：不，我说的是你想要控制，你有很强烈的控制的需要。[这里，他在诠释治疗师。他想要占据上风，控制治疗师]

治疗师：我也在思考这个问题。我想我们在关系中的位置确实是不平等的。我对于治疗的安排有更多的控制。

来访者：这你已经说过了。

治疗师：你对此感到愤怒和不安。我想这种强烈的感觉和你小时候体验到的忽视和批评有关系。

来访者：我觉得没有关系。[不合作]

治疗师：在我看来，我们之间的关系和你与父母以及老师之间的关系有类似的模式。

来访者：不，没有关系。[再一次，不合作]

治疗师：在这样的关系里，你感到很无力。你无法改变他们，也无法获得认可。

来访者：我说了没有关系……既然你拒绝我了，那我也没什么可说的，很简单。[他在攻击治疗框架]

治疗师：好吧，看起来我没有别的选择。你觉得我现在可以做点什么呢？

来访者：你可以告诉我治疗之外怎么联系你。

治疗师：还有别的吗？

来访者：或者，你也可以告诉我，如果你不是治疗师，根本就不会喜欢我，也不会跟我联系。如果你说了，那我们就可以结束了。

治疗师：还有呢？

来访者：你也可以对着我大喊："滚出去，我再也不想见到你！"[这是他的焦虑。他用反恐惧的方式试图激起他所恐惧的情况。是不是父亲移情？]

治疗师：你希望我愤怒地把你赶出去。

来访者：是啊，那样结束比较容易接受，不是吗？实际上，我已经有一段时间觉得治疗没意义了，但是我希望你说出来。就像是个仪式一样，没有意义。

治疗师：你希望治疗以我愤怒地把你赶出去来结束。我想这就是为什么你最近这么努力地要激怒我。

来访者：是，激怒一个人很容易。

治疗师：所以，似乎我只有两个选择，要么和你在治疗之外建立联系，要么把你赶出去。[她始终保持着自己评论的方向]

来访者：你觉得还有其他选择吗？我希望你能说清楚，而不是谈论某种可能性。

治疗师：你这么说是什么意思?

来访者：我希望你直接表达你的想法。我不是要你猜测我在想什么。[他用一种聪明而犀利的方式攻击她]

治疗师：我们是在治疗情境中。我们一起工作是为了理解你，理解你的困扰。

来访者：我不想以这种方式被理解。我一直在说话，而你只是肯定我说的。你只能理解我告诉你的事情，而理解不了我没有说出来的。我不需要这样的理解。我已经说了我不是一个来访者。我和你其他的来访者不一样。他们来找你是因为他们病了。来访者是有问题的。我没有病。

来访者持续这样表达。在会谈快要结束的时候，他威胁说要结束治疗。治疗师告诉他，下一次会在同一时间等他，他需要自己决定怎么做。她不确定他会来，而且很认真地考虑了他以这样戏剧化且令人不满的方式结束治疗的可能性。

下一次会谈

来访者迟到了10分钟，在此期间治疗师不确定他是否会出现。他进屋子坐下，低着头，保持沉默。

治疗师：你看起来像一个做错事的孩子。

来访者：没有，就算真的做错了什么，也是在咨询室外面，不是在这里。（沉默）

治疗师：今天来咨询对你来说一定非常困难。（沉默）尽管很困难，但你还是来了。（沉默）你在这里能够和我谈论你的感受和想法。你也获得了一些帮助，在与他人的关系上取得了进步，尤其是与女性的关系。但是最近这种进步受到了干扰。你一直不愿意在这儿谈论你的感受。反而是把所有的注意力都集中在我身上。（沉默）我想，如果对你来说把我作为治疗师的角色来保持关系太过困难，导致你要结束治疗，也是可以的。你当然可以自由地决定要结束。[督导评论：我们很容易就能感受到在经历了上次的会谈、来访者的迟到、来访者对她的拒绝以及沉默之后，治疗师此时感受到的压力。]

来访者：就这些吗？你不是想让我谈感受吗？那我就告诉你。今天到这儿来可以说是一种耻辱，但我还是来了。原因在于，我想，可能还是有一些别的东西。我昨天躺在床上的时候，忽然有了一个想法，你作为一个治疗师也不是完全没用的。即使你不能成为我生活里的一个人，你作为治疗师也做了一些好的事情。我希望把你当作一个真实的人，但那只是我的幻想而已。

治疗师：你觉得我作为治疗师是有价值的。

来访者：也许你只是一个治疗师。[他认可了治疗师，现在他反击了，否认她是个真实的人。]

治疗师：接受我是一个治疗师，而不是一个真实的人，认可这段职业的关系，对你来说很不容易。

来访者：你没有一点失望吗？哦，我开玩笑的。[这句话模棱两可，也许隐藏了一种新的攻击，但其中戏谑的味道多于攻击；而之后的会谈也证实了这个印象。]

评论

在此之后，这节会谈的气氛发生了明显的变化。在后面的30分钟里，他认真地谈论了他和女性的关系、自己的问题以及对这些问题的担忧。最后，治疗师告诉他，当他接受她是一个治疗师时，他就可以开始谈论和女性之间存在问题的关系了。他对此表示赞同，并说这真的很艰难，但确实是有用的。在这次会谈的结尾，治疗师感到现在这个过程进入了一条更加坚实的轨道。

结　论

我们展示了来自一段心理治疗过程的材料，在这段材料中移情和反移情动力相当强烈。反移情的表现形式多种多样。一种是治疗师的活现，这实际上可以被当作移情感受引起反移情反应并使治疗师离开治疗位置的信号（McLaughling, 1987）。在这段材料中，治疗师的压力在于通过自我揭露这种特定的方式来行动。在某些情况下，这些是可以有意选择的、服务于治疗目标的干预措施（Bollas, 1983; Jacobs, 1999b）。在当下这个案例中，它们起了不同的作用。它们是来访者要求的，是他阻抗的一部分，也是他对治疗框架的攻击的一种表达。他试图将治疗师带出治疗位置，进入个人关系。在巨大的压力下，她一度屈服于他的要求。这并没有立即带来负面影响；相反，在一段时间内，他放松下来，并且对治疗师变得更加开放。然而，很快，他又恢复了他的要求和攻击。此外，在这些攻击中，他还利用了她说过的话。

我们描述的过程证实了早先的观察。将感受或反应告知来访者，是有益于分析还是会干扰这一过程，不是一个容易的判断。直接回答来访者的问题，尤其是有关个人和私人事务的问题也是一样。重要的是，这种开放的意图是有意识的、清晰的、经过深思熟虑的。同样重要的是，要区分哪些情况下分析师活现了自己的需要，哪些情况下主要的目标是传递对来访者内部世界或实际关系的理解。第一种情况显然是非常有问题的。第二种情况下可能有用，但必须谨慎实施，因为来访者和治疗师之间的关系并不对称，并且来访者的脆弱感、羞耻感和自我鄙视可能会被低估（Zachrisson, 2009）。

最后，我们还要简要评论一下本案例的背景问题，即精神分析概念和治疗模型在中国场景中的相关性和充分性。每个案例的细节都是独特的，但在西方精神分析师的眼中，这个案例几乎没有什么奇特或不熟悉的地方。来访者移情的展开，他以争夺控制和攻击治疗框架的形式呈现出来的阻抗和防御，他的操作对治疗师产生的强大影响——这些都是欧美的分析过程中众所周知的元素。同时，他的人格结构的发展，至少总体上来说，如我们根据对他早期关系的了解所感知的那样，似乎是合理的。

中国漫长的社会文化发展史所产生的社会结构和家庭动态要素在很多方面是其所独有的。在这种背景下，精神分析的概念和方法的引入是新的。从图式上讲，我们可以区分哪些人格结构和动力可以用常规的分析方法进行治疗性的处理，而哪些需要在思想和方法上进行修正。例如，我们可以探讨，这个来访者的直接和坦诚是不是一种中国式的接触，这一态度在欧洲可能会以一种更隐蔽和间接的方式表达。这是变式的一个例子，在我们看来并不需要对技术进行修改。但在其他情况下，治疗关系的结构以及来访者和治疗师之间的相互作用可能需要修改。事实上，这也不是一个新的问题。西方精神分析师在将分析方法应用于无法从常规分析中获益的来访者时，也遇到了类似的问题。在这种情况下，理论是地图，而来访者是地形；如果他们无法重合，明智的旅行者就要让地形来决定路线。无论治疗师的经验和背景如何，这些案例都是治疗的挑战。

总而言之，我们认为这个案例支持了这样一种观点，即从欧美引进的精神分析治疗概念可以用于中国来访者的治疗。对更多案例的进一步审视将揭示，这样的临床经验将在多大程度上成为规则，而理论和方法在多大程度上需要调整。

基本概念

第九章

移情——基石和概念上的悖论

移情的概念如何能够涵盖感受状态的复杂性，例如在某些情境中，各种不同的感受混杂在一起；而在其他一些情境中，相互矛盾的情感占据主导？移情现象主要属于患者过去的历史还是当下的情境？精神分析的移情概念中包含了两种类型的复杂性。在第一种情况下，移情现象通常以极性的形式出现——一种情绪和与之相反的显性或是隐性情绪相伴出现。在分裂和矛盾的情绪状态中都是如此。此外，两种或两种以上的极性可能共存并沿着平行的轨道运行。例如，“攻击极性”和“依赖极性”同时存在。我会用一个临床的片段来说明这一思路。第二种复杂性聚焦在移情这一概念的认识论问题上。论证的出发点是温尼科特提出的过渡现象的概念，以及他对这一概念既是内部又是外部现象的悖论性质的论证。同理，移情现象也发生在现实和幻想之间、过去和现在之间的中间地带。我们必须接受和尊重这些概念形成过程中所伴随的悖论。最后，我还将讨论这些复杂性带来的一些技术上的影响。

引　言

在对人类存在之所需的理解中，精神分析非常强调这些理解所具有的复杂性和矛盾性的特点。当分析被依照标准用于实践时，这种复杂性也能够在咨询室以及分析师与被分析者的关系中展开。

早期的分析可能——并不总是毫无根据地——被指责为一种还原论。心理生活被理解为性需求的一种表达。公平地说，还原论是元心理学领域的特点，而不是临床实践的特点。也许这种复杂的临床实践和还原论理论之间的差别可以被理解为那个时代认识论精神的一种表达。精神分析的发展同步于维也纳团体的繁荣，其中心人物是哲学家施利克（Schlick）和卡尔纳普（Carnap），而与科学的统一也是当时普遍的认识论观点。原则上来说，每一门科学都可以被还原到基本的科学领域：社会学到心理学，心理学到神经生理学，并且最终归结为化学或者核物理学。正是因为科学家遭遇的复杂性，一个宏大而自负的项目很快就会令人疲惫不堪。这种复杂性在他们各自的领域造成了巨大的问题，人们对于在更基本的概念层面处理相同复杂性的乐观态度也逐渐减弱。令人惊讶的是，我们发现与之相似的信念如今仍然存在——相信心理学和心理病理学可能被还原为神经生理学和遗传学。

一种复杂的观点

罗伊·谢弗（Roy Schafer）是试图把握精神分析人性观的复杂性的人之一。他的文章《现实的精神分析视角》（*The Psychoanalytic Vision of Reality*, 1970）非常重要，展现了一种通过精神分析的眼睛看到的极其微妙的现实。谢弗从四个方面梳理了他对精神分析现实观的思考：喜剧的、浪漫的、悲剧的和反讽的。他认为，精神分析视角包括所有四个方面，但悲剧视角是其中心。尽管如此，精神分析本身仍然是一种对疾病的治疗。因而我们也要欣然接受它可以减轻痛苦，创造更多的自由并减少压抑。这并不是一种悲剧的视角。谢弗称之为喜剧视角。这里的喜剧，并不是好笑的意思，而是相信复原的可能性——在某种程度上——是重生的信念，一个新的机会，一种对未来的希望。然而，精神分析拒绝承认这一喜剧观点是绝对的，也许有人持有异议。试图通过积极思维来解决问题的人把这种喜剧观的存在变成了绝对。精神分析则是将这种视角作为其根本性的悲剧视角的一个补充。

浪漫主义的观点认为，生活是对主要价值的追求：荣誉、美德、智慧或美。亚瑟王（King Arthur）的骑士们寻找圣杯就是这种追求的一个意象。在精神分析中也有浪漫追求的元素，或许是失落的天堂，或是与母亲之间的原始幸福关系的某个翻版，这种关系没有被焦虑扼住喉舌，而是与一位善良的、临在的、深情的母亲和一位坚强的、亲切的父亲之间的一种真诚的关系。对分析师或是其他人的理想化是精神分析承认的另一种浪漫。但是，在精神分析中，这些想法仅仅是需要通过悲剧和反讽的角度来详细阐述的部分。悲剧维度才是最重要的。精神分析对人以及人所具有的可能性抱有一种悲剧的视角。生活不可避免地带有矛盾、冲突和妥协的标记。悲剧观：

> ……要求人们认识到胜利中的失败元素和失败中的胜利元素，愉悦中的痛苦和痛苦中的愉悦，正当行为中的内疚感，每一个选择和所有方向上的成长必然伴随的机会的丧失，激情与责任之间不可避免的碰撞，笼罩在骄傲或是快乐的人身上的命运逆转……（Schafer, 1970, p.285）

这种讽刺的视角在悲剧的存在中以不可避免的内部矛盾为标志，但讽刺视角的出发点相距更远。人不会被命运击碎。相反，人会退后一步去思情境。具有讽刺视角的人通过探索其对立面来处理它。讽刺视角会全面地看待事物。在悲剧中，一切都不会保持绝对，最终死亡会结束一切。对于抱有讽刺视角的人来说，没有什么是绝对的好或者绝对的坏，并且，好和坏是否能够被区分，这本身也是一个问题。

对于我们这些在精神分析及其理论与治疗方法发展领域中的人来说，这一视角提示我们昨日的真相在今天未必不成立，但也必须以新的角度来看待它，从而使其不同的重点和其他细微的差别得以浮现。

曾经有人问一位年长的同事某一段分析进展如何。他想了想，回答说，相当顺利，“患者好转了一些，而我没有明显变得更加糟糕”。讽刺的视角能够以这样一种方式增加微妙之处，从而补充精神分析对人的看法——及其本身作为一种方法——的悲剧元素。

倾 听 移 情

跟随开篇的反思，我想要在我对移情极性的讨论中抓住这一概念的复杂性。

我将从一个相当确定的事实开始，例如确立一个父亲移情的存在，但这只是我们为澄清当下情境中移情环境所迈开的一小步。我们感知到我们正在处理父亲移情。此时理解和澄清被分析者正在做什么的分析性工作可以开始了。在倾听移情材料时，我们做出策略性的假设，材料在几个不同的方面都是复杂和模糊的。例如，我们会理所当然，甚至几乎是自动地认为一种或强或弱的理想化感受（如，崇拜）会伴随其消极对立面（蔑视）出现。同样，我们会假定强烈的爱中包含着恨。如果被分析者在与分析师的关系中的位置以顺从为标志，我们就会提防潜在的破坏性。而在全能掌控的情况下，我们则期待找到隐藏在表面之下的无力感。

这就是情绪分裂的例子。通常情况下，理想化越强烈，潜在的反向情绪也越强烈。从一种情绪到其反向情绪的变化可能是突然的，是出乎意料并且猛烈的；从治疗的角度来看，这可能会带来巨大的挑战。

相比之下，矛盾的情感两极通常更容易处理。与情绪分裂的情况下从“不是这种”到“就是那种”的戏剧化转变相比，矛盾情绪的特征是“既是又是”，这使对立情绪之间的跨度没有那么极端，转换过程也更加平稳，并且往往是逐渐出现的。

不过，这些以矛盾或分裂为标志的两极化情绪就像硬币的两面，除了这些情绪之外，我们还必须考虑到移情总是沿着不止一条轨道运行。例如，一条轨道可能是攻击：崇拜和蔑视同时发生，而另一条轨道则是依赖和拒绝，这是一种不同的极性。有时候还可能会找到其他的轨道。这对精神分析思考来说并不奇怪——这是由于移情会同时激活几个自体-客体关系。

那么这些不同的移情轨道之间是如何相互关联的呢？它们会对彼此造成影响吗？“底层的”或早期的轨道是否以某种方式控制“上层的”或更晚出现的轨道？这些问题引出了与移情相伴的其他类型的极性，即过去与现在、现实与幻想，这些极性与移情的内容无关，但描述了移情概念的特征。

临 床 片 段

在进一步探讨这些问题之前，我将尝试通过一位接受分析不到1年的34岁女医生的分析片段来详细说明我的思考。她有一个弟弟，时常会唤醒她的嫉妒和愤怒。她母亲是个比较紧张的人，按照严格的时间表喂养第一个孩子。被分析者在11岁时曾经住院过，这件事导致她和母亲的关系严重紊乱。

父亲在被分析者13岁时离开家，之后她就没有再和父亲联系过。她母亲当时受到心理问题的折磨，之后会周期性地出现焦虑症状。被分析者在20岁出头的时候有过一段较长时间的恋爱关系，分手后她出现了自杀的念头。

被分析者对于我能为她提供分析感到十分满足，并且持续不断地表达她的这种感受。她见我的时候很高兴，对于分析有很高的期待。

在下文要提到的片段之前的一段时间里，她对我在会谈开始时稍微晚了一点有非常强烈的反应。这使她很气愤："你怎么这么不体谅别人。"她描述她是如何见她的患者的，她不明白我怎么能用这种方式对待时间和对待她。几次会谈之后，我非常准时地开始了。她深受感动，但与其说我准时开始，不如说她能够对我产生影响，使我改变我的行为。但是后来，事情变得更加复杂了，在我迟到的时候浮现出来的潜在的蔑视（崇拜的反面），开始威胁要打击我——一个很容易被她影响和摆布的人。我向她描述了这一点，她也证实了她对我有负面的感受。

我提前取消了周三的会谈。第二天，也就是周四，在她的治疗之前，我有一个督导有点超时，我让她晚了两三分钟才进来。她进来的时候看起来上气不接下气。她告诉我，她本来时间很充裕，在办公室一直坐到离会谈开始还有9分钟。出门的时候她和自己的助理聊了几句，结果突然时间就不够了。为了及时赶到这里，她把车开得飞快，心里想着"这也太疯狂了"。她迟到了，本以为我会开着门，却看到一个人在她规定的时间里从房间里走了出来！我注意到她很生气，但她纠正我：更确切地说，她很绝望。

接着她描述了当天员工会议上发生的一件事。他们正在讨论如何处理一个患者的情况，讨论了一会儿之后，她指出，首要的事情是这个女人需要一个真正的治疗接触。她的几位同事对她给予了支持，她对他们的回应感到惊讶和高兴。她联想到她的母亲和她自杀的念头，然后回到她对从我咨询室里走出来的那个男人的反应。然后她平静下来，并为我的行为找理由（也许是因为她内心隐藏着可怕的指控，但没有也不敢细想）。她宣告我无罪，还说只有她才会为这件事感到生气，等等。

在会谈快要结束的时候，我试图回顾材料中的各种碎片，尤其是情感的部分。我说她很绝望，而且很生气，因为我没有照顾好她，没有及时接待她。相反，我取消了一次会谈，之后又让其他人占用了一部分她的时间。这让我想起她弟弟在母亲那里吃奶的情景，这唤起了她的愤怒。我接着说："你从我这儿得到的不是你所需要的那种真实的、分析性的接触。这引发了你强烈的情绪，因为从某种程度上来说，这对你是性命攸关的问题（自杀的念头），就像一个饥饿的婴儿不得不等待母乳一样。"她静静地躺着，然后用低沉的声音说："我母亲是完全按照时间表的。我觉得她是数着秒计算的，就像我在这里做的事情一样。为什么，这真是太疯狂了。"

我们觉察到这种攻击性是如何以对不遵守规则和协议的人（也就是我）的（潜在的）谴责的形式出现的。她变得评判而轻蔑：你可以让自己超出正常时间2分钟！这个反应自上而下。她的绝望是关于没有被看见，没有任何意义，当然，根本上，是不被爱。我的延迟就是一个明确的证据。

之后的一周发生的事情如下：被分析者开始描述她在诊所与患者的两次会谈。她谈到与一位土耳其女士之间一次非常艰难的会谈，以及随后她为了理解这个过程和进一步治疗这位女士而进行的紧张的工作。在那之后，她又谈到了和另一位有很多痛苦经历的男士之间十分愉快的会谈。她传递给对方的信息是，她真的能够理解他的感受。我指出，她是在间接地告诉我她对分析的渴望：她希望我努力工作去更好地理解她，让她在分析中获得进步，并且她希望和我的会谈是好的，能够让她感到真正地被接纳和理解。

她吐了一口气，说："你说得对。"接着她的思绪很快就集中到被忽视、不被理解所带来的恼怒和失望等种种情绪。会谈快要结束时，我这样阐述了这个问题：当愤怒持续存在的时候，就无法感受到被理解，个人的渴望和需要也无法被看见。受伤的感觉是如此强烈，以至所有可能接收理解的大门都被关上了。

第二天，在会谈进行到一半的时候，我给出了一些评论。被分析者沉默了一会儿，然后平静地说："此刻你真的让我感到很失望，安德斯！想想看，一个分析师居然说遗忘是前进的方法（对我所说的话进行了暗示和相当扭曲的解读）。"

我问"这对你有什么影响？"

她回答说，"我开始怀疑——你够格吗——这个分析是足够好的吗？"

这是她第一次直接表达出一种与她起初对我表现出的强烈热情相反的感觉。我指出，在对和我一起进行分析感到十分感激和极其痛苦地怀疑我的工作能否带来任何好处这两种状态之间，似乎只有很短的距离。只需要一个微小的、她觉得错误的评论就足够了。她认可了这一点，但很难确定这个态度是真实的，还是一种虚假的同意。

在同一周的周五，有一个患者把他的伞落下了。被分析者立刻注意到这一点，并称之为"标记"（！）——就好像这个患者想要标记他的领地一样。她很生气，想知道它会不会一直挂在那里，直到下一个周五？或者是要到周一！（这个患者是一周来一次，还是一周来四次？）她想要把那把伞从窗户扔出去。她想到那个在她之前会谈的男人，（这是他的伞吗？）他通常与她对视并点头示意。她不知道怎么回应——她什么也不想说，也不想认识他。她的思绪飘荡着。她想到那天她离开的时候感觉很沉重……她的感受趋于平稳，我却注意力涣散，开始犯困。她侧卧着，闭着眼睛，身体蜷缩着——她说："我想爬到你的怀里——咬你的膝盖。"我吃了一惊，重复了一遍："咬我的膝盖？"她说："我没有别的论点了。我母亲会要求我和弟弟辩论，当然，她毫不费力就能赢我们。"我做了一个略显困惑的评论，关于她想要到我的怀里休息以及与高高在上的人产生争执的感觉。我漏掉了她的反应和那把遗失的伞之间明显的关系。她不受影响地继续联想，回忆起她在诊所的一次工作讨论中提出的一个观点，以及她如何向一名高年资的医生提起这个观点。她并没有进一步深入目标，只是分享了她的观点。随后，她幻想自己参与一个广播讨论，在那儿她将以一种真正能改变挪威人对医疗保健的看法的方式表达她的观点。我指出，如此杰出的辩论技巧，与那个为了表达自己不得不咬我膝盖的小女孩之间存在天壤之别。她停在这里，惊讶地笑起来："这是我们讨论的起点吧？谢谢你替我记得这一点"。我心里想，她的感激可能还掺杂着其他的情感，我不知道这对她来说是不是太多了。这里面的自恋元素先前并没有被评论过。我有一个印象，觉得她对自己性格中这一特质的实际了解比自己愿意了解的要更多。她的反应显然带有一种居高临下的意味，就好像我是她的仆人，一个因为注意到了她碰巧忘记的细节而令她十分感激的仆人。

移 情 轨 道

我们在这儿可以很容易地看到移情的几个极性，相反的情绪被同时激活，即便某一时刻只有其中一个是明显的：我们遇见了一个感恩又轻蔑的被分析者。我们还看到一种变体，其形式是同时存在的从属和居高临下的态度。

在另一条移情轨道上，我们发现那个想要爬进我怀里的小小的、渴望的、饥饿的女孩，在下一刻变成了一个独立的、与他人慷慨分享观点的医生。

在第三条轨道上，我们发现一个安静、柔和、近乎亲密的女人忽然询问："安德斯，你在想什么？"在下一刻，她在情绪上完全切断或疏远（在上述片段中不是很明显）。在本文的最后，我将简要思考这些想法可能对治疗产生的一些影响。

移情模糊性

到目前为止，我们所讨论的复杂性与移情作为心理材料的内容和结构有关。它处理的是我们在日常分析工作中所遇到的几乎所有内部生活都特有的复杂性质。让我们回到不同轨道的移情之间相互影响的可能性的问题上来，比如，早期与后期轨道之间的关系，或"底层"与"上层"轨道之间的关系。这就引出了一种不同层面上的复杂性，这涉及移情现象的概念形成。在我看来，这种复杂性对分析技术以及对人类本质的分析性理解都有影响。

在精神分析中，移情通常只是被分析者在与分析师的关系中展现出来的所有的情绪和气质。它们是被分析者与生命中重要人物之间关系的无意识重复。因此，这是一种情感和行为矩阵从内部客体关系向分析师的转移。同时，这也是一种婴儿式特质的再现，是内部幻想对外部客体的投射。移情具有治疗功能的原因在于，在退行的影响下，它带来了接触人格更为原始部分的机会。对被分析者来说，他们所固着的特质就是现实。这种体验为处理、拒绝这些特质，选择新的、更现实的、也与年龄更加相符的客体关系提供了机会（Killingmo, 1971）。此外，被分析者也可以借此获得一种对于诸如丧失和悲伤体验的新的思考方式。

移情现象是如此核心，以至构建精神分析情境的主要目标之一就是为了进一步加强和培养被分析者对分析师的移情。分析情境对移情的功能就像是温室环境。

在移情中，个体用过去误解了现在。他不是去回忆往昔，而是试图用一种比童年时期更有可能获得满足的方式去活现它。个体通过这种试图活现的方式去防御自己对婴儿式客体关系的记忆和讨论。因而移情以阻抗的形式出现在分析工作中，一种对面对原初关系本身的阻抗（Fenichel, 1945）。同时，如我们所见，移情为分析师提供了直接观察被分析者早期客体关系的独特机会，也提供了理解被分析者当前状况的根源的可能性。我们面对的是移情的模糊性。移情是一种对内省的阻抗（在分析中，对关系的回忆被见诸行动所取代），还是分析师工作中最重要的一种工具？显然，二者兼而有之。移情既是分析中的一种阻力，又是一种动力。

但是，当我们仔细研究移情的概念时，这并不是唯一的模糊性。在移情中，同样的情绪同时指向过去、现在（present）和当下（immediate）。农贝格（Nunberg, 1951）认为移情就像雅努斯（Janus）一样具有两面性。一面朝向现在，另一面朝向过去。在移情中，过去活现于现在——现在也同时活现于过去。

莫德尔（Modell, 1990）写道，移情代表着一些新的事物，但同时也是过去事物的重复。因而，移情是某种独特的事物（一个事件不可能重复）又是一种旧有模式的重复。移情是分析过程中被激活的一种过去的情境，也是某种崭新的、独特的、在分析工作中被创造出来的事物。

一种更为根本的模糊性在于，移情情绪是不是真实的。对于移情的爱是不是真实的这个问题，弗洛伊德本人给出了相互矛盾的答案。在《移情之爱的观察》（*Observations on transference-love*, 1915a）中，他发现这既是非常真实的，又是不真实的。他写道：

> 他（分析师）必须要小心，不要偏离或拒绝移情的爱，也不要让患者对此反感，同时必须坚决地克制对它的任何反应。他必须牢牢抱持这种移情的爱，并且将它看作某种不真实的、需要在治疗中被修通的情境，追溯其无意识的起源，并让它协助患者将情爱生活中隐藏最深的部分带入意识，从而置于控制之下。（p.166）

在我看来，这种模糊性是所有移情情绪的特征，而不仅仅是爱，即便弗洛伊德将爱作为一个特殊的例子——和其他感觉相比更接近疯狂。因此，我们发现自己置身于一个矛盾的位置，移情的概念同时既是真实的又是不真实的关系；既是一种“仿佛”的关系，即一种幻觉的形式，又具有某种真实的性质。

从谢弗所描述的讽刺视角来看，我们应该探寻，区分真实与幻觉是否总是那么容易？以及，是否总是能够确定分析师的判断是客观的，而被分析者的判断是主观的？分析师有必要对移情材料进行持续的、批判性的审查，就像针对反移情所做的那样。我们总是需要问一个问题：被分析者的反应在多大程度上是旧有气质的移情，多大程度上是对分析师实际行为的反应？反移情感受也是如此。我们的反应所针对的事物，是植根于被分析者的情感生活，还是植根于自己的内部世界？即便我们作为分析师，为了促进被分析者的内部生活逐渐浮现并限制自己对这个过程的影响，花费了大量时间和精力去获得一种气质和精神分析情境中的存在方式，我们仍然需要提出这个问题。

过渡空间中的移情

许多分析师——尤其是莫德尔（Modell, 1990）——都曾指出，如果以这种方式去理解移情，那么它就与温尼科特的过渡客体以及他所感知到的游戏的概念有明显的相似之处。过渡现象和游戏的概念都具有模糊性的特征，与我们在移情中发现的类似。我们来看看温尼科特是怎么说的。

在《游戏与现实》（*Playing and Reality*）一书的引言中，温尼科特（Winnicott, 1971a）讨论了儿童使用过渡客体时的悖论。这个被理论隐含在这样一个问题中：客体是存在于外部现实中，还是由儿童编造出来的——只是存在于儿童的内部世界中？

这个问题涉及客体是客观还是主观的。温尼科特给出了一个悖论性的答案，过渡客体二者兼具。他要求我尊重和接纳这个悖论，而不是去解决它。在这里，温尼科特针对他早在1953年所说的关于儿童与过渡客体之间的关系的结论进行了诠释：

> "……可以说，这是我们和孩子之间达成的协议，我们永远不会问这样的问题'是自己想象出来的？还是从外部给到你的？'重点在于，此刻不需要就此做出决定。这个问题是不必提出的。"（1953，p.12）

如果问了这个问题，会发生什么呢？一种假设是，为了防止问题被知觉时客体遭到破坏，小一点的孩子会避免听到和理解这个问题。而大一点的孩子会忍受客体被破坏，并且体验到一种深刻的羞耻感。

移情材料展现出与温尼科特的过渡客体紧密的相似之处——同样似是而非、模棱两可，既真实又虚幻，既与源头事物有着强烈的联系，也是此时此地发生的独特事件。

悖论

概念的内容有矛盾——也就是说，它不符合常规逻辑但似乎又是真实的——这一事实构成了悖论。从这个意义上来说，如果我们去掉矛盾的一个部分，那么这个概念就会失去某些本质的东西。

我们要如何理解这个事实：理论中的一个关键概念是悖论性质的，也就是说真和假可以同时存在？在科学语境中，将悖论视为对思考和理解的威胁是很常见的。泽农（Zenon）关于阿喀琉斯（Achilles）和乌龟的悖论以一种令人不安的方式威胁着我们对时间和空间的概念。当罗素（Russell）指出弗雷格（Frege）的《算术基础》（*Grundgesetze der Arithmetik*）中的矛盾时，就对弗雷格思想的逻辑基础形成了严重的威胁。这是因为单个矛盾会导致整个体系自相矛盾。威胁到系统的矛盾是一个悖论：如果这种说法为假，那么它就为真。这就是我们所熟悉的“说谎者的悖论”的变体：我总是在说谎。这两种说法具有的悖论性质使得如果它们为假，它们就是真的；而如果它们为真，它们就是假的。在演绎体系中，悖论是一剂毒药。它破坏了系统的根基。因此，消除它们是绝对必要的。这是保持系统连贯性的唯一方法。罗素试图通过区分语言的层次，并禁止陈述在提及事实的同时描述自己，来解决这个问题。众所周知的双重束缚现象与说谎者具有相同的悖论结构，且悖论恰恰就出现在沟通的层次和元层次的混淆上。莫德尔（Modell, 1990）用类似的方式来处理这个问题。我们所讨论的悖论是由于在精神分析情境中同时出现不同层次的现实而产生的。

因而移情的悖论也许可以通过将不同层次的现实分开消解。莫德尔区分了分析情境中的三个不同层次：

1. 日常生活（一个人，X女士，躺在房间的躺椅上；还有一个人，A先生，也坐在房间里）
2. 分析情境（被分析者X受到焦虑的困扰，她依恋与分析师A的关系，寻求A的治疗）
3. 特定的移情关系（小女孩X与分析师A或她父亲有一种强烈而复

杂的情感关系)

莫德尔在第三个，也就是投射层面补充了一个问题：分析师是那个早期被爱的父亲，还是那个后来被拒绝的父亲，或者是即将失去的父亲？我们意识到这个问题与前文对移情极性在不同平行轨道上呈现的阐述直接相关，而且，它一方面触及了移情感受的结构和内容之间的关系，另一方面还触及了移情概念的复杂的认识论性质。

通过区分不同层面的现实，移情概念中固有的矛盾可能会被消解，至少可以被部分地消解。不过，我们仍感到有些东西丢失了，这种巧妙的方法在消解悖论的同时，也带走了某些重要的东西。这就是温尼科特的观点。他认为通过理智上的分裂来消解这一矛盾是可能的，但代价是失去悖论中本质性的东西。他写道：

> 这个悖论，一旦被接纳并承受，对每一个人类个体都有价值，无论是为了在这个世界上活着并生存下去，还是为了有能力通过利用与过去和未来的文化连接获得无限丰富的可能性。(1971a, p. vii)

温尼科特还展示了游戏如何拥有一个在现实与幻想之间相对——悖论的——中间的位置，并强调了游戏对儿童保持活力、获得掌控以及创造的体验来说具有多么重要的作用。

在温尼科特思想的背景下，我们意外地得出了这样一个结论：移情现象悖论式的存在并不会破坏这个概念，使其变得无用。相反，悖论是丰富的，它代表了人类发展和创造必备的条件。温尼科特所表达的悖论必须被接纳和承受的结论，是一个既令人惊讶又非常深刻的见解。

隐喻也具有相对悖论的特征(Enckell, 1992; Gammelgaard, 1998)。在对结构与诗意隐喻的比较中，恩克尔认为讨论的结果就是一个悖论：

> ……在分析的过程中，记忆作为一种新的创造物被重新唤醒。这个悖论可以被赋予不同的表达方式，但作者将其视为分析实践中的一

个中心要素（p.69）。

在精神分析中，每当涉及时间（记忆）和现实层面（幻想）时，我们就会遇到悖论。在心理现实中，几乎总是如此。

技术上的思考

最后，我将讨论一些与已经提出的想法有关的技术方面的思考。分析师均匀悬浮的注意使他能够在分析情境中获得复杂的视角。聚焦思维的风险在于，排除了其他的选择且切断了复杂性和细微差异的可能性。聚焦思维致力于缩减。在一种均匀悬浮注意的范围内，分析师倾听几个同时存在的移情轨道，并关注情绪极性的存在。因而可以确保情境的独特性和个体化。

说到这里，就引发了思考。分析实践是不是一种摇摆，一端是悬浮注意和无条件倾听，另一端是一个更为聚焦的过程？对材料进行初步扫描，随后聚焦于图像-背景条件；一种覆盖多个频率的倾听与对主导被分析者和分析师之间互动的情绪的反思之间的摇摆；与分析在共情和反思之间持续转换相关的相互作用（Zachrisson, 2009）。这两种“相互作用”也许是同一件事情的两个方面。也许这些思考可以作为对均匀悬浮注意这个概念的深化和对其细节的补充。

倾听不同的移情轨道、关注极性情绪的存在，是分析工作日常的一部分。

移情概念的模糊性、悖论性本质对治疗会产生什么样的影响呢？在日常的分析工作中，这并不会带来什么问题。被分析者与分析师都预设了移情情境的悖论性质，并接纳与现实和时间相关的情感上的模糊性。问题出现在当被分析者放弃这一视角的时候，移情失去了“仿佛”的性质，成为唯一的现实，并与当下紧紧相连。农贝格（Nunberg, 1951）描述过一个患者，她没有把对父亲的感情转移到分析师身上，而是试图把他变成她的父亲。这在移情之爱中并不罕见。这种情况难以处理的地方是现实功能崩溃了，也就是说，当这种情况发生的时候，我们通常要面对的是严重紊乱的患者内部的分裂情绪。对于分析师来说，从不同层面来思考现实，以便能够“整理”材料并澄清情况，可能是策略上非常重要的一步。首先是为了自己，同时也为了被分析者，这不一定直接指向现实功能的崩溃，而是将之当作澄清和诠释的起点。这种澄清可以是以下说法的不同变式：“在内心世界中，你可能感觉我既是吝啬和拒绝的，又是你能想象到的最善良、最仁慈的人。在外部世界，我们像之前一样继续分析工作，无论你的内心会升起什么样的感受。”当被分析者放弃现实检验的时候，这种说法有助于保护分析情境。

结　　论

精神分析的出发点是一种有复杂和悖论空间的人性观。当对效率的要求成为唯一的规则时，简化和缩略就变得有必要了。在短程疗法和精神药理学中，更为复杂的视角会造成紊乱。这里容不下悖论。

就像过渡客体的悖论一样，如果不失去某些人性本质，移情悖论就无法被消解。当我们尝试对移情进行概念化的时候，就会出现模糊性，这并不代表它是不被期待的，也不表示它是逻辑谬误的结果。它们保有着作为人的意义的核心成分。

这是因为我们处理的是心理现实，而不是物质现实的特征吗？因为心理生活恰恰更多地发生在中间区域，或者，用温尼科特的概念来说，在内部和外部之间，现实与虚幻之间，过去、现在、未来之间。想象会激活不同层次的现实，而记忆会激活不同的时间层次。严格的真实与虚幻的二分法在这些中间区域无法保持。我们需要一个像过渡空间一样的概念。同样，线性时间和循环时间，无论是各自独立还是结合，都无法构成充分的时间概念。我们需要增加一个永恒的概念以及一个平行时间的概念。

这些情况似乎也会产生方法论上的影响。科学的方法适用于物质现实和亚里士多德的逻辑规则，其中第三方是被排除在外的：要么A，要么-A，不能二者皆有。心理现实的科学是否需要另外一种方法论来忠实于这种现象的本质——其基础是能够涵容悖论的概念？

正如温尼科特指出的那样，只有通过接纳、承受和尊重悖论，我们的理论才能够捍卫谢弗所描述的复杂性，也包含精神分析对人的根本悲剧性视角的讽刺面向。

第十章

反移情——让自己置身危险中

随着时间的推移，治疗关系的概念发生了巨大的变化。这对反移情的概念有什么影响？在当代的思维中，用一个概念来描述反移情这样的复合现象是否仍然合理？

反移情在精神分析中有着悠久的历史。最初它被认为反映了治疗师的紊乱，后来则被当作了解来访者内心生活的重要方式。如今讨论的问题——治疗师的活现和自我披露、分析情境中相对主观的相互性和对称性、关于神秘的投射性认同的争议——反映了当代对来访者-治疗师关系看法的复杂性。在回顾这些问题之后，我为反移情感受的两个见解之间的联系勾勒出一个模型：(1) 作为对来访者内心世界理解的扰乱；(2) 作为过程中情感互动的主要信息提供者。我认为，将这两个见解包含在同一个概念中是合理的。在这个模型中，我还试图说明反移情与其他两个关于治疗关系的概念之间的联系：移情和投射性认同。

引　　言

来访者和分析师之间的关系是双向且复杂的。它不是对称的，因为来访者和分析师出于不同的原因进入关系，他们在展开的互动中行使不同的功能。精神分析师用反移情的概念来描述分析师在这段关系中的参与。在本章中，我将尝试阐释这个概念。按照今天我们对反移情的使用方式，它指的是一种复合现象，这种现象既能扰乱分析师，又能让分析师了解当前发生了什么。

首先，我将说明反移情概念指的是什么样的现象，以及这个概念与分析性态度和分析性设置的概念之间的关系。之后，我将简要考察反移情的概念从弗洛伊德第一次讨论反移情现象（Freud, 1910）开始到今天的变化，并对当代关于这一概念的辩论进行简要回顾。接下来，我将提出一个模型，说明反移情的干扰性和信息性以及反移情与移情和投射性认同之间的关系。最后，通过区分直觉和非理性的功能水平，我将提出一个反移情的综合模型，综合今时今日我们使用的这个概念的本质。

在本章的语境中，我不区分精神分析和精神分析性心理治疗。在我看来，这种说法对两种方法都成立。显然，我们所说的精神分析不只是一个理论或一套概念。在精神分析内部，我们会发现大家对如何理解和阐述分析性态度和分析性设置持有不同意见。分析师的中立性和自由联想作为工作方法，就是最近被热烈讨论的分析性概念的例子。虽然我试图（至少部分地）介绍讨论的范围和观点，但很明显，这个介绍充满了我对分析关系和反移情现象的理解。

反移情现象

反移情不能脱离其他分析概念来理解，它是涉及分析关系的几个概念之一。我们要在治疗的框架内看反移情。对分析关系看法的改变构成了这一概念发展的核心要素。

反移情指的是发生在分析师身上的事情。我们必须意识到这种现象的复杂性。在分析师身上发生了一些事情，威胁着要把他们从分析性位置上拉出来。这可能是一种空虚感、刺激感或焦虑感。它可能是过于讨好来访者的倾向，也可能是不像通常那样坚持框架和协议。例如，非常规地将咨询延长了几分钟，似乎我们必须要用力地去避免伤害或刺激来访者。它还可能是一个想法、幻想或画面，出乎意料地浮现在分析师的脑海中（Zachrisson, 2006）。情绪的转变、警觉、兴趣的变化、无聊、昏昏欲睡等都可能是分析师无意识反应的迹象。一系列广泛的反应都可以被归为反移情反应。我们可以补充说，最难处理的也许不是强烈的反应（我们很容易意识到它们），反而是我们的方法和态度中微小的、几乎无法察觉的偏离。这些偏离很容易被我们忽视或找理由解释，而在下一个例子中，这些偏离可能会导致不适当甚至是糟糕的分析行动。

分析性设置

有些事情可能会把分析师带离位置。这是什么意思呢？这里所说的位置是由治疗设置决定的。当我们在治疗框架之内的时候，我们就在这个位置上了。分析设置是由一系列外部条件构成的，这些条件造成了治疗情境和分析师的心理状态，通常被称为分析性态度。

我们首先来谈谈外部条件。咨询室是一个封闭的场地，专业的保密规则照顾到了（来访者）谨慎的需要。这是人们可以自由地与另一个人分享自己的想法和感受的地方。时间是设置的一部分。咨询时间是固定的、有规律性间隔的。这也增加了咨询的可预测性和保密性。我们会和来访者签订一份协议，规定关于费用、取消、假期等事项。在心理治疗中，我们并不总是给予来访者明确的工作方法的指示，但会通过自己的行为给来访者传达这些方法。在精神分析中，我们通常在一开始就告诉来访者自由联想的基本规则，并鼓励来访者让自己的思想自由游荡，尽可能诚实地报告想到的东西。这是一个复杂的邀请，霍夫曼（Hoffman, 2006）等人强调了分析基本规则的问题所在，质疑这种联想实际的自由有多少。正如霍夫曼所指出的，来访者的联想会受到分析师有意识和无意识的想法及期望的影响。

传统上，来访者自由联想遇到的困难被视为阻抗。霍夫曼指出了另一个问题，即分析师对来访者的联想的影响。然而，在我们注意到（自由联想的）基本规则的局限性的同时，我们必须接受它是分析方法的一部分，是分析阻抗和移情现象所不可缺少的。

（精神分析）基本规则的一个方面是要求来访者诚实。无论他的想法可能多么令人羞耻或痛苦，都要真诚地与另一个人分享，这不是一件容易做到的事情。我们可以这样指导来访者：“在这里，你可以花你需要的时间来讲述浮现在脑海里的东西。”

到目前为止，我们已经考虑了治疗的外部框架。治疗过程就发生在这个框架之内，其媒介是来访者和分析师之间的关系。本文的重点是作为一个人的分析师。分析师以一种通常被称为分析态度的心理和行为方式来对待来访者。站在我看待反移情的角度，分析性态度是一个重要的概念，因为它表示我们作为分析师的正常位置。通过关注在分析过程中发生在自己身上的事情、我们的反移情反应，我们可以记录下自己何时会脱离分析性位置。

分析性态度

在分析性态度中，我们发现了一些成分，如情感中立、均匀悬浮的注意、不带野心的自由和共情性倾听（Schafer, 1983）。这也是一个有规律的、平衡的存在的问题，涉及与来访者接触时的距离或亲近度、情感温度等。当然，这也是一个在专业和分析框架内，针对个别来访者找到自己个人风格的问题。以下是一些需要考虑的层面和条件。

- 尊重的距离——不要太远，会显得拘谨和傲慢，也不要太近，让关系变得私密；
- 对一切存在都保持开放的心态，无论是什么；
- 避免道德主义的判断，不要“（比来访者）更懂”和大惊小怪；
- 机敏、负责和礼貌，结合严肃、公正和清醒；
- 关注来访者内部和外部冲突的所有方面，也关注自己对来访者的影响，并避免非此即彼的思维。

实际上，上述清单就是我们所说的情感中立。中立是观察来访者的内部冲突以及来访者与分析师之间复杂的情感互动的策略性位置（Hoffer, 1985; Baker, 2000）。精神分析中的中立意味着一种态度，而不是对“正确”行为的规定。在我看来，“空白屏幕”与分析的中立性毫无关系。

格林伯格（Greenberg, 1986）和霍夫曼（Hoffman, 2006）强调了这一点，他们都指出，如果我们把中立性看作一系列行为的规则，就没有意义了。对某个来访者来说是中立的立场，对另一个来访者来说就是充满情感的。某个人觉得是尊重的、接纳的立场，另一个人可能会觉得是不近人情的、冷漠的。格林伯格还指出："……中立是表达最佳分析立场的一种必要（虽然不完整）的方式"(p.138)。我认为霍弗（Hoffer）试图从理论上锚定这个概念，认为它是一种观察的策略性位置，至少部分地回应了格林伯格对这个概念的反对意见。

专业的—私人的—个人的

专业和私人（private）之间存在着矛盾。在我看来，这两个领域必须分开。一个是技术上的原因，分开两个领域可以让来访者有足够的自由空间把幻想附在分析师身上，而不被必要的事实之外的信息影响。来访者不可避免地会收集很多关于分析师的信息。同时，这也是对移情或反移情材料进行分析工作的一个核心，即这些幻想可以在分析师最能观察到自己对来访者的影响的场中展开。

将分析师的私人生活排除在分析关系之外的另一个原因，是为了保护分析师和家人不被卷入来访者的私人生活，反之亦然。在我看来，来访者一直留意着分析师的内心生活和分析师的主体性迹象，这并没有降低将这两个领域分开的重要性。相反，我们不可能不让来访者知道我们的主体性生活，再加上我们对来访者的影响力，分析师必须特别警惕和小心。这种警觉的前提是清楚表述的分析性态度，以及不断对反移情的感觉和反应进行修通。

对分析关系中的性虐待案例的研究可能会表明，这种不当行为的第一步是在关系中引入微小的私人元素。分析师在与来访者的关系上越过了一个界，从位置上掉了出来。紧接着是另一个几乎不被注意的因素，然后——突然间，分析师进入了"滑坡"。我们如果注意到这种过程存在的迹象，就要立刻仔细检查自己与来访者的关系，或许可以寻求同事的帮助。当然，这并不意味着分析关系中的任何私人因素都是灾难性的或会导致道德不端的行为。我的观点是，这反映了分析的复杂性，巨大的私人性会带来巨大的方法论后果。事实上，我们一直都在让来访者认识我们，但这并不意味着我们免受行为约束。我们会留意自己以及与来访者互动中我们的部分。如果失去了这种观察，我们也就失去了理解和分析所发生的事情的可能性。精神分析涉及长期存在的关系，高强度、情感性的互动。因此，分析性立场会不断受压，且必须得以恢复。通常，最重要的分析工作发生在分析师私人领域的“边界”上。

我们需要对这种对分析态度的考察进行一个补充。私人指的是分析师的非职业的生活。它不等同于他或她的主体性的内心生活。因此，专业或私人的二分必须辅以第三个组成部分，即个人的（personal）部分。我们不能、也不应该回避个人的表达，而我们的主体性正是这种表达的一部分。精神分析是一项深度个人化的努力。我们的个性在这个过程中起着重要作用。这不可能是一个以人为的或假定的方式行事的问题，也不可能是复制另一个人的风格的问题。我们必须发展和约束自己的工作方式——形成自己作为分析师的个人风格。

分析性态度和反移情的迹象

一般而言，我们可以认为反移情反应是分析师的无意识冲突、感觉和在分析中挣扎的迹象。例如，口误、各种错误、梦境和不明确或麻烦的情绪状态。此外，我们还会遇到分析师难以认同或共情来访者，或是反过来，过度认同来访者，比如过度认同来访者的受害者位置。

反移情的迹象聚焦于分析师对来访者的夸张反应。

- 分析师担心会谈，在两节会谈之间惦念着来访者，与来访者争执，或被来访者的批评或蔑视所伤
- 分析师在咨询安排上犯错，或焦虑自己会犯错
- 分析师被咨询中的昏昏欲睡、无助或无能所淹没
- 分析师难以结束一节会谈，或其他方式的过度友好或讨好

这个清单只是大略汇集了可能偏离分析“正常”立场的情况。我强调了分析性态度的概念，因为它为我们提供了一个识别反移情迹象的工具，反移情可以是使我们脱离分析立场的任何反应。

反移情的经典观点

弗洛伊德的理论指导与他那个时代的科学理想是一致的：分析师是一个客观和中立的观察者，是来访者内心戏剧的诠释者。而弗洛伊德早期对分析师的隐喻也有这样的内容：分析师是一面镜子，是一名外科医生（Freud, 1912b）。这些比喻强调了客观和中立。镜子只反映落在它上面的东西。分析师反馈的是对来访者带来的内容的反思，他不愿意把自己的材料带入治疗中。外科医生使自己与患者保持一定的情感距离，以便无视患者的痛苦，从而能够更好地进行手术。分析师与来访者保持必要的距离，以确保自己的完整，并在最佳位置观察和诠释来访者的冲突。这样，分析师的注意力可以集中在重要的事情上，集中在来访者的内心生活、感受和幻想、需求和冲突、症状、抑制和性格特征上。

然而，将来访者的移情作为分析过程的核心部分引入，使分析关系——来访者和分析师之间此时此地的关系——成为焦点。下一步引入的是反移情的概念，其原始形式是指分析师对来访者移情的无意识、非理性和婴儿性的反应。

反移情作为紊乱

从一开始，反移情就被看作中立性的紊乱和偏离（镜子上有污渍、不平整；外科医生的手在颤抖）。来访者和治疗师的关系因此变得更加复杂。不仅是来访者，分析师也会对分析情况做出无意识的、非理性的贡献。显然，这是对过程的干扰，是不希望发生的事情。这是我们要减少反移情的一个原因。因此，分析师要接受个人体验，以减少反移情反应的干扰作用。当反移情出现在分析工作中时，这不是一件好事。它意味着分析师对来访者理解的盲点，是未经分析的冲突的标志。它们可能是羞耻的，就像你还没有打扫自己的房子，就开始打扫别人的房子。

弗洛伊德（Freud, 1910）认为反移情是分析师对来访者的无意识反应。他把它定义为来访者对分析师无意识影响的结果，并补充说："……没有一个精神分析师能比自己的情结和内部阻抗所允许的范围走得远"（p.145）。在此，反移情的干扰性和限制性以及分析师要接受个人体验的理由都很明显。

移情和反移情

从精神分析的角度来看，移情是一种普遍的、日常的现象，它在大多数，甚至所有的关系中都留下了烙印。当我们与他人相遇，特别是涉及强烈的情感时，我们会把早期的、在情感上重要的关系作为态度和期望的模板。在这个意义上，我们可以说，移情是一种对过去的记忆和从经验中学习的方式。分析情境的特殊之处在于试图通过维持分析设置、分析师严谨的分析性位置以及作为分析方法之一的退行，创造一个温室气候，让移情可以在分析师身上展开。通过这种方式，移情变得更强烈、更清晰，比在日常生活中更占据主导性。

这当然会对分析师产生影响。越强烈的移情感受会激起越强烈的反移情反应。如果分析师无法忍受反移情反应，那就会是一个问题。如果分析师不耐受反移情的强度，而调动防御机制来防御这些反应，那么分析师就会被带离分析性位置，这就会成为问题。分析性态度的一个关键部分是：允许来访者把内心的东西表达出来，无论是什么感受或想法，也无论这些会在分析师身上引发什么感受。

对反移情的扩展看法

直到20世纪40年代末，反移情的经典观点一直占主导地位，即使我们确实发现分析师内心生活的某些想法会预示着未来的发展。弗洛伊德（Freud, 1912b）说，分析师“必须把自己的无意识当作一个接收器官，接收来自来访者无意识的内容”（p.115）。他还描述了分析师的均匀悬浮的注意力（p.111-112）。这些想法被费伦齐（Ferenzci）、多伊奇（Deutsch）、巴林特、赖克（Reik）等人延续到认同、移情、直觉、用第三只耳朵倾听等概念中。但总的来说，经典观点占了上风：反移情是分析机制中的沙子。

但是，在理论的前线发生了一些事情，对反移情的理解产生了深刻的影响。在美国发展自我心理学的同时，英国也开展了一项理论工作，即发展客体关系模式。克莱因在20世纪20年代、费尔贝恩（Fairbairn）和温尼科特在20世纪30年代分别做出了他们的第一次贡献。1946年，克莱因提出了投射性识别的概念。在她的概念化中，这是一个内部心理过程，是一种防御机制：自我中不可接受的部分被分割出来，投射到客体中，试图控制和支配客体（Klein, 1946）。在其最初的形式中，这个概念与反移情无关。但后来，在对分析关系的理解中，投射性认同被赋予了相当核心的地位。后面我将回到这一点上。

1947年，温尼科特写了一篇关于反移情中的恨的论文。他的观点之一是承认来访者的实际行为和性格可能唤起分析师的恨的重要性。他认为这样的认识是必要的，可以使来访者在移情中感受到他对分析师的恨，而恨是个体能体验爱的能力的先决条件。

新的范式

1950年，葆拉·海曼（Paula Heimann）发表了一篇论文，暗示了对反移情的观点的改变（Heimann，1950）。她认为，只要能够意识到反移情的存在，那么我们就能使用它们来更好地、更深层次地理解来访者；反移情实际上是关于来访者无意识的重要知识来源，因此是可取的。海曼说，反移情为研究来访者的无意识冲突和防御提供了罕见的机会。分析师与来访者的情感关系、对来访者的反应都是分析工作中最重要的工具之一。海曼的立场可以被认为是弗洛伊德认知思想的延伸，即每个人的无意识就是诠释其他人无意识表达的工具。不同的是，海曼直接将这种工具与反移情联系起来。她扩展了均匀悬浮注意力的概念，不仅包括来访者的表达，还包括分析师自己的反应。正是通过这种方式，分析师可以在这个过程中跟踪来访者的情感变动和无意识幻想。在关注自身反应时，分析师会对无意识、潜在的材料和没有被表达的信息有更深的理解。

海曼将分析者的所有感受和反应都包括在反移情中，并没有将反移情的含义限制在反应的非理性方面。反移情包括神经症性的和非神经症性的，对来访者的移情和人格的有意识的与无意识的反应。在她看来，反移情在很大程度上是对来访者无意识冲突的反应，是对这些冲突在（治疗）过程中展开的方式的反应，而不是分析师内部冲突和性格特征的表现。

因此，海曼为反移情的概念补充了一些相当新的东西：它是由来访者“创造”的，是其人格的一部分。同时，她也指出了这种观点的危险性。分析师必须避免成为来访者制定的戏剧中的共同演员，也要避免为了自己的需要而利用这种关系。总能有很好的理由让分析师继续分析自己的问题，但这是私人事务，分析师不应与来访者分享他的感受，因为这种诚实不可避免地会变成“供状”，成为来访者的负担。

相比于反移情的经典观点，这种观点代表了完全不同的东西。分析师的感觉不仅是干扰因素，还是不可避免的、甚至是可取的东西，是对来访者更深入理解的潜在来源。其原因是，它们源于来访者的无意识，而不是分析师的。它们是分析师对来访者感受的反应（也见MoneyKyrle, 1956; Segal, 1977; King, 1978）。

两个临床片段

以下对一名12岁女孩的治疗片段是一个例子，演示了来访者的反应对分析师的影响。这个女孩受到父亲的性虐待，现在住在寄养家庭里。她的脑海中总是闯入一些画面，为此感到焦虑痛苦。她失去了对自己思想的控制。有时，她还会丧失现实感，那些时候，她会看到她的母亲（她渴望同时又愤怒和害怕的母亲）和她在同一个房间里。这是非常可怕的，她感到惊慌。当分析师试图与她交谈时，她大声盖过了他的话，“我不想谈这个问题”，然后开始一些忙碌的活动，激动地跳上跳下，或试图匆忙地解决困难的数学问题。她的经验是谈论这些画面会使她更加焦虑，她的恐慌感会越来越强烈。分析师被一种强烈的不愉快的感觉麻痹了。他习惯了她的高水平的活动，但这又是另一种情况。他感觉到，继续与女孩谈论她的焦虑就会变成对她内心世界的入侵。他变成了一个虐待者——就像她的父亲一样，用性行为入侵她的身体和思想。

拉克尔（Racker, 1957）称这种反移情为互补性反移情：分析师认同了实际内化客体关系中的客体。另外一种可能性是，分析师认同了同一段客体关系中的自体，这种情况会充满精神病性的焦虑。拉克尔称之为一致性反移情。

下面这个简单的小案例片段可以说明反移情概念化的变化。分析师在结束与一位女来访者的会谈时遇到了问题，他发现自己经常超时5分钟。这样的偏差对他来说是相当不寻常的。在反移情的经典观点中，这可以被理解为是分析师的夸张的仁慈，是一种反向形成。当分析师发现这个问题，他就必须分析自己的攻击性，从而使自己回到分析性位置。

在反移情的扩展观点中，我们会思考反应背后的东西是什么。分析师从这个来访者身上发现了什么，使他很难结束与她的咨询会谈？分析师会倾听自己的感受、想法和想象，他会寻找细微的差别，这可以帮助他理解发生了什么。这是不是来访者的一种潜在的攻击性，由会谈结束时的拒绝所引起？如果是，为什么他没有承受住这种攻击性？是不是因为这不是在进行某些重要事务而被打断时感受到的那种神经症性的愤怒，而是更偏执的、更令人不快的愤怒？另一种可能性是，分析师在来访者身上捕捉到了潜在的分离焦虑。如果是这样，为什么他不能像平常那样承受它呢？是否对这个来访者来说，接触的中断不是一种有限的、更神经症性的分离焦虑，而是一种可怕的、无底线的、无法忍受的东西？对这位女性来说，离开房间就是进入了一片空洞，一个深渊，而分析师无法忍受将她暴露在这种焦虑中。

分析师对感觉和意象保持开放，试图与来访者的内心状态建立联系，他的干预基于他形成的理解。是否这种内部工作也会让他接触到自己的分离焦虑，以及他对来访者身上那个“被遗弃的孩子”的认同？

工作方法

接下来我将尝试描述一种工作方式。因为我们必须要处理的是微妙的、部分无意识的情感和认知现象，这使得描述有些模糊和隐喻的性质。反移情反应的源头是超越意识的。能够到达意识的是一些迹象，启示我们受到了某些东西的影响以及可能是如何受到影响的。这些迹象以思维、幻想、行动的冲动、情绪和感受的形式出现。它们很容易被忽略，但我们可以捕捉、意识到它们并加以利用。

因此，在分析师与来访者的咨询中，来访者可能说话或躺着沉默不语。分析师试图理解正在发生什么。他试图对来访者内心世界中的情感、没说出口的东西保持开放；试图匹配来访者的情绪，抓住来访者的东西并使其成为自己的。他试图通过自己的联想、想象、思维和出现的感觉去触及来访者。这种倾听常常发生在似梦状态，比昂称之为涵育（reverie）（Bion, 1962b）。它甚至可以说是均匀悬浮的注意力，思想自由移动，无聚焦。分析师不仅让自己对来访者做出反应，而且试图容忍所有出现的想法或感觉（Leira, 1995）。在这个过程中，我们有必要时不时地停下来，反思正在发生的事情和它的意义。这是在共情性关注和反思两极之间的摆动，是在与来访者一起感受和对来访者进行思考两个状态之间的切换。

通常情况下，这是一项安静、放松的工作。但有时张力会增加，强烈的感觉会被激活。分析师有可能被压倒并失去平衡。而这正是它应该有的样子。分析工作的重要部分就发生在这个边缘地带，分析师处于即将要跌出分析性位置的边缘。这是分析工作的一个必要部分。就像走路，为了能够向前走，我们必须从平衡里出来，向前移动。如果不把重心移到前面的脚上，我们就不可能不受约束地行走。走路就是处于一个连续的、有控制的跌倒过程中。类似地，我们必须把自己暴露在情感的风险中。我们必须失去平衡，才能触及来访者的内心状态，从而能够为治疗做出贡献。

当代关于反移情的辩论的一瞥

当我们对比反移情概念的两个见解时，可能会问一些问题。这种观点彻底改变的原因是什么？为什么如此不同的现象会用同一个术语来描述？新形式的反移情在某种程度上是不是与共情有关？还有，如果我们接受新的理解，是否必须放弃经典的观点？

观点改变的一个原因是人们对来访者与分析师之间的情感互动越来越感兴趣，并对其进行研究。尤其是在与儿童、精神病患者和严重人格障碍患者的分析工作中，情感互动尤为重要。在这些治疗中，分析性态度常常受到压力，这些来访者往往比神经症性的、抑制的、有礼貌的来访者更能挑战我们的分析性态度。在这些治疗中，通常有着更强的非语言化沟通的暗流和更多的投射性的交流。更多的事情发生在言语之外，儿童和严重的来访者常常以沉默的方式进行交流（McDougall, 1975）。

因此，更神经症性的来访者与严重的来访者影响分析师的方式是不同的，至少在程度上有区别。或者，更准确地说，与神经症来访者工作，互动更多是在外显和言语化的水平上的，那么对比神经症的临床材料，前-神经症的材料是如何激活分析师的呢？在沉默的和更严重的来访者的投射中，来访者对分析师的影响更甚，而我们的共情能力受到了考验（McDougall, 1975; Leira, 1995）。

在反移情的经典观点中，了解来访者内心生活的方法是共情性倾听。分析师的反移情反应是对这项工作的潜在干扰。在反移情的扩展观点中，分析师对来访者的感受和反应被视为有价值的信息，有助于更深入地了解来访者的情感和无意识生活。

对于许多分析师和心理治疗师来说，这种新的观点让他们松了一口气：他们的感觉并不是可耻的、神经症的迹象，也不是未经分析的残留物。他们感到被允许拥有他们所拥有的感觉。毕竟，我们要如何理解一个没有反移情反应的分析师呢？估计只能像是讽刺分析中立性的漫画中所描绘的那样吧。

投射性认同

当今的辩论是关于如何在分析工作中使用反移情反应，而非是否应该使用它们（Jacobs, 1999a）。我认为今天没有任何一个分析师会否认以下事实：分析师会在情感上受到来访者的影响，会对来访者的内心状态做出反应，而这些反应包含着有用的信息。

这场辩论中的一个核心概念是投射性认同，但其含义比克莱因（Klein, 1946）最初所想的更为全面。克莱因认为，这是一个心理内部的过程，在这个过程中，儿童将自我表征中不想要的或不可接受的部分分离出来，投射到一个客体表征（母亲）上，而这个客体表征又被体验为自体的一部分（p.8）。克莱因称这一过程为通过投射性认同，以区别于内摄性认同的互补过程（1952, p.68-69）。

通过奥格登（Ogden, 1979）、约瑟夫（Joseph, 1987）和罗森费尔德（Rosenfeld,

1987）等人的大量贡献，投射性认同的概念有了更全面的含义，它现在是分析关系中相当核心的元素。它被认为是一种交流的形式，而克莱因所描述的心理内部的客体关系被外化为一个人（当时通常被称为外部客体）。在接收者那边，投射性认同唤起了他们的感觉、想法以及行动的冲动。他感到压力,要对所处的情况做出反应（Feldman, 1997）。在比昂的容器模型中，客体是可以被投射进去的（1962b, p.90）。这个模型是基于克莱因的投射性认同的概念。该模型明确指出，除了通常包含的做出行动的压力外，投射性认同的特点是未象征化的状态和未心智化的感受（比昂的 β 元素）。涵容是一种内部的工作，一种对来访者来说难以消化的精神元素的新陈代谢，这种消化取代了外部世界的行动。

桑德勒（Sandler, 1976）对这些过程提出了另外一个模型。他设想，来访者无意识地活现早期的客体关系，而分析者成为一个共同行动者，接受了来访者强加给他的角色（p.45）这种成为来访者无意识现实化的共同行动者的倾向，被桑德勒称为角色反应性。通常情况下，分析者会在反应和态度被实施之后才意识到这些反应和态度（p.46）。然而，在桑德勒看来，分析师获得关于来访者无意识移情的知识的唯一途径，就是努力意识到来访者迫使他扮演特定角色的伪装的微妙方式（Sandler, 1976）。

不加批评地使用反移情反应

海曼（Heimann, 1950）指出，反移情反应来自来访者，它们可以说是来访者创造的。分析师如果仅从字面上理解这一点，不考虑自己对互动的贡献，那么就有可能在临床实践上出现有问题的干预，即基于反移情的分析。分析师会不加批判地将自己的内心状态作为诠释来访者内心状态的基础。这种操作的问题是误以为来访者的内心生活是分析师在咨询中所有主观想法和感受的唯一来源。

我们当然不能假设所有治疗师的主观反应都来自来访者，它们也与分析师自己的生活有关。他不仅会对来访者的移情做出反应，来访者也会激活分析师的客体关系，唤起他个人历史中的感觉和幻想（Gabbard, 2001）。这些反应不是来访者创造的。相反，它们是分析师对来访者的移情。

因此，为了能够将反移情反应用作分析工具，分析师必须仔细检查自己的反应，尝试分清哪些来自来访者，哪些是自己对这个过程的贡献。如果没有这样的内部工作，分析师的反应就不会有帮助。西格尔（Segal, 1977）明确提到了反移情现象在分析工作中的两面性，她写道："……我们要认识到，反移情是最好的仆人，却是最坏的主人……"（p.37）。史密斯（Smith, 2000）也有类似的目标，他认为反移情"……是信息的来源，但不是证据的来源"（p.105）。

投射性认同也存在被错误理解和不加批判地使用的风险。错误理解是指把所有的交流（或至少是来访者与分析师之间的所有交流）都看作投射性认同，并被用作诠释的基础。桑德勒（Sandler, 1993）澄清了投射性认同的交流和非投射性认同的交流之间的区别。一种交流必须满足两个条件才能算是投射性认同的交流：必须是一种防御性反应；必须存在一种唤起对方的特定反应的无意识意图。

主体间性作为理解的框架

如今，精神分析和心理治疗不再被看作分析师对来访者主体生活的客观分析，分析师对这一过程的贡献是更加复杂的。我们发现用主体间的框架来思考最能够帮我们理解这一点，而这些思考和表述一般被称为关系学派（Ogden, 1994; Aron, 1996; Mitchell & Aron, 1999; Greenberg, 2001）。在此，来访者与分析师的关系被设想为两个主体在一个主体间领域的相遇。因此，我们对分析师的观点有了明确的变化，从对另一个人内心生活的客观观察者变成了与对方互动的主观参与者。奥格登指出，在分析环境中，来访者的心理空间的本质决定了其（主体间的）建构，分析师也无意识地参与了这个建构（Ogden, 1994, p.164）。这种由来访者和分析师合作进行的主体间建构，似乎就是奥格登在其他段落中所说的分析的第三性（p.93-94）。分析师正是通过这一途径（通过分析这种主体间的建构）触到来访者的内心状态。这是奥格登对反移情工作的表述，也是对分析师主体的贡献的一个非常明确的强调。这种观点使得移情和反移情在一个更对称但也比以前更复杂的领域中相关联。

格林伯格（Greenberg, 2001）总结了他对新视角的看法，又概括了分析关系概念化的变化。因为分析师以多种方式影响分析过程和来访者的体验，我们需要意识到在分析中给建议的危险和意料外的影响。而这种影响并不是当场就能觉察到的。因为活现一直在发生，所以我们必须在事后努力理解所发生的事情。桑德勒在讨论角色反应性时做出了几乎相同的表述（Sandler, 1976, p.46）。在格林伯格看来，分析师的主体性贡献会让精神分析的关键概念（如中立和节制）成为神话般的空洞概念，共情也是如此。这种观点的一个结果是“分析师是观察者”。主体性是无处不在的，公正的客观性只是一个神话，并且“我们的反移情是我们的来访者所呼吸的空气”（p.362-363）。

分析师的自我暴露

海曼（Heimann, 1950）明确指出，反移情的感觉不应该与来访者分享。这种反应是分析师自己需要处理的问题，必须在个人体验中或在同事的帮助下解决。对来访者来说，分析师反移情反应的信息是一个不必要的负担。今时今日这种观点已经受到了挑战。分析师的主体性是关系中不可避免的一部分，他的反应无法对来访者隐藏。因此，有人认为分析师就该直接表达，以让反移情反应可以被分析所用。博拉斯（Bollas, 1983）举了一些例子，证明分析师直接向来访者表达自己的感受对治疗会有帮助。马罗达（Maroda, 1991）和纳特森（Natterson, 1991）也提出了同样的观点。

在关于分析师的自我暴露的讨论中（如Jacobs, 1999b），人们描述了不同的形式自我暴露。一种形式是分析师无意识的疏漏、遗忘和其他无意的行为。这种没有意识的行动在传统上被认为是反移情的迹象。通常它们被称为反移情的活现（McLaughlin, 1987; Jacobs, 2001）。一个令人尴尬的例子是，治疗师叫错了来访者的名字。当这种错误发生时，我们需要尽力理解发生了什么，并与来访者一起解决这种情况。传统精神分析也认为这是分析工作中不可避免的一部分。

自我暴露本身是指分析师选择告诉来访者自己的想法、感受和幻想。或者，分析者选择直接回答来访者的问题——回答问题的表面。在此，这个问题变得更加复杂和有争议。什么时候告知来访者，感受或幻想可以为分析过程服务，什么时候这种信息会干扰分析过程？什么时候直接回答来访者的提问（特别是有关个人和私人事务的问题）会有建设性，什么时候这种回答会妨碍工作？

然而，即使某种程度的自我暴露是不可避免的，我们在常规分析工作中暴露自己的方式与我们可能向来访者直接表达积极或消极情绪的方式之间也有很大的区别。来访者的提问也是如此，这些问题可能有很大的不同，从相当外围的问题，到与过程和移情情况直接相关的、充满情感的核心问题。

关系学派的传统将分析情境设想为主体间的建构。它是以相互性为标志的。然而，治疗关系是不对称的，来访者和分析师处于不同的位置。不对称性与关系的相互性并不矛盾，正如阿伦所指出的（Aron, 1996, p.98），治疗关系是不对称的，又是相互的。这种不对称性使得表达感受的议题对分析师来说既重要又复杂。这种开放的意图必须是有意识的、明确的和深思熟虑的。我们需要区分几种情况：分析师自己需求的活现，或分析师的主要目的是传达对来访者内部世界或对真实关系的理解。显然，第一种情况是非常有问题的。第二种情况可能是有用的，但由于关系的不对称性以及我们有可能低估来访者的依赖性、脆弱性、羞耻感和自责感，所以必须慎用自我暴露（Zachrisson, 2008）。

分析性关系和分析性位置

在主体间视角中，分析师与来访者的关系以高度的相互主体性为标志。这强调了反移情以及分析师的其他类型的反应的影响。此外，人们也会质疑或拒绝诸如中立和节制这样的概念，它们被认为是没有用的。这样做的后果是，在困难和情绪的棘手水域里，分析性态度和分析性设置不再能够在同样的程度上作为纠正和“导航辅助”。这不仅是对传统自我心理学分析的偏离，也是对客体关系模型的偏离，这种偏离使分析关系的处理更加复杂——也更具有挑战性。

格林伯格（Greenberg, 1999）意识到了这一点，他提到了在传统分析框架中以强烈的个人方式与来访者接触所固有的危险。阿伦（Aron, 1996）也在书里的结尾部分反思了关系视角所面临的挑战。他强调了分析师的伦理立场、责任和专业能力的重要性，并提出了他的分析性态度的新模型。

然而，不同精神分析方法观点之间的紧张关系并不是本章的主题。本章总结了反移情概念的历史，特别是在精神分析治疗关系概念化的变化背景下的反移情。

结束语——一个综合体

弗洛伊德引入了反移情来概念化那些在工作中干扰分析师、使他离开分析位置的现象。精神分析方法的发展（特别是在客体关系模型中发展出来的更复杂的分析性关系图景）导致了关于反移情的范式转变。反移情从干扰分析师对来访者的理解的现象，变成了分析师理解来访者无意识的核心工具。因此，我们自然会问，为什么要用同一个词来指称经典反移情和扩展反移情这样不同的概念。本文对反移情做的考察表明，这是合理的做法。实际上，这两种形式的反移情是相互关联的，可以被看作同一类现象的不同方面。让我们来总结一下。分析师允许自己受到与来访者的交流中发生的事情的影响，并在情感上被调动。同时，他试图保持观察自己感受的能力，避免被感受支配。如果他能够保持自己的反思姿态，反移情就会发挥作用。如果他失去了这种立场，反移情就会产生干扰。这些不同的过程是同时发生的，且平行发生在不同的轨道或层面上。

现在，这些可以被标识为更直觉或更非理性的层面（Zachrisson, 2006）。在直觉层面，反移情反应是关于来访者的知识的潜在信息来源，它们可能有用，并可以作为理解的工具。但在非理性的层面上，这些反应很容易成为干扰，阻碍分析师的感知和对来访者的理解。在这样一个复合视角中，反移情成为一个多层次的、无处不在的现象，指的是分析师的感受和幻想，也是在与来访者的关系以及关系发生的过程中对这些感受和幻想的处理。这种工作在反思和共情性的修复之间来回摆荡的过程中展开，现在通常被称为反移情分析。

图8描述了这种复合视角，说明了反移情的干扰和信息层面，也包含了共情和投射性认同的概念。在图中，共情被看作对经典反移情的信息补充。投射性认同可以被认为是扩展的反移情的一个特例。不同的是，投射性认同以一种更激烈的方式影响分析师，它由未被心智化的材料组成，需要我们涵容这些不可忍受的状态。然而，这种影响也可以被使用，并让我们对来访者的自体状态有更多了解。

图的下半部分是直觉和非理性层面，我试图将概念的两个方面整合到一个模型中。如图所示，在这个模型中，两种概念集中在同一屋檐下，因此使用相同的术语是合理的。

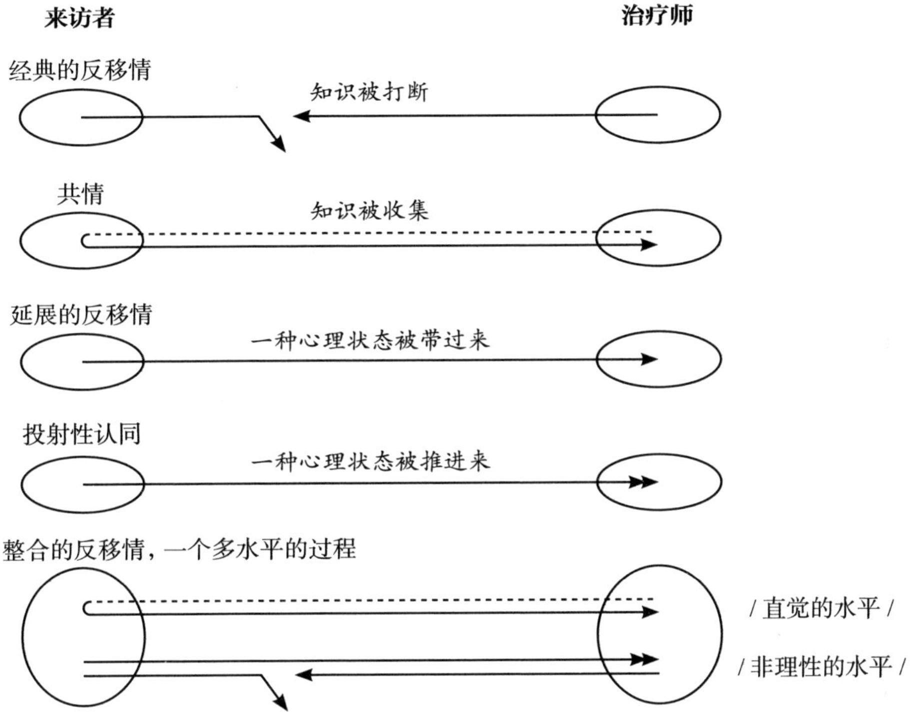

图8　反移情的核心方面、共情和投射性认同

—— 方　法 ——

第十一章

与青少年工作——方法和直觉

我们如果认同精神分析是一种混合的方法，兼具科学和艺术的元素，就需要思考以下问题：一边是相当固定的处方，另一边是逐个形成的、直觉的和创造性的干预措施，我们如何在概念上理解二者之间的交互作用？

在对青少年的治疗中，分析性态度受到了考验。本文的起点是我观察到青少年常常不接受治疗的建议，尽管他们感到很痛苦。或者，他们确实开始与治疗师见面，但又改变主意中途脱落。我思考了导致这些分析失败的因素和条件。我讨论了分析方法的要素：设置、中立位置、分析性关系以及与青少年的工作框架将如何受压。然后我介绍了一些分析工作的例子，其中直觉干预和诠释作为普通精神分析方法的补充出现。

最后，我反思了精神分析的双重性：它既是一种深思熟虑的、仔细描述的、系统的方法，也是一种带有直觉、创造力和灵感元素的工艺。

青少年的挑战

本文反思的出发点是一种经验，我想我和许多同事都有过这种经验：未能让青少年进入精神分析，或者当我们认为已经成功地建立了工作联盟的时候，他们脱落了。我们越是强烈地感受到他们对帮助的深切需求，这些经历就越难忍受。

与青少年工作时，我们很难感觉到自己已经和他们建立了情感联结，然后意识到这种体验对他们来说太痛苦了，他们不得不脱落。情感联结唤起了希望和焦虑，治疗的开始也如此。在这种不稳定的心理状态下，如果焦虑的强度超过了希望，来访者就会脱落。

在与青少年工作的过程中，如何区分看似正常的青春期扰动和精神病性的问题是一个挑战（P. Kernberg, 1982）。在青少年身上看到不稳定性（可能涉及精神病性因素）是可以理解的。从儿童发育到成人的过程中，个体在青春期会经历身体、性、情感和身份上的急速、巨大的转变，这是非常困难的（Sandell, 1997; Wrangsjö & Winberg Salomonson, 2006）。它很容易唤起人们对混乱、崩溃和精神病的恐惧。法国有一个关于国家历史的笑话，它是青春期悖论的一个缩影。[马尔罗（Malraux）：为什么法国有这么多革命？戴高乐（De Gaulle）：你知道的，法国人民对变化有一种深深的恐惧。] 换句话说，最叛逆的时期也一直潜伏着对改变的焦虑。

内部压力会激起退行反应，无论是在与治疗有关的情况下，还是在外部环境中。退行反过来又增加了向更原始的方向移动的倾向，如分裂和异体适应的形式，即在治疗内或治疗外见诸行动。为了应对青春期的身份问题，青少年需要将人格的不同部分集合成统一的体验（Erikson, 1963）。青少年的身份认同（也是他人眼中个体的性格）的发展是一个急剧变化的过程，在治疗身份认同急剧变化的青少年时，有时需要依靠机构的牢固结构，这不是一个门诊部或私人诊所能轻易提供的（Hauser et al., 2006）。

要以一种有益的方式来促进这一进程是一个挑战，也是一项艰巨的任务。我们的目标是引出一种发展，让行动的冲动逐渐被代谢，并转化为心理意象、符号和比喻。我们关注的是反思功能和心智化能力的发展。我们相信，这种发展可以通过分析工作，通过诠释和其他形式的对前意识和无意识内心状态的言语表达，以及通过不断努力涵容难以忍受的感觉和自体状态来促进。

这是谁的治疗？

让年轻人参与治疗的任务在第一次治疗前就开始了。如果自己要求治疗，准备工作就相对容易。我们安排一节咨询，等待时间不要太长。相比于年龄大一些的时候，青少年身上时间流逝得更快，事情改变也更急剧。

对于年龄较小的来访者，准备过程就更加复杂了，有时对于严重的青少年也是如此。因为最早与我们联络的是家长。我们知道，如果青少年觉得这是他的事情，而不是他父母的事情，那么治疗就更有可能取得成效。实际上，这是分析过程开始的一个必要条件——必要但不充分。

并没有固定规则指示我们，当其他人帮青少年预约治疗时要怎么做，我们所知道的是，这需要我们能共情年轻来访者，并且要有策略、尊重和智慧地处理，就像我们对其他人经常做的一样。

设　置

在分析的开始阶段，我们会试图与来访者建立一个工作联盟，一个治疗的平台。这适用于所有此类治疗。但对于神经症性、成熟的、痛苦的来访者，情况通常更容易处理。年轻的来访者往往给我们一种走在雷区的感觉，错误太容易发生，且后果可能是毁灭性的。治疗必须要在设置中，并且这个设置是坚定、明确和可预测的。这并不意味着它是僵化的。恰恰相反，坚定、明确的设置给我们提供了一个更可靠的基础，以便在需要时灵活处理。如果设置模糊不清，就很容易进入这样的情况：我们不得不以一种比我们期望得更僵硬的方式收紧边界。此外，我们也难以分析来访者对设置的攻击。通常情况下，我们正是在设置的边上找到了疗程中的“分析前沿”。

清晰的设置对来访者来说是令人放心的。分析师的态度也是如此，其特点是友好、可预测性、平静和思考的空间（Schafer, 1983）。通过这些手段，我们试图促进治疗中介因素的发展，即与来访者的情感联结。如果我们成功唤醒了年轻人的好奇心，就会得到额外的奖励。我们认为来访者的好奇心就在那里，在某个地方，而且它很重要，因为它可能包含了对未来的一丝希望。

中立的位置和对它的偏离

大多数分析师认为，基本的中立性是分析不可或缺的态度。分析情境中的中立并不意味着不参与、不感兴趣或不亲近，也不意味着有志于成为来访者的

“空白屏幕”。这些误解是很常见的。我们所说的中立是指一种适合观察来访者内心冲突的位置。它被称为与来访者的冲突中有战略优势的位置，与本我、自我和超我的距离相等（Hoffer, 1985; Killingmo, 1989）。这个位置使我们有可能观察、理解、诠释本我的驱力和要求与超我的良心和道德要求之间的对立及斗争。我们可以认为人类基本的冲突——人的自然与文化的冲突——也是自我主要的调解任务。这种中立的位置意味着要避免谴责、道德主义的态度。这种态度在精神分析中是没有位置的。

制定一个一般或抽象的规则总是比以一种具体的方式说出该规则的确切含义要容易。我们下面讨论的内容必须被理解为是试图反思在破坏分析性态度的不同陷阱之上走钢丝的问题。这是一个讲究平衡的行为，就像丹麦诗人皮耶特·海因（Piet Hein）笔下的钢丝舞者所练习的那样困难。她为了更好地掌握高超的艺术，决定在没有钢丝的情况下练习（Hein, 1968, p.58）。

中立位置（与来访者冲突的需求保持等距）在某种程度上对应于年轻人和父母之间的中间位置。与会采取行动、施虐的、有自我毁灭倾向的青少年工作，我们会被诱惑着站在合理、健康和有序的一边——我们变成了父母，感到有责任引导青少年走向正确的方向，即使我们清楚地知道这是一个徒劳的计划。我们被一种教育的热情所攫取，认为我们知道什么是对错、好坏。在这种情况下，很难避免让青少年来访者感到被指责不听话，并被体验成攻击他们的自尊。

另一种形式的修复热情是成为“好父母”的野心，能够纠正真正父母的错误。与这种态度相关的是成为“伙伴”的野心，站在经常与成年人发生冲突或对立的年轻人一边。为了避免这些陷阱，我们有必要避免过度容忍的态度，避免为一切寻找借口，不问缘由地接受任何行为。这也意味着要避免认同不成熟的抗议；“我们反对他们”——年轻人反对大人。我们可能会想到瑞典小说家拉尔斯·约林的小说《491》（Lars Görling, 1962），它被拍成了电影。故事发生在一个非社会化的青少年环境中。故事里，因过于仁慈而宽松的社会工作者克里斯特（Krister）在原谅了他的来访者七轮70次之后，又原谅了一次——第491次事件［正如耶稣（Jesus）在《新约》（*New Testament*）中所要求的］，最终克里斯特被这一连串事件所摧毁。

在我的模型中，我也提出，我们经常理所当然地认为（来访者）会内化分析师的一部分，内化他的本质和行为方式；分析师成了一个客体，甚至是一个好客体，存在于来访者的内部世界中。然而，我们认为对来访者有“帮助”的部分，并不是分析师知道答案，或知道在给定情况下什么是对或错。我们想要促进的是来访者在行动之前思考和理解的能力，涵容一种感觉或状态的能力，不因情绪压力而见诸行动。

虽然不是所有，但大部分接受治疗的青少年都是不利的或创伤性的环境、不良童年条件、拒绝、丧失、羞辱的受害者。同时，他们也是自己生活的积极参与者。如果想要治疗对他们产生价值，他们就必须加强对自己生活的积极把握，给生活一个建设性的方向。

出于这个原因，治疗的核心——甚至是一个基本的目标——是促成青少年对生活及进程的积极态度，对他必须做出的选择的意识，以及在做出选择时的相对自主性。从分析的角度，这需要我们同时关注人类生活中这两种相互冲突的状况：人是超出自己控制的环境的受害者，也是自己生活的积极参与者（以这些环境为背景）。

分析性关系

分析过程的核心部分、移情、反移情和阻抗都发生在来访者和分析师的关系中。他们之间的关系是分析过程的媒介。

移情或反移情指的是赋予治疗关系色彩并描述这一过程的矩阵。在每一段来访者或分析师的关系中，移情或反移情形成了一个独特的构型。在移情的背后，我们可以找到青少年关系史的重要部分。这段历史形成了新关系的模板。移情是一种记忆过去和从经验中学习的方法。一直以来，青少年对分析师的意象都被移情染色和扭曲。这种色彩的特质给了我们暗示，青年此时正与谁联结，也就是说，分析师对来访者来说是谁。

处理移情是一种强有力的（尽管并不总是简单的）从情感上接近来访者的方式。分析师打破不同种类的回避，并达到问题的核心——来访者此刻情感上实际上在哪里。

海曼（Heimann, 1950）指出，分析师对来访者的所有感受都是反移情的感受。可能有人会质疑这种说法是否一直成立。反移情是对移情反应的回应。然而，即使分析师一直受制于来访者的移情，并对其做出情感反应，这也不是分析师在咨询中的唯一感受来源。在与青少年一起工作时，我认为沉默的、不快乐的、顽固的、焦虑的、对立的、怨恨的和愤怒的青少年不可避免地会唤起分析师的强烈感受。这些反应不仅是反移情，也是移情，因为青少年来访者的年龄与分析师的孩子相当。此外，我们必须要问，我们在年龄方面的“向下”移情——指向我们的孩子——在多大程度上是自己还是个孩子时与父母关系的互补性置换和扭曲？

我们知道我们将遇到的陷阱，但还是踏入了这些陷阱。青春期的来访者给分析师的（分析性）态度施加了巨大的压力。在整个过程中，我们都冒着以行动代替思考的风险。这意味着我们会被拉着给出建议、评估、鼓励和批评，而不是分析。我们很容易陷入与来访者的阻抗共谋的境地，或者假装理解来访者，实际上却让“来访者身上的婴儿”失望。分析师对分析过程中的痛苦和麻烦的阻抗，使我们不自觉地用活现对来访者的要求做出反应。实际上，这与有益的共情完全相反。分析师也可能被自恋的攻击所激怒，用居高临下的诠释来回应。打破分析框架和跌出分析性位置的方式还有很多。

在海曼（Heimann, 1950）的工作之后，我们如今认为反移情是一种双面现象，既是我们对来访者感知的可能的歪曲，也是更好地理解来访者内心世界的潜在手段。也许反移情最好被概念化为一个多层次的过程，在最好的情况下，它是直观的、创造性的，甚至是有灵感的，但一直处于导致非理性和歪曲的反应以及激活盲点的压力之下。

分析工作和它所提供的体验和洞察在来访者身上引起了阻抗。这种阻抗是由焦虑引起的，即担心洞察会披露比目前的痛苦更糟糕的东西，也就是说，这是一种安全操作。为了解决来访者的阻抗，我们必须解决他的焦虑；当阻抗出现时，要认识到它，然后对它进行讨论和分析。

当这一努力获得成功时，来访者的内部视野就会得到扩展。这给了他更多好奇的空间，使他能够更大胆地接近更多的隐藏部分。这可能是一个良好循环的开始。

对来访者来说，分析关系几乎总是以两极情绪之间的拉扯为特征，一方面是怀疑、不信任、不安全、焦虑，另一方面是某种程度的信任、安全、平和，甚至是希望。在现实中，我所讨论的这三个方面是紧密交织的。来访者的怀疑和信任之间的张力关系、移情性质的变化以及分析过程唤起的焦虑和阻抗，在任何时候这三者都是来访者内心状态的重要组成部分。[弗洛伊德称之为“各个精神面（die jeweilige psychische Oberfläche）”; Freud, 1911a, p.46]

临 床 片 段

现在我将列举一些临床片段，来说明大家都熟悉的情况，其中也包括其他来访者而不只是青少年。这些例子说明了我们在青少年工作中所遇到的一些挑战。这些案例片段的一个共同点是无法触及来访者的无力感。此外，还举例说明了不同的分析师为弥补他们思维上的缝隙和与青少年进行情感交流所做的努力。

一般而言，在对青少年的分析工作中，语言是非常重要的。我们必须找到或发展出一种我们可以与青少年共同拥有的语言，我们必须找到有意义的领域，在那里我们可以用这种语言一起交谈。然后我们会试图与青少年一起建立一个反思的空间，一个可以形成象征的空间。这是从（冲动的）行动到思考的道路上的关键一步。[在自我心理学中，我们谈到了延迟和迂回的能力，这是强大自我的标志（Freud, 1911b）。在客体关系术语中，心智化和反思性功能指的就是与这密切相关的现象。]

不思考的青少年

有些青少年给我们的印象是他们已经停止思考。下面是一位瑞典同事在对一个16岁女孩进行了2个月的分析后的一个临床片段（Baraibar, 2006）。

在周一的咨询中，来访者讲述了周末为朋友举办的生日聚会。她不得不做所有的工作和安排。然后她喝了一瓶酒，喝得太急，醉得很厉害。过了一会儿，她去了洗手间，摔倒在地，吐得到处都是，还把头撞到了马桶上，痛苦地躺在地上。她的朋友们把所有地方都收拾好了，把她放在床上，她又继续呕吐。

分析师：让我们一起来想想你刚刚告诉我的事情。你是怎么想的？

来访者：想？我不知道该怎么想……这很无聊。这是我唯一能说的。

分析师：你为伊芙（Eve）组织了一个聚会。你想让它成为一场特别的聚会，有酒的聚会。你还做了一个蛋糕，布置了你家。那之后发生了什么？

来访者：我不知道，它很无聊……（长时间的沉默）。

来访者：（被别的楼层公寓的声音所吸引，并对此发表评论。然后继续说）我很累。我觉得那场聚会很无聊，而且情况越来越糟。我妈回家后什么都不明白。

分析师：你妈妈回家了吗？

来访者：是的，但当时我们已经打扫好了，还点了熏香。她却认为那味道是我们没吃完的虾的味道。我早上醒来的时候，味道很臭，但她没有发现什么。

分析师：我们今天时间到了。明天见。

下一次治疗被来访者取消了。她在治疗前30分钟打电话来说她很忙，不能来了（！）。周三她迟到了10分钟。在治疗过程中，对话如下。

分析师：周一你告诉了我聚会的事，你说当你妈妈回家时，她没有注意到什么。我想知道你是否认为我没有注意到你的处境有多困难。

来访者：哦没有！什么？

分析师：你每次来这里都要承担风险。有保安在巡逻，要抓没票的乘客。你知道这是违法的。（这是这节咨询开始时触及的主题。）

来访者：我可以应付，当我看到有保安时，我就往另一边跑。

分析师：你跟我说过聚会的事，那个帮你买酒的女人。她早些时候因做这种事而被人举报了。你很快就喝光了整瓶酒，然后你就不舒服了……我在想，你是不是觉得我是一个什么都注意不到的人……

来访者：我没有想过这个问题……我只是累了。但当你这么说的时候，我想我不希望你像我母亲那样追着我，想知道我做什么……

分析师：你希望我做什么？

来访者：我希望你能帮助我了解发生了什么事。

分析师：我明白了！（停顿）

来访者：我需要谈谈发生的事情。我需要你帮助我来思考！我为准备伊芙的聚会做了很多工作，然后我就倒在地板上，喝醉了……

分析师：嗯……让我们探讨一下你的问题。我们应该如何理解它？

这个咨询就看到这里。分析工作还在开始阶段。工作刚刚开始。令人鼓舞的是，我们注意到，从周一的治疗中思考的邀请被断然拒绝，到周二的治疗被取消，到周三的治疗中，女孩要求分析师帮她理解发生的事情，直接要求分析师帮助她思考。这似乎是分析师对女孩的兴趣，对她有点混乱的周末表达的关心和非道德化的态度，为这种变化铺平了道路。

沉默的青少年

在与神经症性的成年人的分析工作中，沉默通常被视为对自由联想的基本规则的阻抗。在与青少年以及更严重的成年人的工作中，沉默可能是一种放弃的表达，来访者确信自己与他人之间没有桥梁、没有联结，因此言语变得没有意义。更可怕的是内心的空虚状态，它是极度的荒芜，在这种状态下说话是完全没有意义的。对来访者沉默的不同性质的辨别，必须在来访者唤起的反移情感受中进行；诠释则基于这种反移情分析。有时，沉默可能是一种内部工作的表现，是对来访者未知或未体验的东西的工作。或者，更正确地说，沉默隐藏了这样的内部工作。无言的、沉默的来访者要求我们依赖非语言的交流。这自然要求我们采取比语言交流更直观的理解模式。

托希尔德·莱拉（Torhild Leira, 1995）报告了沉默的来访者的临床例子，并讨论了如何在分析中处理这些挑战。她的一个来访者是一个年轻人，在很长一段时间内，他在咨询中说话都很少。莱拉谈到，她在治疗中所处的状态、咨询中浮现的想法和感觉构成了她理解（所发生的事情）的基础。

莱拉描述了她如何保持一种涵育的状态，在病人的内心世界工作，或是以某种形式与其接触。会谈结束后，她无法记住自己的想法，但有一种强烈的感觉，认为病人已经感知或理解了她的内心工作。这是一种似梦的状态，同时存在和缺席——一种被动和接受的状态。她的脑海中浮现出了很多想法，但她很难在之后回想起来。这是一种平静、满足、有用的状态。

莱拉给我们留下了一个清晰的印象，即在分析师的陪伴下，病人完成了整合的工作。她留出了空间、保持了局面，并保护了沉默。同时，她有一种强烈的共情参与和积极共振（作为过程的共同创造者）的感受。这是一项具有情感深度的工作，非言语接触对于心理整合而言是不可或缺的。

在这些材料中，我们可以看到，与沉默的病人工作在某种程度上必须在分析师的内心世界中进行，作为一种与自己的感受和状态进行的工作。病人越是沉默寡言，就越难以一种弥合差距的方式与其接触。

孤独的青少年

在青少年来访者群体中，一个常见情况是缺乏朋友。他们很孤独，经常感觉没有人可以信任。他们相信，如果他们喜欢一个人，这个人第二天就会消失。

约翰·诺曼（Johan Norman）描述了对一个男孩的分析，这个男孩在亲密关系和亲近方面有无法解决的困境。他对亲密和爱的关系的渴望激活了被所爱的人吞噬和摧毁的焦虑，而他所爱的人在他的内心世界中成为迫害者。但如果他试图通过退缩和保持距离来保护自己不被毁灭，他就会被另一种同样强烈的焦虑所淹没，即完全的孤独和孤绝的感受。诺曼将这种困境描述为男孩与母亲关系不一致的结果，孩子将其内化为母亲作为涵容性客体的矛盾品质。在“二人世界（folie à deux）”中，通过相互的投射性认同，母亲和孩子变得相似，这使得感知和幻想之间的区别被搁置。因此，男孩被封闭在母亲的内部世界中，而不是被涵容继而代谢掉焦虑。经过4年的分析，这个男孩才发展出一个不那么脆弱的现实自我，并内化出一个能够思考和涵容内部及外部现实矛盾的客体（Norman, 1994, p.25-26）。这种困境显然是建立安全工作联盟的第一个可怕的障碍。同时，这种困境也为在这个过程中发展起来的移情和反移情材料定下了基调，并影响到分析工作。

这种情感的僵局在贡纳尔·埃凯洛夫（Gunnar Ekelöf）的美丽诗篇《来自奥尔马格的玫瑰》（*A rose from Allmag*）中得到了充分的表达。

> ……不是缺乏深沉或温暖的感情，而是有大量的深度冻结的热！在各种孤独之间挣扎：一种是大海的孤独，这是一种内部的孤独；还有一种是人类的孤独，这是一种外部的孤独——就像在两匹马之间拉扯！若我在其中选择了一个——它们会无情地击垮我，把我推向第三种孤独，那是一个荒芜的沙漠，充满了火辣的气味、苦艾酒和野驴。它们逃得如此之快，以至于事后你觉得它们不过是幻觉和海市蜃楼……（1951，p.222）[①]

督导中，一位同行带来了一个带着类似动力的临床片段。他报告了与一位年轻女性来访者的一节咨询。来访者沉默了一会儿，然后说，不知道如何开始一节咨询是非常痛苦的事。她感觉到分析师对她的沉默、谴责和批评的目光。她确信他在心里给了她一个可怕的诊断。

① 翻译译文呈现了原文诗歌*的大致含义，但无法完整传达原文所传达的感受。

* 由于脚注空间有限，为了不影响正文阅读体验而又能让读者体会原文所传达的感受，将诗歌原文及英文译文附在本章结尾处。——译者注

分析师说，她似乎不觉得有人会用仁慈的目光来看待她，容忍和接受她的样子；“你不觉得有人真的会喜欢你。”他继续说，“同时，我们知道，对你最无情的审视是来自你自己的。”

她认为自己缺乏活力，还讲述了自己是多么嫉妒和仇恨——以及深陷于无尽的孤独中。她看不到生命的意义。死是一种解脱。她看不到自己的未来。她认为分析师也失去了希望，他也不相信（分析）有可能帮到她。

（分析师多次报告了对这个来访者的矛盾的感觉，他感到她深深的抑郁，充满了黑暗、无意义感、孤独，并深受自杀想法的折磨。这个矛盾感与时间的体验有关。对于这样的来访者，时间通常被拖得很长，有时几乎停滞不前。但与这位来访者的咨询却不是这样的。即使她不说话，两个人都坐着不说话，分析师也感觉咨询是相当短的。由于这个原因，他认为来访者的状态是一种非典型的抑郁症。在与她交谈时，他触及的不是她的抑郁，而是她深深的不快乐、绝望和孤独。）

他说：“所以，你无法想象会有任何人用仁慈和爱的目光来看你。你求助于教会，因为你希望神以这样仁慈和爱的方式拥抱你。教会也有一个热心和严厉的神，但你认为他是仁慈的。”

她说这是她试图让自己相信的（神是仁慈的）；那也是神和人之间的区别。然后她又回到了分析师对她的看法这个问题上。她确信他已经放弃了自己，什么都帮不了她，她永远不会成为一个有生命力的人，她将永远在嫉妒、仇恨和苦难中徘徊。

他说：“你确信没有人会因为你真实的样子爱你，没有人能够看到你是多么孤独和不快乐。嫉妒吞噬了你，给你可爱的部分投下了阴影。”（她哭了。）

过了一会儿，分析师继续说：“你认为这种分析会一无所获，你不会有任何希望。尽管如此，我们还是看到，考虑分析的结束日期变得非常可怕。长期以来，我在你的内心世界中没有重要的地位。你避免与我联结，也避免在两节会谈之间想到我。然而，咨询、这个房间、你与我的关系，在你的生活中起着安全、可预测和重要的作用。失去我的想法让你震惊，即便你质疑我是否可以帮助你过上更好的生活。”

她说，在过去的几个月里，有些东西已经改变了。她周围更亮了。她不再在长久的黑暗中走动，但在她的脑海中，黑暗仍然存在。经过一番思考，他问道："你知道莱昂纳德·科恩（Leonard Cohen）的歌曲《著名的蓝雨衣》（*Famous blue raincoat*）吗？你听过吗？" 她回答："许多次。" 他说，"那么你可能注意到这些歌词：

感谢你从他的眼睛里带走的黑暗
我以为它在那里是好的
所以我从未真正尝试……"（Cohen，1971）

她沉默了一会儿。然后，慢慢地开口说道："我不相信这对我来说是可能的。我将永远无法摆脱这种黑暗。" 他说："我们一起努力……" 她低声回答："谢谢你……" 咨询还剩下几分钟。她默默地哭。分析师告诉我，他很感动。他们之间的亲密接触是新的。而她的感激之情也是新的。他认为，她第一次对他的耐心和他在分析中的努力感到感激。仿佛感激之情第一次可以冲破嫉妒的迷雾。

这个简短的案例片段向我们展示了临床工作主要是按照被认可的方法和严格的规则进行的。然而，这个过程超越了任何严格的界限。在他努力解决非常复杂的、饱含情绪的状态时，分析师必须使用他和来访者共同拥有的整个文化和意识形态领域的隐喻及元素（Hägglund, 1997）。在这个案例中，分析师对教会和科恩的引用形成了一种逾越（设定）的步骤，他采取这种方式来传达对来访者内心状态的理解。这些感知和隐喻或多或少是直觉、创造性的，有时还带有一丝好玩。而这些直觉、创造性和好玩的部分在严格的规则和技巧中不容易被发现。

充满破坏性和自杀倾向的青少年

在青少年来访者经常带来的问题中，有一种情况是以暴力破坏性或暴力自我毁灭为特征。这些来访者总是给我们带来沉重的负担，我们与这些来访者的联盟往往极其脆弱，但负担不会因为联盟的脆弱而有所减轻。

以下是西尔维娅·弗莱克纳（Silvia Flechner）于2004年在新奥尔良的国际精神分析协会（International Psychoanalytical Association, IPA）大会上的发言，由萨克里松（Zachrisson, Sandell & Airas, 2005）报告。

来访者是一个18岁的男孩。我们一起来看看分析的第四个月的一节咨询，再三周后的两节咨询（分别是周末放假之前和之后）以及2.5年后的一节咨询。来访者被转介来的主要原因是不可控制的攻击性。他从13岁起就有自杀的想法。他开着一辆大皮卡，经常发生事故。在去第一节咨询的路上，他拐进了一条单行道，但正如他所说，“我又救了自己一次”。他唯一的兴趣是打猎。打猎时他能感觉到自己还活着。他最大的愿望是拥有一支自己的步枪，但他的父亲禁止他这样做，因为“他本人就已经是一件致命的武器了”。他以前接受过治疗，他的家人也参与了那段治疗。他与家人的关系充满冲突，他开始分析的一个绝对条件是父母不能与分析师联系。

我们要讨论的第一节咨询是在周一，主题是周末。他描述了自己“动弹不得”的感觉，他把自己锁在房间里，想着自己不想再活下去。他拒绝了对这些感受进行工作的邀请。然而，在咨询结束时，他宣布他确实信任咨询师，并在犹豫之后告诉她，他买了一把步枪，藏在房间里。他还讲述了对杀害父母和自己的幻想。

三周后的一个周五，这个男孩收到了周末去打猎的邀请。他告诉家人自己要去，并说如果他死了，那他们一直在盼望的事情就成真了，到时有人会打电话通知他们，他已经自杀了。分析师请他想象开枪自杀后会发生什么——子弹还在他的心脏里，他的身体还温暖的时候，会是怎样的；葬礼上，当棺材被封上，他们要埋葬他的时候，会是怎样的。他打断了分析师，用手捂住脸，好像在哭泣。那是一个情感强烈的时刻。弗莱克纳博士描述了她当时的感觉：虽然是在白天，但房间开始变暗了。她试图与他交谈，让他不要去打猎，但遭到了拒绝。在咨询结束前几分钟，他起身准备离开。她站在他面前，充满了绝望和焦虑，不知道是否还能再见到他，她听到自己说：“既然你无论如何都会去打猎，你可以给我带一份礼物（！）。”

这次噩梦般的治疗后，分析师整个周末都充满了忧虑，周一的治疗很让人感动。那个男孩确实活着回来了，并递给她一块紫水晶原石。他告诉她，她的请求给他带来了不少麻烦。他能从乡下给她带什么呢？最后，他找到了这块石头。他说，“这很有价值。如果你对它进行加工，它就是半宝石。”分析师回答说，对她来说，它确实具有生命的价值。在书架上为这块石头找到位置后，他告诉分析师，他对她描述的自杀后的葬礼感到非常害怕。他注意到自己如何回避思考问题，看不到自己行为的后果。分析师表示，现在他可以想得更远一点，以这种方式来抵消自己的冲动。

作为这些戏剧性咨询的结尾，弗莱克纳以2.5年后的一次咨询结束了她的演讲。她的来访者开始了在大学的最后一年，因为学习农学，他不得不搬到400千米外的另一个城市。这意味着他不能像以前那样继续进行分析，他也担心自己与女友的关系会因异地受影响。因此，这节咨询的主题是分离，他承认离开很难，甚至仅仅是离开家都很难。在这次咨询里，他与我们之前认识到的那个男孩截然不同，与家庭的关系也有了很大改善。

这个案例强调了一个不稳固的移情情况，并展现了分析师如何用灵感形成解决问题的干预。分析师要求年轻人在周末回来后给她带一份礼物。她特别担心他的生命安全（自杀的风险显然就在眼前）。当然，真正的礼物是他安全返回。她对礼物的要求击中了他对真正爱他并希望他活着回来的人的渴望。因此，她要礼物的愿望对他来说成了一项任务。在荒野中为她找到一份礼物对他来说也变成了一份“礼物”，这帮助他把自杀的念头推到后面。这样一来，这个任务就拯救了他的生命。我们可以想象，这个男孩对他的分析师有一种深深的矛盾的感觉。一方面是对她的爱和对被她所爱的渴望，另一方面是对被拒绝的焦虑以及被拒绝的想法激活的愤怒。他把这种愤怒转向自己。他变得有自杀倾向。

我们无法知道，但我们可以思考，这种以存在为根基的移情情境是否只能以直觉的方式来处理。如果分析师用常规的、理性的方式处理这种情况，是否会错过目标，没有找到那个男孩的“家”。

直觉的灵感

我们很容易把弗莱克纳的灵机一动视为在反移情中工作的一个例子。这种工作是基于直觉的。我们相信自己的感觉。我必须补充一点，反移情的工作通常是以一种更加朴实的方式展开的。我们不可能一直有灵感，大多数人都很少有这样的灵感。但当它发生时，就像黄金时刻一样珍贵。也许是因为直觉，当它击中目标时，我们就能立即与来访者建立强烈的联结和相互的感受。先前的案例片段也给人同样的印象——分析师介绍科恩的歌词时。

分析工作中的这种直觉因素是对经过试验的分析技术的关键而必要的补充。因此，精神分析成为一种混合的方法，它既是科学又是艺术（Kernberg, 1986; Zachrisson & Zachrisson, 2005）。同时，我们有必要强调精神分析的必要条件——在出发点和程序上——它仍然基于一种深思熟虑的、仔细描述的和系统的方法。它从根本上建立在一种技艺上。这门技艺涉及分析师的内部工作，其中理论、体验、反思、共情、反移情感受等形成了一个领域，为直觉和创造力提供方向。如果没有这样的方法论基础，直觉的插话很容易变成魔法式猜测，这往往可能导致我们进入死胡同，而不是打开新的远景。毋庸置疑，分析性工作在任何情况下都是一种挑战，对青少年来访者的工作尤其如此。

本章提及的诗歌

原文

Inte en brist på djupa eller varma känslor, men ett övermått av bottenfruset heta! Kvald mellan ensamheter: den från havet som är en inre ensamhet, och den bland människor som är en yttre – sliten mellan hästar! Och väljer jag den ena för den andra bryter de ner mig skoningslöst, försätter mig till denna tredje ensamhet, som är en öken av dvala, fylld av kryddors heta dofter, absinthion och vildåsnor som flyr så snabbt att efteråt man inte tror dem ha varit mer än hägringar och ökenbilder...

英文译文

Not an absence of deep or warm feelings, but an abundance of deeply frozen hot! Tormented between solitudes: the loneliness from the sea, which is an inner one, and the one among people, which is external – torn between horses! And choosing the one before the other – they break me down without mercy, deem me to this third loneliness, which is a desert of torpor, filled with hot and spicy scents, absinthian and wild donkeys, escaping so fast that afterwards you only think that they were visions and mirages...

第十二章

中立的爱——精神分析的核心

治疗师作为与来访者不断互动的参与观察者的角色，这是当代精神分析辩论的核心。当我们接受治疗师不是一个客观的、“中立的”来访者内心戏剧的观察者，而是一个与来访者有关的主观同伴时，会有什么后果呢？

分析性态度的经典概念受到了来自关系学派的分析师的批评。他们强调分析师不可避免的主观性，质疑中立性和节制等概念的价值。我不同意这一立场，并主张另一种观点。我们越来越承认分析师的主观性，它强调了明确阐述调节分析师对这一过程影响的概念的必要性。其中一个原因是，如果不那么强调分析的中立性和节制，加上对分析师自我暴露的接受，移情分析将更难处理。另一个原因是，由于精神分析的方法和伦理标准之间的密切联系，对分析态度的强调减少，会增加伦理上可疑行为的风险。在最后的思考中，我强调了分析师持续的自我反思和反移情分析的重要性。

引　言

在本章的原始版本中，我在标题中选择了用“温柔”而不是“爱”，我想，也许这种用词是出于胆怯，因为爱是语言中最宏大的词之一。然而，爱在分析关系中占有一席之地，而且会在这个过程中激发出强烈的感情。我们可能记得弗洛伊德在1906年写给荣格（Jung）的第一封信的内容：

> 可以说，从本质上讲，治疗是通过爱实现的。实际上，移情提供了最有说服力的、也是唯一无可辩驳的证据，即神经症是由个人的爱

的生活决定的。(McGuire，1974，p.12-13)

来访者接受咨询的原因是他们感觉不好。进入分析的动机是难以忍受的心理痛苦。每周三四次、持续数年的治疗，是一种高要求的治疗。它耗费时间和金钱。分析邀请来访者通过自由联想和退行来接近脆弱区域，而这个过程是建立在分析师尊重和开放的倾听之上的。他以共情和开放的心态倾听另一个人的痛苦和焦虑，将自己暴露在强大的力量之下。从分析师的角度来看，我们的参与不仅是同情一个痛苦的来访者的问题，我们选择了治疗师（医者）作为职业，并将我们的职业生活投入减轻精神痛苦中。这也不奇怪我们会认同受苦的来访者，感到温柔，并希望缓解我们面对的痛苦，甚至希望可以用即时或神奇的手段来解决这些痛苦。

即使知道这是对分析的偏离，是错觉般的思维，我们还是会受到这种诱惑。然而，我们的冲动也可能反映了来访者感受到的、更加强烈的爱，与之并行的是失望和愤怒。我们的冲动还可能是分析和修通负性移情带来的结果。很少有分析师会不被来访者的感觉所触动。通常，来访者的爱满足了我们强烈的（完全可以称之为自恋的）需求：我们需要被欣赏、被爱、被理想化。因此，我们需要一个安全系统，帮助我们维持分析的情境，确保分析过程保持在框架内；这个系统可以帮助我们处理以强烈情感为标志的情况；用比昂的话说，就是在情感风暴的冲击下清晰思考。让来访者和自己共同进行这样的过程，是一项责任重大的任务，而这种责任正是我思考的潜在主题。

框架作为一个动力性的概念

1992年，贝蒂·约瑟夫（Betty Joseph）在纽约举办了一次临床研讨会。罗伊·谢弗（Roy Schafer, 1997）描述了这些临床讨论给参与者带来的强烈印象。虽然并非所有在场的人都赞同她关于动力、诠释和技术的想法。他们也不认为她理解材料的方式是唯一正确的。但那个周末引发了分析师们的一种热情，许多学员似乎进入了一种新模式的分析体验。贝蒂·约瑟夫提出了一种分析思维——自由度增加，诠释的可能性扩大，分析师的自我觉察得到解放。用谢弗的话说，（讨论会）带来的是“分析师试图通过诠释，既为治疗保持一贯的分析框架，又为来访者对该框架的攻击提供空间”（p.156）。他将其命名为“新鲜空气现象”，并指出贝蒂·约瑟夫以一种有益的方式陪同他们在下周一的工作。

我们如何理解这些经验丰富的分析师的热情呢？一种演绎是这样的：贝蒂·约瑟夫理解临床材料的方式代表了对分析情况的一种修正观点。她展示出分析情况不仅仅由一个固定的、静态的框架组成，这个框架还具有复杂的、动力性方面。这种动力是由分析工作本身建立和维持的——通过对移情和反移情中的破坏性和爱的分析。

作为保护的分析性态度

传统上，分析的安全系统基于一种特殊的、明确的态度，这通常被称为分析性态度或分析性立场（Shafer, 1983）。获得这种有规律的和反思的分析性态度是分析教育的一个核心部分。然而，贝蒂·约瑟夫证明了，分析性态度不仅是分析过程的一种形式或框架，还是精神分析方法的一个必要部分。而且，分析态度的概念，例如情感中立和共情性的位置，不是对分析师行为的静态描述，而是精神分析方法核心的动力性概念。

同时，这种态度能够保护来访者免受分析师的非理性影响。因此，精神分析的方法论和伦理基础是密切相关的。二者都建立在一种明确的、自我反思的分析性态度上。在本章的后面部分，我将讨论这一说法的某些方面。

关系精神分析和对分析态度的批评

让我们往回退一步，沿着过去几十年来精神分析思想的另一条线索走下去。我想到的是关系精神分析，也被称为对分析关系的主体间理解框架。这一运动于20世纪80年代中期在纽约兴起。核心贡献来自米切尔（Mitchell）、格林伯格、阿伦和雷尼克（Renik）等人（Mitchell & Aron, 1999）。主体间取向的主要论点是，分析师的主体性在分析关系中扮演的角色比我们迄今为止所认为的更为重要。

在一篇总结关系分析观点的文章中，格林伯格（Greenberg, 2001）列出了四点，构成了新理解的基础。第一个观点，分析师以多种方式影响来访者的体验。由于这个原因，对建议和不想要的影响的调查是核心分析主题。第二个观点，分析师的影响从来没有被当场觉察到——这是反移情反应的结果，它是无意识的。因此，所谓的活现一直在发生，而重要的分析工作是在事后了解发生了什么。桑德勒（Sandler, 1976）在讨论角色反应性时做了几乎相同的表述。第三点，关键的分析概念（如中立和节制）都像神话一般，因此是空洞的。共情也是如此。“有效的分析只会断断续续地出现，是每对分析师-来访者之间的谈判结果”（Greenberg, 2001, p.362）。这些协商的目的是找到一起工作的方法，这些方法对分析师-来访者配对来说是独特的、适合双方的。第四个观点则与分析师作为观察者（的说法）有关。主体性是无处不在的，公正的客观性是一个神话，而且“我们的反移情是来访者所呼吸的空气”（p.362-363）。格林伯格的结论是，鉴于这些前提，不存在固定的、优先的分析方法。每对分析师-来访者都必须找到最适合治疗目的的形式。

在格林伯格的演绎中，精神分析绝对不是中立的、理性的分析师对受困扰的来访者的内心世界的审查。分析师的形象和他对这种关系的贡献要复杂得多。来访者和分析师之间的关系被认为是两个主体在一个主体间领域的相遇。分析师从另一个客观观察者变成了与来访者互动的主观参与者。奥格登（Ogden, 1994b）指出，来访者“参与了分析环境中的主体间的建构，这种建构在形状和设计上包含了来访者生活（或未能实现）的心理空间的性质”。他进一步指出，“无一例外，分析师无意识地参与了分析环境中这种主体间建构的创造”（p.164）。他所说的“分析的第三性”（出处同上，p.93-94）似乎就是这种主体间的建构，它可以作为反移情分析的指南。

当我们接受分析师的主体性对治疗有不可避免的影响时，就有必要重新考虑分析师态度的概念了。格林伯格的结论是，因为分析师主体性的参与，中立、节制和共情由此成为精神分析中的空洞概念。我不同意他的观点，并将在下文中论证我得出的另一种结论。对分析关系看法的这一变化使得重新考虑和阐明分析性态度变得尤为重要。同时，因为新观点把移情和反移情以一种（比原先观点）更对称、更复杂的方式联系起来，所以我们也必须仔细研究反移情。若我们接受分析师对分析过程的实质性贡献的观点，那么很明显，不是分析师的所有反应和内心状态都可以被视为反移情，即，不是所有反应都可以被看作纯粹的对来访者移情的反应。

让我对关系分析在美国的发展补充一点看法。与欧洲不同，美国的自我心理学保留了相当强的地位。当自体心理学作为一种替代性的思想框架被提出来时，似乎在美国精神分析中造成了一种分裂：要么是传统的、自我心理学取向，要么是自体心理学取向。尽管客体关系学派的影响很广泛，自我心理学也逐渐屈服于这种思想，但在美国，自我心理学仍然是一个占主导地位的精神分析范式，有时甚至不只是主导，而是僵化了。也许我们应该把后来关系学派的分析师对中立、客观的批评理解为对这种（僵化）精神分析形式的反应。

分析师的主体性与中立的概念

我现在想讨论分析性态度的两个方面：情感中立和节制。格林伯格批评这些概念是空洞的，像神话一样的概念，也就是，他认为这些概念是没有意义的。在情感中立和节制之外，我还想简短地谈谈一个相关的概念：分析师的自我暴露。

对于中立性的批评可以分为两类。其中一类批评不太有意思，因为在我看来，这类批评是基于对中立性的误解。另一类批评则触及了这个概念的核心部分，值得我们认真对待。第一类不太有意思的批评误以为精神分析的中心性是一种冷酷、冷漠、无动于衷、或不人性化的态度，分析师不会有任何投入或共情性的反应。在我看来，这是对中立性的夸张扭曲，即使有些分析师可能真的以这种方式进行精神分析。格林森（Greenson, 1967）举了一些例子。我在前面已经指出，关系分析一部分可能是对自我心理学这种僵化实践的反应。

格林伯格（Greenberg, 1986）、霍夫曼（Hoffman, 2006）等人提出的另外一

类有意思的批评，认为如果把中立性作为一种行为规则，那么它就会变得无意义。对某个来访者来说是中立的行为，可能对另一个来访者来说是充满情感张力的。对某个来访者来说是尊重的坦诚，对另一个来访者来说可能是非人性化和否定的。中立的态度需要因应具体来访者的情况，这需要分析师具有相当的敏感性和共情能力。

在我看来，这个批评是有道理的。我们被迫寻找另外的角度来定义中立性。因为用行为来定义是不够的，我们需要一个动力性和根本性的定义的基础。这样一个动力性的基础是以分析师内部状态的特性来构建中立性的。中立性并不是某种特定的行为方式，而是一种态度，或者说一种自我理解的表达。那么，我们就能把中立性和冲突联系起来了。分析要处理冲突。它涉及动力以及对立相反的力量，分析师（要）有一个能够统合这些对立面的视角——在来访者内部世界、分析师自己的世界和治疗关系中的对立面。谢弗（Schafer, 1983）指出，情感中立性并不会将分析师一般的友好、感兴趣和温暖排除在外。

从这一点出发，霍弗（Hoffer, 1985）写道，精神分析的中立性意味着分析师渴望一个观察来访者内部冲突的策略性位置。用安娜·弗洛伊德（Anna Freud, 1936）的话来说，分析师试图保持一个与不同心理结构之间平衡（中立）的位置；他并不倾向于超我反对需求，也不倾向于需求反对超我，而是试图与本我、超我以及来访者的现实保持等距。在最近的一篇论文中，贝克（Baker, 2000）沿着同样的思路进行了论证，他指出，在当代精神分析中，中立的立场是一个比中立性更好、更有意义的术语。

此外，若我们考虑分析师对自己内部动力以及对分析互动中相互性的觉察，对分析师的要求就增加了。分析性态度包括了持续的自我观察，其中，分析师会始终注意自己对来访者的影响以及自己与来访者复杂的情感互动。也许我们可以说，弗洛伊德提出的均匀悬浮注意力的范围也被进一步扩大了。

节　制

弗洛伊德（Freud, 1915a）讨论了他对移情之爱的观察，提出了节制背后的原则。他鼓励分析师允许来访者的需求和渴望保持在不被满足的状态，并知道它们是驱使人们去工作和改变的动力。它们不该被代理者（surrogates）所取代。因此，弗洛伊德想法的出发点是挫败（对愿望立即满足的节制）可能会促进我们对症状的驱力起源的洞察。它也会激起来访者指向分析师的愿望以及幻想（移情感受），这是修通神经症性冲突和体验模式的前提条件。第三点是精神分析的基本观点，即，满足无法治疗源于婴儿式渴望的无意识冲突。我们要做的是去分析这些婴儿式渴望的源头，为更成熟的满足行为开辟道路。

节制的目的是让这些婴儿式的冲突得以浮现，从而更容易被分析。背景当然是精神分析方法的原则，即，去诠释而不是去满足力比多的需求。在过去，分析一般短于1年，要求节制似乎是可行的。当代的精神分析都比较长，分析师一般都不会提出这个建议。我并不知道当代有哪个分析师会指导来访者节制。这么做实际上也与精神分析的精神相违背，即，分析师不要操控来访者或对来访者进行道德教化，我们要尊重来访者的自主性，而不是对其施加压制的权威性。

然而，节制的一个方面依然是重要的，是值得被讨论的，例如，格林伯格和雷尼克的辩论。它关乎分析师与来访者联结的方式，分析师不去满足自己或来访者的力比多或自恋的愿望。分析师也不接受来访者试图分配给他的角色。在此，很显然节制的前提是一种明确的、专业的（精神分析）态度。正如文献中（Laplanche & Pontalis, 1973）所说，节制的这个方面是分析师中立性的结果，这使得节制的概念再次成为被争论的焦点，现在，大家都接受分析师主体性的影响是一个不可避免的事实。

雷尼克（Renik, 1993）指出，传统的节制和客观性的概念并没有保护来访者在分析中免受剥削。在雷尼克看来，原因是这些概念主张追求一种幻觉。雷尼克认为分析师在临床工作中尽量减少个人卷入和主体性，只会制造出一种虚假和危险的扬扬自得。他认为节制原则是有缺陷的，并不能保护来访者，恰当的满足是每段成功分析过程的基本特征：“……我们要努力确定哪些满足是有效和适当的，哪些是适得其反和剥削的，在这种情况中，虐待很容易以治疗之名发生”（Renik, 1993, p.565）。他继续说，是我们在分析师群体中建立的伦理规范阻止了对来访者的剥削，而不是关于移情和反移情的理论。

因此，雷尼克无视分析性态度的概念，认为中立性和节制也是无用的概念，无法保护来访者免受滥用和虐待。当理论无法指导我们，关于分析性立场的问题就要被转化为伦理问题。我不同意雷尼克的结论，在下文我会论证精神分析的伦理性质与精神分析方法的特性之间是密切相关的。

上述对节制概念的否定和基林莫（Killingmo, 1997）的结论相反。基林莫认为，节制原则至少指的是两个非常不同的概念水平上的内容：一个是对分析师指向来访者的行为的描述，一个是精神分析的一般原则。他强调，精神分析比以往任何时候都需要节制原则所包含的思想。

雷尼克还提到了一个问题：什么时候满足是建设性的，什么时候不是。基林莫（Killingmo, 1995）在讨论精神分析的肯定化技术时对这个问题提出了自己的见解。他区分了肯定（来访者）体验的有效性和满足婴儿式需求，后者并不属于精神分析。雷尼克认为，精神分析的理论和方法让我们在处理来访者对欣赏和鼓励的需求时无所适从。他因此否定了节制的原则，而不是试图去修订它，让这个原则更精确。

关于满足的问题并不简单。有文献指出，被深度、存在的方式理解当然是让人满足的（Künstlicher, 1996）。无论这种理解是通过直接肯定化还是通过诠释的方式来表达，来访者都得到了满足，这个体验会促进分析性过程。关键在于满足的是什么以及要以什么态度去满足。什么愿望被满足了？我们要注意区分基于驱力的愿望（尤其是婴儿式的愿望）以及关系的需求（如对安全的需求）。

分析师的自我暴露

有人认为因为分析师的主体性是互动中不可避免的一部分，所以反移情感受也无法瞒住来访者。因此，分析师因为直接表达反移情感受并把它用于分析，这是海曼（Heimann, 1950）反对的观点。博拉斯（Bollas, 1983）认为在特定情况下，直接向来访者表达感受可能对治疗有帮助。马罗达（Maroda, 1911）和纳特森（Natterson, 1991）也持有同样的观点。

在讨论分析师的自我暴露时，雅各布斯（Jacobs, 1999b）区分了三种自我暴露。一种是无意识的疏漏、遗忘和其他非故意的行为。一种是分析师选择告诉来访者的思维、感受和幻想。还有一种是分析师选择回答的来访者的问题（p.160）。

没有意识意图的行为一般被认为是反移情的迹象。它们往往是指反移情的活现（Jacobs, 2001; McLaughlin, 1987）。有些言语干预也可能是反移情活现。雅各布斯的文章中曾经写过一个案例："……突然，我听到自己说……"，这表明他当时的干预并不是有意识反思的结果（p.168）。分析师喊错来访者名字也是尴尬的例子。当我们意识到发生了什么，我们就有最大的机会来理解发生了什么，并与来访者一起修通这个情境。传统的精神分析也认为这是分析工作中不可避免的部分。

当自我暴露是反思的结果，分析师有意识地选择告知来访者自己的感受、幻想或回答直接的问题，尤其是与个人和私人事务有关的问题时，这个议题就变得更加复杂和有争议。分析师的每一个表达都反映了其内部生活的一部分。但是在试图概念化分析中的某个复杂情境和向来访者清楚表达正性或负性情绪之间，有显著的区别。回应来访者的问题也是一样的。问题可能非常不一样，从外围的、情感卷入低的问题到核心的、充满情感的问题。来访者的问题可以被体验为与生死的议题高度相关。[①]

① 见第八章展示的案例。

如今的辩论涉及什么时候、在什么情况下，分析师的信息以及对来访者信息的直接回答会对治疗过程和目标有益，是如何产生益处的，又在什么时候这些信息对治疗过程和目标无益？这场辩论主要发生在“弗洛伊德学派的”杂志上：国际精神分析期刊（*International Journal of Psychoanalysis*）、美国精神分析学会期刊（*Journal of the American Psychoanalytic Association*）和精神分析季刊（*Psychoanalytic Quarterly*）。

我感觉当今绝大多数分析师都接受一个事实，即，无论公开告诉来访者什么，实际上我们都向来访者传达了很多信息。我们要考虑到，无论我们选择告诉他们什么，来访者对我们的反应都是敏感且留意的。这并不意味着来访者（对分析师）的印象和我们的自我认识一致，也不意味着他们的印象就是“正确的”。接受来访者在某种程度上注意到分析师的内部状态，让分析性关系变得更加复杂。但这并没有改变我们对互动中投射性方面的概念化以及移情过程在其中扮演的作用。来访者对分析师的理解结合了他们的内部客体世界以及分析师作为人的部分。

即使我们把分析情境看作一个主体间的构建，其特征是相互性的形式，来访者和分析师还是处在不同的位置上的。他们处于一个不对称的关系中。假装分析师和来访者的关系是对称的，会造成一种错觉。但是不对称性与关系的相互性并不矛盾，正如阿伦（Aron, 1996）所说，分析关系同时是不对称和相互的，这让分享感受的议题对分析师来说变得非常重要和复杂。我们对分析师这种开放性的意图要有意识。我们必须区分那些分析师活现自己需求的例子，和那些主要目标是向来访者表达对其内部世界或实际关系的理解的例子。分析师活现自己的需求而进行自我暴露是非常有问题的。而如果我们以谨慎的态度实践，并低估来访者依赖性、脆弱性、潜在羞耻感和自我鄙视的风险，那么第二种例子是有助益的。格林伯格（Greenberg, 2001）认为，分析师永远无法对自己的愿望保持中立。与此同时，他警告我们不要低估所有渴望中都自带风险。他还强调了与来访者共谋回避不愉快情境，试图保持一种虚假的良性关系的危险。

当爱入歧途：精神分析的方法和伦理

在精神分析中，伦理和方法学的标准是紧密相关的。同一个机制捍卫了二者。这也意味着不伦理的行为在精神分析实践中的出现往往不是戏剧化的单一事件，而是长期对精神分析方法的几乎微不可察的偏离累积的结果，这些偏离逐渐为分析关系带来了越来越多的私人因素，削弱了分析性过程（Joseph, 2003; Zachrisson, 2014）。分析的边界被延伸或违反，分析可能突然变成了私人关系。或者，分析师可能与来访者共谋回避冲突和张力，尽力保留愉快舒服的气氛。情境由此变成了一种非分析性的、无助益的关系，这是对精神分析工作的逐渐偏离，其特征是一系列不可觉察的步骤。

这种滑坡的早期可能是分析师告诉来访者自己喜欢她。原因可能是分析师屈服于一种强烈、甚至是绝望的吸引力。分析师可能认为这样的满足会促进分析性过程。我们可以想见这会激发来访者。它同时满足了来访者的一个梦，又开启了一道禁忌之门。有些来访者会屈服于这个梦，就像弗洛伊德描述的那些对分析师有情欲移情的来访者。另外一些来访者可能会觉得恐惧，因为（分析师的）信息激活了幻想中的乱伦。还有一些来访者害怕的原因是他们感到治疗受到了威胁，他们可能会失去自己的分析师。但我猜大多数来访者会觉得这种信息是模糊的。它意味着什么？“他喜欢我是喜欢我这个人？喜欢我这个来访者？还是喜欢我这个女人？他说喜欢我是因为他想与我在咨询室外建立关系吗？”而且，我觉得这些话不可避免地包含了对未来的承诺，承诺未来会有更多一样的，甚至更进一步的事情。

正是这些话中隐含的承诺让它们变得危险、复杂、难以处理。这些承诺促使分析师做出进一步的安抚，进一步的动作，甚至邀请来访者进入分析师的私人领域。

当这类事情发生，它就意味着有些事情出错了，有时是灾难性的错误。无论如何，虽然这样的崩溃对来访者和分析师双方无疑都是灾难，我们还是能够理解这些事情的发生。从事分析工作就是投入潜在的强烈情感关系。这也是分析工作应该有的方式。分析师对过程中产生的任何感觉持开放态度，这是方法的一部分。来访者可能在不知情的情况下，试图引诱分析师进入更私密的关系或做出道德上的不当行为。然而，这是分析过程的一个可预计的部分；来自来访者的这种吸引应被涵容，并以分析的方式对待，而不是以行动来回应（Bion, 1962b）。

在来访者和分析师的情感互动中，来访者往往会攻击分析框架，试图把分析师带离分析性位置，拉到一个更私人的关系中。分析师不可避免地会被来访者的努力所动摇。这是其中一种理解工作中张力的方式。但是，当分析师被带离分析性位置，与来访者互动的边界被逾越，关键的是分析的设置和分析性位置能够被重新修复。如果没有修复，那么就有可能演变成灾难。如此，在分析中，我们就把自己暴露在了可能被拖离（分析性）的位置、看不见什么从长远来说对来访者好，并且看似不知道会堕入违反伦理行为陷阱的风险中。

分析师处理对框架的攻击以及维持和恢复分析环境的核心工具是分析性态度。一个有纪律的、自我反思的、一致的分析性态度，既是分析过程的驱动力，又是分析过程的监察。正是这种态度帮助分析师在与来访者的内部冲突中保持中立，调和与来访者的关系，在保持距离和亲密之间找到平衡。也正是这种态度，使他意识到隐私的界限，帮助他恢复失去的分析性立场。

每一个助人行业都必须发展和传递其专业态度。至少有两个原因使精神分析有必要特别谨慎地阐明其专业态度。第一个是移情和反移情的感觉与反应在分析技术中的关键作用。在我看来，来访者对分析师私人生活的了解无疑会让移情分析更加难以处理，为了分析工作的进展，我们必须严格保持分析的立场。第二个原因是需要对不道德的行为进行坚实的防范。持续关注移情和反移情感受与逾越分析设置的边界是紧密交织的。若要问分析态度通过什么方式作为我们工作的驱动力和监察，答案必然是，通过自我反思和反移情分析。此外，当分析师对分析关系的管理有疑问时，他总是有可能寻求同事的帮助。

分析师的内部状态和反移情分析

让我们简单地回顾一下反移情概念的发展。在反移情的经典观点中，共情性的倾听是了解来访者内心生活的道路；在这种情况下，分析师的反移情反应可被视为（对共情性倾听的）潜在干扰（Freud, 1910）。在后来对反移情的理解中，分析师对来访者的感受和反应被视为有价值的信息，有助于更深入地理解来访者的情感和无意识生活（Heimann, 1950）。分析师均匀悬浮的注意力甚至扩大到他自己的内部生活和在咨询中的反应。这种新的反移情概念并没有取代旧的概念，它是对经典观点的补充：分析师让自己被正在发生的事情影响和调动情绪；同时，他试图记录自己的感受，避免被它们所支配。如果他能够保持这种反思的姿态，反移情就会很有用，如果他失去了这种姿态，反移情就会变得令人不安。这些不同的过程可能在不同的意识层面上同时进行；它们可能或多或少是直觉的、非理性的（Zachrisson, 2006, 2009）。因此，反移情反应可能是有用的，是关于来访者的直觉知识的来源，也可能是潜在的非理性反应，扰乱了我们对来访者的感知和理解。在这样一个复合的视角下，反移情成为一个持续的多维、心理内部和人际的过程。对这些感觉和幻想的理解以及对它们的修通在与来访者的关系中展开，在意识反思和直觉的共情摆荡之间展开，也就是在反移情分析中展开。

海曼的观点之一（Heimann, 1950）是，反移情反应是由来访者创造的。如果过于从字面上理解这一点，而忘记了分析师对互动的贡献，我们就有可能采用一种有问题的临床方法：分析师不加批判地使用自己的感受和反应作为诠释的基础。这种情况下的误解是，分析师在咨询中所有主观想法和感受都是来访者的创造，投射到分析师身上，而且，在分析师的思想和来访者的思想之间存在着绝对的对应。有了这样的假设，分析师的任何感觉或想法都可以作为诠释来访者无意识幻想的基础。让我谈谈这些预设的一些问题。

假设分析师的所有主观反应都与来访者有关，这是完全错误的。它们当然也与分析师自己的生活有关。作为分析师，我们不仅对来访者的移情做出反应。

来访者也激活了我们内部的客体关系，唤起了我们个人历史中的感觉和幻想（Gabbard, 2001）。这些反应不是来访者的创造，而是表达了分析师对来访者的移情。此外，我们在咨询中也会受到分析关系之外、我们当前的生活中所发生的事情的影响。这意味着分析师工作时的内心状态是三个相互作用的因素的综合产物：

- 与来访者或过程无关的因素（分析师自己的生活）
- 对作为"人"的来访者的反应（分析师对来访者的移情）
- 对来访者的移情的反应（反移情本身）

因此，分析师必须仔细检查自己的反应，并试图分清哪些来自来访者，哪些是自己对过程的贡献。这样的内部工作对于分析师的反应是有帮助的。第三个因素的问题本质显而易见，即关于来访者和分析师的感受之间的一致性。实际上，第三个因素听起来像是弗洛伊德最初的镜子比喻（Freud, 1912b）的一个新版本，即分析师作为来访者内心生活的中立镜子来运作。西格尔（Segal, 1977）提到了反移情现象的两面性和误用反移情现象的风险，她写道："……我们要意识到，反移情是最好的仆人，但也是最坏的主人，这一点非常重要……"（p.37）史密斯（Smith, 2000）在写到反移情时也强调了同一个问题："……（反移情）是数据的来源，但不是证据的来源"（p.105）。

分析性位置和分析师的自我认识——后记

分析性的、中立的立场是通过不断观察与反思来访者的内心世界以及我们的反应和内心状态来维持的。保持中立并不意味着要避免影响来访者；分析的目的就是要影响来访者。中立意味着我们渴望对我们的影响保持关注。

在我看来，接受分析师感知和判断的主体性的后果，必然与格林伯格和雷尼克的观点不同。对分析师主体性的接受要求分析师有高度的自我反省和对此的关注。涉及这种主体性的概念成为分析师理论配备的一个特别重要的部分。我们不应该摒弃这些概念，而应该接受它们，如果有必要，还应该发展和修改它们，以阐明我们的新理解。事实上，它们应该被提升到分析情境概念的最前沿。

对分析师主体性理解的增加，强调了规范分析师的存在和分析师对来访者的影响的必要性。从这种理解中产生的持续的自我反思，也可以被称为分析师的自我分析。如果没有这样的自我分析，我们既不能维持分析设置，也不能将分析师的反应和内心状态用于为来访者服务。相反，我们有可能被感觉带离位置，在最坏的情况下，我们会被带到边界延伸和违反的滑坡中。

因此，分析态度的基础是洞察。阿波罗式的箴言“Gnoti seavton”，即“了解你自己（know yourself）”，是分析性治疗的目标。我们希望为来访者提供广泛而深刻的自我认识。因此，分析师的自我认识无疑构成了建立和维持分析态度的重要条件。“Gnoti seavton”有两个意思。如今，在精神分析中，它指“认识你自己”，这是从希腊语直译过来的意思。对于古代希腊人来说，这句话还警告我们不要傲慢，可以理解为“知道你是人，而不是神”。我认为无论是在古典意义还是现代意义上，“Gnoti seavton”都是分析态度的基础。

第十三章

伦理、技术和边界的延伸

伦理违反对来访者和治疗师来说都是灾难性的事件。乍一看，它似乎是治疗师的道德弱点的结果，但若仔细研究，我们就会发现伦理与精神分析方法以及动力性治疗之间存在更为复杂的关系。关键的问题在于违反伦理（的行为）如何与治疗方法有关？

在过去数十年内，边界的概念一直是伦理和精神分析讨论的核心。主要的区别在恶性程度较低的边界跨越和更严重的伦理违反的行为。最近，有人批评这个概念没有区分分析性技术和伦理，把伦理和分析性方法相混淆。在本章中，我将阐述边界的概念，以表明行为的伦理和分析性的领域（框架和设置）。分析性领域比伦理的概念更窄，而且相比于一般的伦理立场，分析性领域的表述更严格。

这种人与人之间特定的边界模型原则上允许我们在分析工作中区分轻重程度不一的违背伦理的行为。边界违反（violation）是指对分析边界和伦理边界的有害、重复的违背行为。边界跨越（crossing）是指对分析和伦理界限的一种不太有害的、非重复性的违背行为。第三种更微妙的类型是对分析性边界的违背，但不是对伦理边界的违背。它可以被称为边界延伸（stretching）（如果是无意的，通常被称为反移情的活现）。本文会列举一些违背（边界）的例子。那些代表滑坡动力的例子（技术调整变成伦理问题）和那些不是滑坡动力的例子（从一开始就有伦理问题）之间是有区别的。在方法偏离和伦理违背之间的相互作用中具有决定性的一点是，问题是否在过程的早期就成为分析对象。这是防止方法调整升级为伦理违背的主要工具。

伦理和精神分析

伦理立场与人和人之间关系有关，是区分这些关系的一种特质。它可以被总结为黄金法则的各种形式，是可以在多数伦理传统中找到的法则，可以追溯到古巴比伦、埃及和巴勒斯坦。《利未记》（*Leviticus*, 19:18）中写道，“你要爱你的邻人，如同爱自己”；在《马太福音》（*Gospel according to Matthew*, 7:12）中：“因此，凡你们愿意人对你们做的事，你们也要这样对他们。”或者，在康德的版本中：“要好像你的行为准则可以作为自然界的普遍法则一样行事”（Kant, 1785）。因此，伦理立场与关系中的诚实和得体有关；没有欺骗、剥削、滥用、伤害和侵犯他人。

伦理学和精神分析在两个不同的方面有关联。首先，精神分析的概念和观点可以为伦理学思考提供参考。许多学者在这个领域做出了贡献（Erich Fromm, 1947; Erik H Erikson, 1964; Ernest Wallwork, 1991）。

其次，伦理被应用于分析工作。在这里，分析实践是根据伦理标准来衡量的。在我看来，由于方法和伦理品质之间的联系，这个议题就不只是将伦理准则应用于分析行为。用埃切戈延的话说，伦理是精神分析中方法上的必需品（Etchegoyen, 1991）。滑坡的隐喻表明，伦理上的违背行为可能是方法上的微小偏差造成的。另一方面，戈德伯格（Goldberg, 2008a）指出，伦理与分析方法可能被混为一谈，伦理和技术必须被分开。在我看来，伦理和方法之间是有联系的，但这种关系很复杂。本章的主题是阐释这种复杂性的各个方面。

边界和边界违背

在过去的20年里，关于伦理和精神分析以及分析师违反伦理的辩论已经浮出水面。加伯德的观点是其中一个主要的声音。在与那些在分析实践中违反伦理的同事进行深度的分析工作的基础上，他发表了一些论文，并与莱斯特一起发表了关于边界和边界违反的著作（Gabbard & Lester, 2003）。他将边界这一概念与违反伦理的行为联系起来，并介绍了边界违反和边界跨越之间的区别，其中（边界）违反是严重的、有害的违背行为，而（边界）跨越则是比较良性的、至少是不太恶性的违反行为。

在一篇综述中，加伯德（Gabbard, 2005）具体说明了违反和跨越之间的区别：

> 违反行为具有破坏性。它们往往是重复性的，是恶性的，治疗师不鼓励讨论它们。跨越行为通常是良性的。它们是孤立发生的，是可以讨论的。

性的违背

边界违背的原型是分析师和来访者之间的性关系。它之所以如此有害，是因为在象征层面上，这对双方来说都是乱伦的行为，代表了对自体以及被禁止的乱伦客体之间的边界被违背（Gabbard & Lester, 2003）。众所周知，有乱伦史的来访者在分析过程中特别容易再-活现童年时没有边界的境遇。当来访者与分析师的关系变得更深，充满移情感受，自体和客体之间的边界就开始被侵蚀。如果分析师因自身历史和人格的原因与这种动力共谋，而不去分析它，就会出现一个危险的趋势。

性的违背对来访者和分析师来说都是灾难性的。然而，原则上，它们通常是明确的和清晰的，在这个意义上它们是没有问题的。即使没有发生性关系，只是停留在亲吻或爱抚，也是一种违反。分析关系中的任何性行为都是象征性的乱伦行为，是对边界的违反（Gabbard & Lester, 2003）。它是不伦理的，就像乱伦的性行为在我们的社会中是不道德的，而且是犯罪的。

非性的违背

非性的违背形式包括直接欺诈、胁迫和不诚实以及对来访者的明确蔑视或羞辱。据我所知，这种行为在分析实践中不是很常见。然而，还有一种非性侵犯有可能发展成有害的情况，这与精神分析的伦理高度相关——分析师让来访者进入自己私人生活。

在我看来，告诉来访者你喜欢他，就是在关系中引入私人因素。在咨询室外安排与来访者见面，或在没有理由和没有讨论的情况下延长咨询，或为来访者提供全天候服务，都是在关系中引入私人因素。同时，在分析工作中，隐私的边界经常受压。多数分析的来访者都梦想着在分析师的心中获得一个特殊的位置。通常情况下，这些梦想和愿望不是直接的，而是矛盾的。它们是来访者希望的，又是来访者害怕的，因为一部分自我可以看到分析和隐私是矛盾的。进入与分析师的私人关系会损害或破坏分析过程。如果失去了这个视角，来访者可能会向梦想屈服，开始向分析师施压，例如坚持认为唯一有效的治疗方法是真实的关系，与分析的（他们认为不真实甚至是假装的）关系形成对比。

这种对分析框架的压力必须加以分析。谢弗（Shafer, 1997）在1992年参加了与贝蒂·约瑟夫在纽约的临床病例讨论，反思了她处理这种情况的方式。谢弗注意到约瑟夫如何试图"……通过诠释，既为治疗保持一贯的分析框架，又为来访者对该框架的攻击提供空间"（p.157）。所以，来访者对框架的攻击是常规分析工作的一部分。它们实际上是移情特质的重要标志，要在分析框架内被分析。

这并不总是容易的。来访者给分析师施加的最大的压力可能是自杀的威胁。当抑郁症患者在深夜打电话报告自杀的念头时，这是一个困难又危险的情境。我们要弄清楚这种自毁是否可以通过语言和电话联系来控制？在半夜给他多加一节咨询有用吗？是否要把来访者转介到医院？

加伯德和莱斯特（Gabbard & Lester, 2003）描述了一个案例：在父亲去世后的一个晚上，来访者给她的分析师打电话。电话很简短，但第二天分析师就给来访者送了鲜花和手写的纸条。一周后，她又给他打了电话，他建议他们在附近的一家餐馆见面（而不是在他的办公室提供晚间治疗）。这些都是进入滑坡的关键性步骤，但由于来访者和分析师都觉得他们之间有非常特殊的联系，是灵魂伴侣，所以这成了伦理滑坡的基础。然而，即使是二人合作越过了隐私边界，分析师也必须对这种违背行为负起全部责任。弗洛伊德（Freud, 1915a）在讨论移情之爱时已经强调了这一点。

正如加伯德（Gabbard, 2005）指出的，向来访者提供拥抱、礼物、全天候服务的分析师，是把具体和象征性混淆了。分析是关于被爱、被拥抱和被关心的愿望；是关于这些愿望没有得到满足和关注而激起的感觉；也是关于这些愿望没有得到分析师的满足而激起的感觉。同时，这些非性的违背行为也是有害的！我们能给来访者的最好礼物，就是分析环境本身。

活现

两个分析性的议题引起了人们对非性违背的兴趣。一个是它们作为性违反的前兆的角色（作为滑坡的第一步）。另一个议题是，人们越来越关注分析师对反移情的无意识活现所发挥的重要作用。这些都是精神分析中的正常现象，但它们必须接受分析师的审查和仔细的反移情分析。如果忽视了这一点，它们可能会升级为边界违背的行为。当分析师观察到自己的非计划性或不寻常的动作时，他需要去理解到底发生了什么（McLaughlin，1987；Jacobs，2001；Zachrisson，2009）。

在上述的案例中，当分析师建议在来访者打电话的那天晚上在餐厅见面时，他的错误（或疏忽）不仅仅是会面本身。更为严重的错误是，他没有对会面、分析师的关注和感兴趣的信号激发的幻想和感受做跟进的分析工作。所发生的是分析师和来访者的共谋。这次见面的现实成为禁忌，无法谈论。这似乎是一个关键的区别，即分析师是否有与来访者一起工作，分析并试图理解偏离或活现的影响，抑或是回避了这个问题。至关重要的是，这是不是分析师事后意识到的活现，它是不是治疗师为处理一个困难的治疗情况而进行的有意的偏离或技术调整。

方法和伦理

人们对伦理违背行为中所跨越的边界提出了不同的概念。戈德伯格在他对这个概念的重要讨论中（Goldberg, 2008a），将其定义为来访者和分析师之间的边界：

> 我们可以把边界的概念想象为分隔开的两个围栏。一个人位于一个围栏内，而信息被来回传送到另一个围栏。因此，分析师或治疗师留在一个空间里，而来访者在另一个空间里，信息在两个空间之间来回传送（Goldberg, 2008a, p.862）。

正如戈德伯格的讨论所表明的那样，这使得我们无法区分对来访者边界的有益和有害的跨越。通过加伯德对专业边界的定义，我们得到了一个更透明的情况："它们……代表了精神分析治疗师适当行为的'边缘'或界限……"(2005, p.28)。那么，(边界）跨越就是一种违背治疗框架的行为。在戈德伯格的概念中，共情性理解也是对来访者边界的跨越，但在"框架"概念中，共情性理解不是一种跨越，而是一种恰当的治疗行为。

基本上，伦理的不当行为与技术上的错误是分开的。伦理的不当行为是对伦理准则的违反，即对伦理边界的违背行为。技术错误是非分析性的行为。非分析性的行为是对分析性框架的违反。在某些情况下，它也可能是对伦理准则的违反。我们还会看到第三种可能情况，技术上的变通随着时间的推移发展或积累成伦理上可疑的行为或变成伦理的不当行为，也就是滑坡机制。所以，伦理和方法是分开的，相对独立；但它们并不是绝对独立的。它们是不同的领域，在治疗情境中，它们可能相互影响。

我们能不能保持边界的概念，坚持把分析框架作为思考的基础，同时把分析情境的不同概念考虑进去？每个精神分析学派都有自己独特的技术规则，它们与伦理规则不同（Smith, 2008)。伦理规则包含在道德规范中。而精神分析，无论是自我心理学、客体关系理论、自体心理学还是关系分析，都有同样的伦理准则和法律规定。

在我看来，我们不需要把对边界违背行为的思考建立在统一的分析方法概念上。不同的学派和治疗模型在设置和技术要素方面当然存在差异。但所有的分析模型都有一个关于什么是和什么不是技术要素的概念。也就是说，不同的分析治疗（流派）都有一个关于框架以及什么是适当方法的概念。我更倾向于认为，仅仅是真诚和自发性并不能构成完整的分析方法，它们也不是分析情境和分析过程的唯一基础，即使是强调这些要素的分析师也会同意。反之亦然，它意味着，可能有些人在实践中把分析的中立性变成了一种分析进程的阻碍，而不是推动力量（见 Greenson, 1967）。精神分析不是局限于僵硬地坚持一套技术规则，但也不是完全没有任何框架和定义好的设置。所以，精神分析并非什么都可以，也不是几乎什么都不可以。同时，并不是说对治疗划分最严格的疗法就是最“伦理”的。框架限定了方法，但并没有定义治疗的伦理标准。

关键是要明确自己的框架和设置。这样一来，分析师就会更清楚地知道何时会超出自己实践的治疗方法的特定框架。当这种情况发生时，我们就有必要做出考虑，仔细检查自己的动机，分析自己用一个不经常使用的参数来扩展方法的原因。如果没有这样的内部工作，分析师就有可能失去对情况的控制。

区分边界违背类型的模型

人际关系设置和伦理准则的领域

有了这个背景，我将在人际关系设置领域的基础上提出一个模型（关于这个模型的初图见 Zachrisson, 2012）。“领域”在这里是一个比喻，指在一个给定的情境中可用的行动范围。因此，“边界”指的是在一个情境中被接受的活动和那些超出的活动之间的分界线。这与加伯德（Gabbard, 2005）的边界概念和戈德伯格（Goldberg, 2008a）的“规则”一致。

接下来，我将指出，不同的设置有不同的适当行为范围。一般的社交设置比专业设置的范围更广。对精神分析来说，这个边界相当于治疗模式的框架。构成精神分析实践总体背景的人际设置领域有四个：由一般伦理立场支配的社交设置、职业伦理领域、专业设置和分析设置。这个模型建立在这样一个预设之上，即人际设置的不同领域（比喻的说法）有一个（大约）具体的可采取的行动范围。精神分析有最严格的边界，而一般性的社交设置的范围是最大的。

分析情境是医学和心理学专业领域的一部分。然而，它有一个更狭窄的分界线。与一般的专业工作相比，精神分析的定义更加严格。与分析师相比，普通的心理咨询从业者可允许行为的范围更广。这种情况的一部分（原因）是来访者与分析师的关系有时以来访者的退行状态和强烈的依赖性为标志；另一部分是分析师对移情和反移情材料的关注以及在治疗中对这些材料的使用。这些要素对于不同的精神分析“流派”来说是共同的，这也是让精神分析不同于大多数其他形式的治疗的特点。移情所起的作用使我们有必要分开私人生活与专业工作，不要因为自己的私人生活情况让我们与来访者的关系复杂化；或者在决定这样做的时候要非常小心。另外，普通从业者也可能对隐私有限制，但通常比分析师要少。

专业伦理领域是由分析师的专业伦理准则和分析师所属的精神分析组织的伦理原则来定的。与一般社会生活中的情况相比，专业情境的界限更明确，且对专业方法的态度和行为规范有更严格的要求。精神科医生和心理学家作为专业人士的行为中要符合一套更严格的理想规范。《希波克拉底誓言》(*Hippocratic Oath*) 中就已经包含了对医生这个位置的相关影响力的洞察。

边界违背的程度

像所有的抽象概念一样，这个模型把情况进行了简化，其目的是给思考分析方法和伦理一个结构性的基础。出于实际的原因，这个人际环境简图还可以变得更简单。在分析的情况下，关键点是专业的伦理边界是否被突破，以及治疗行动是否在分析师治疗方法的框架内。

图9呈现了专业伦理和分析设置这两个人际领域。加伯德的两种类型的违背行为，即违反和跨越，都是伦理上的违反行为。它们之间的区别在于恶劣程度以及行为是重复发生还是单一事件，我在模型中用不同字体以示区分。我的模型还提出了第三种违背行为——边界延伸。它违反了分析的框架，但没有违反伦理框架。

这个模型给我们提供了比较简单的边界违背的结构。边界延伸指的是在不违反伦理的情况下对治疗方法的轻微偏离。这些偏离有两种：(1) 无意的偏离，通常被称为（反移情）活现 (Jacobs, 2001; McLaughlin, 1987)；(2) 故意选择的技术变化，通常被称为参数 (Eissler, 1953)。参数的引入可能是为了弥补分析过

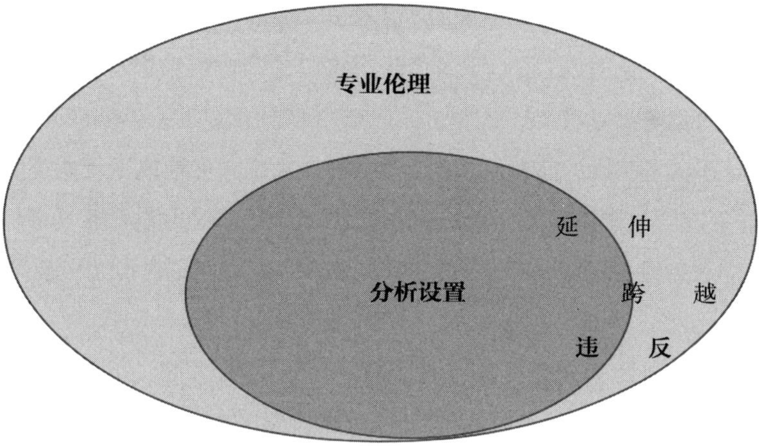

图9　边界违背的程度

程的停滞。艾斯勒（Eissler）强调了这些方法变化的临时性。它们的引入是为了让过程继续下去，它们应该保持在最低限度，并且在不再需要的时候，它们必须被移除。参数的引入也可能与特定来访者的易感或脆弱有关："为了这个来访者的最大利益，有必要调整治疗方法，把框架延伸一点。"这可能是（分析师）屈服于来访者对保证的需要，或是越过分析师的私人边界的问题。

出于几个原因，边界延伸让人特别感兴趣。作为分析工作中的技术，边界延伸有两个方面，它们既是不可缺少的，也是不可避免的。在某些情况下，它们是有根据的；而在另一些情况下，它们或多或少是没有根据的。如果分析师对它们置之不理，就有可能慢慢积累，并向滑坡发展。为了恢复分析性位置，分析师必须注意到框架被延伸了，并分析正在发生的事情。

边界跨越是违背职业伦理的行为，但并不严重，也不是重复出现的。边界跨越的例子可能是在咨询中指向来访者的不可接受的行为：对来访者的不尊重、粗心和忽视；违反保密性；接受（贵重的）礼物。这些违反行为可能是单一事件，也可能是技术偏离累积的结果。第二种类型是以调整技术方法、活现或踏入隐私等形式出现。如果这些行为没有被分析师分析，分析师没有与来访者一起工作，其结果可能是一个滑坡。设置没有被恢复，分析过程中断，治疗变成无益的、道德上可疑的行为。

如果这些非常规的现象形成了重复模式，那么恢复分析环境就会变得更加困难，甚至不可能。此时我们倾向于认为它们是分析师性格特征的结果，而不是反移情的表现。

边界违反是明确的违背伦理的行为，其形式是恶劣地或重复地违反职业伦理准则。例如，与来访者发生性行为；剥削、滥用、伤害和欺骗来访者。有些例子可能是未经检查的（边界）延伸累积的结果，其他例子可能是分析师性格缺陷的产物。

这种对越界行为的分类与加伯德的分类部分吻合。我提出的变化有三个。(1) 边界概念被限制为行动范围内，与分析框架相对应；(2) 伦理边界的划定也类似，是行动范围的框架；(3) 在加伯德的概念中，违反是明确有害的行为，而跨越是恶性程度较低的伦理违背。在我的模型中，边界延伸代替了加伯德的最不引人注目的跨越，即那些并非违反伦理的行为，或是被认为有益的行为。

在这样一个复杂的领域，任何分类系统都会有不明确的分界线和边缘情况。我们必须接受在违反和跨越之间以及跨越和延伸之间存在灰色地带。在第一种情况下，关键的是违背行为有多严重；在第二种情况下，问题在于这种偏离是不是可以处理和被分析以重新建立分析性框架（见 Eissler, 1953）。

边界延伸的挑战

与边界延伸相比，违反和跨越是严重的违背行为。这意味着，它们相当容易被发现。当分析师已经实施或正在实施这些行为时，他们就会意识到这种情况。但边界延伸就不一样了。

延伸是对常规方法的微小偏离，因此很容易被忽视，或者被合理化为有利于特定来访者的参数。这些合理化可能是非常正当的。然而，它们有时可能是源于反移情，且在分析的框架内是不正当的。分析工作经常发生在设置的边缘，这一事实突出了对这种偏离保持警惕的必要性。来访者可能会推动框架的边缘，试图将关系转移到更私密的地方，或者来访者的移情引起反移情的感觉，导致无意识的活现；设置的框架可能以这种方式被延伸，或者被跨越。

如上所述，根据过程的停滞或来访者的脆弱性，有意选择的技术偏离可能是合理的，有意的技术偏离在某种程度上是正当的。每对分析师–来访者二人对在某种意义上都是独特的，在特定情况下，边界延伸可以作为一种必要的方法调整，以保持工作的分析关系。正如戈德伯格所报告的（Goldberg, 2008a），一个例子是去医院看望重病的来访者，在看望过程中握住来访者的手。在这种情况下，坚持僵化的分析正确性概念可能会破坏甚至毁掉分析关系。因此，一定程度的灵活性是必不可少的。

分析性的中立性不是在所有情况下都有效的行为处方。这并非一个没有反移情活现的问题，而是一个如何处理反移情活现的问题。然而，这种灵活性必须受到限制。我们要在僵化和无限制的灵活之间的中间区域找到一个分析性位置，僵化会削弱来访者的安全感以及与分析师的联结，而无限制的灵活则削弱了分析性设置，也降低了进行有成效的分析工作的可能性（Zachrisson, 2012）。

边界延伸的动力是滑坡发展的原型，不伦理的行为并非以戏剧化的、单一事件的形式进入精神分析实践，而是长期积累的、几乎无法察觉分析方法偏离的结果。偏离逐渐积累，给分析关系带来越来越多的私人因素的负担并破坏分析过程（Joseph, 2003; Zachrisson, 2008）。突然间，情况看起来已经转变为一种私人关系，在这种关系中，分析的边界被跨越或违反了。一种相关的延伸是，分析师可能与来访者进行小规模的共谋，保持一种愉快和舒适的气氛，以避免冲突和紧张。这样一来，情况就变成了一种非分析的、非帮助的关系。

进入分析师私人领域的一小步将不可避免地意味着对来访者承诺“未来会有更多相同的事情”以及更进一步的行为。恰恰是这种信息中固有的隐含承诺，在分析中处理起来非常复杂，且风险很大。这样的承诺邀请分析师为来访者提供进一步的保证，把关系带到他的私人领域。分析师会越来越难拒绝进一步的偏离，来访者会把它感觉为是针对他们的、让人痛苦的拒绝。出于同样的原因，把自我披露作为一种治疗技术就需要特别小心和警惕。

到目前为止，我们已经考虑了方法偏离的情况，包括有意和无意的偏离。那么又该如何看待技术的错误呢？例如我们事后意识到我们错误地判断了情况，或做了一个错误的诠释？偏离和错误之间的区别可能是，偏离是对某种情况或对来访者内部状态和移情需要的有意或无意识反应，也就是说，它们是对过程的动力的理性或非理性的反应。而错误在更大程度上取决于分析师对分析性反思和方法的掌握的缺陷。但这种区分是一种抽象的说法。在现实生活中，这些因素是相互交织的。分析师无时不需要自我反思。

总结反思

在关于精神分析和伦理的辩论中，埃切戈延和戈德伯格采取了相反的立场。对埃切戈延来说，伦理是精神分析方法中的必需品。伦理失败不可避免地会导致技术的失败（Etchegoyen, 1991, p.11）。在戈德伯格看来，伦理必须与技术分开，不能与分析方法混淆（Goldberg, 2008a）。在回应对他论文的评论时，他邀请读者想一想在伦理上错误但可能有助于分析的东西，再想一想在伦理上正确但可能伤害分析的东西。他的回应是：没有人能说这很容易（Goldberg, 2008b）。在我提出的模型中，与埃切戈延一致，它更容易一些。一个不符合伦理的行为也会是非分析性的。在分析的框架内，不存在不伦理的干预。

在我看来，戈德伯格指出的一些问题和困境源于他对边界概念的构想，即来访者和分析师之间的边界。如果我们把边界的定义限定为适合于特定环境的行为范围的划分，那么分析方法和伦理之间的关系就会变得更加透明。基于这一概念，精神分析在专业（医学）活动的框架内有其位置，而专业（医学）活动的框架又包含在专业伦理中。

在这个模型中，有伦理问题的违背行为可以用跨越的边界以及这个跨越发生的方式来表示。关键的边界是分析框架和伦理框架。和加伯德的观点一致，我认为违反是重复的违背行为，而跨越是对伦理框架的单次违背。对于有帮助性的违背行为这个存在争议的类别，我提出了第三种违背行为，即边界延伸，它指的是跨越分析框架但又没有跨越伦理框架的行为。延伸可以是处理特殊治疗问题（参数）的方法上的有意偏离，也可以是分析师无意识过程的结果（反移情的活现）。

被分析师注意到并进行讨论和分析的边界延伸，是分析工作的一个自然部分。当没有被分析师注意到时，它们可能会累积成更大的边界违背行为，并使过程失去控制。正是这种偏离的逐渐积累，构成了伦理不当行为的滑坡动力，有句话总结了方法和伦理之间的微妙相互作用：伦理就是技术，技术就是伦理。

防止这种恶性变化的关键是对违背行为进行讨论和分析，并且要在这个违背开始的当下或变化过程的早期开始。否则，启动分析工作会变得越来越困难。关键的问题是对分析框架的持续恢复和维护。对偏离常规方法的这种审查和分析，是防止活现和方法调整（边界延伸）升级为伦理违背的主要工具。

第三部分

精神分析性教育

第十四章

能力的评估

[与加布丽埃尔·容克斯（Gabriele Junkers）和
戴维·塔克特（David Tuckett）合著]

欧洲的精神分析师在决定批准或不批准认证候选人（通过）培训时使用了哪些特定、具体的标准和指标呢？

本章研究了界定候选人获得精神分析师资格认证要达到的能力标准，主要基于欧洲精神分析联合会（European Psychoanalytic Federation, EPF）的教育工作组（Working Party on Education, WPE）的工作。该委员会的大目标是为欧洲的精神分析培训原则提供思考空间。为了进一步了解欧洲的协会是如何构思和应用这些标准的，我们聚集了来自不同国家的分析师，就如何进行分析师培训交换了信息和意见。WPE成员在培训会议的工作小组和EPF会议的特别活动中作为主持人和报告者做出贡献，他们的工作奠定了本文的基础。

我们讨论的主要问题有：(1) 构成精神分析能力基线的具体标准是什么？换句话说，哪些是反映候选人的分析工作做得足够好、足以获得认证的明确指标？ (2) 我们如何才能在评估过程中更透明，并对我们作为精神分析师的实际工作的特异性更有信心？由此引申出的两个子问题是：(1) 我们如何在临床工作中使用理论以及这种用法在精神分析培训中是如何传达的？ (2) 我们如何与不同精神分析取向的同事在这些问题上实现富有成效的交流？

与其他精神分析培训的研究相比，我们想更多地了解分析师在决定候选人是否可以获得资格认证时是如何思考的。本文的一个基本假设是，我们对什么是好的分析师有一致的想法，但对如何在培训中实现这一点以及如何在评估中明确评估这一点了解较少。[①]

我们在文献中发现了什么?

我们进行文献检索时发现了一个令人惊讶的结果。我们只能找到少量关于精神分析能力及其评估问题的交流(Kairys, 1964; Calef & Weinshel, 1973; Target, 2001; Psychoanalytic training in Europe, 1983, 1993)。

要定义我们所理解的"精神分析天赋"似乎非常困难(Calef, 1972)。维德勒赫(Widlöcher, 1977)指出,候选人应该能够报告并与他人讨论他正在做的事情——他是如何从来访者提供的材料中得出诠释以及是如何构想精神分析过程的。洛克(Loch, 1974)试图定义精神分析的能力。他强调了精神分析培训的四项目标,督导中的评估应该基于这些目标。它们是候选人的:

1. 自我分析能力
2. 对治疗中发生的事情进行概念化的能力
3. 掌握治疗过程的能力
4. 改变观点的能力

而斯米尔诺夫(Smirnoff, 1980, p.64)将他的标准归纳为几个问题:

- 候选人是否能够处理困难的情况:退行、见诸行动、违反设置和沉默?
- 他是否意识到自己在分析过程中的行为?
- 他能否承受来访者挫败、依赖、迫害、偏执想法或精神病发作的压力?

有研究者制订了两个更详细的标准清单(Fleming & Benedek, 1966; Frijling-Schreuder, Isaac-Edersheim & Von der Leeuw, 1981)。

科恩伯格(Kernberg, 2000, 2004)批评了我们的标准缺乏明确性以及软性标准的评估存在透明化和公平性问题的事实。这种缺乏明确性导致了候选人不

---

① WPE 项目的结论性报告见文献(Hinze, 2015)。

必要的焦虑以及被动。瓦蒂隆（Watillon, 1986）也强调了后一种影响。

我们找到的为数不多的文献也在讨论这些问题，其中部分文献讨论了精神分析师的核心能力和如何识别它们的问题，部分涉及了培训系统和不透明的评估可能对受训者造成的影响。

一些国家已经尝试改善评估程序，这些国家保险资助的精神分析系统已经在推动分析师们要更加透明。在美国，哥伦比亚大学的卡巴尼斯和同事正在研究一个评估候选人的方案（Cabaniss, 2003）。

塔克特在担任EPF主席期间（2000—2004），在教育工作小组的职权范围内发起了一个定性项目，这是一项正在进行的研究，研究分析师如何判断候选人是否已经合格并可以获得认证。研究焦点不是我们认为自己应该做什么，而是我们实际上在做什么，以及支持我们所做的事情的背后想法是什么。这个项目的目的是让不同国家的同行更好地理解彼此的工作，以及为什么我们以某种方式而不是别的方式做某事。其中最有趣的部分是去看我们实际做的事情与我们认为自己在做的以及应该做的事情是否一致。我们的目标是明确评估过程的指标。这个项目借不同的会议和论坛之机，为研究这些问题提供了团体设置（EPF培训论坛和EPF主要会议上的WPE工作组）。

对精神分析能力的评价：如何找到标准以促进欧洲的讨论？

步骤1：2001年和2002年在布达佩斯举行的EPF教育论坛

我们任务的第一步是对欧洲培训分析师在其协会和机构中如何评估精神分析能力进行比较性的质性研究。我们希望鼓励大家探讨如何培训精神分析师、如何知道他们已经能胜任以及如何能做好精神分析。EPF教育论坛（布达佩斯，2001 & 2002，仅限50人参加）提供了一个机会，我们邀请了富有经验的培训分析师（来自法国、德国和英国）介绍他们候选人的工作实例，包括被评为优秀、可接受和不可接受的候选人例子。WPE的成员主持了10人一组的讨论，另一名同事对讨论做了记录，参会者报告了不同的协会和培训机构是如何就评估达成一致的。在工作的这个早期阶段，我们对报告者的指示语是笼统的，即以非正式的方式介绍，在培训结束时，他们如何评估候选人在临床工作方面的能力，包括他们在督导或候选人个案报告的临床材料时展现出的能力。

很明显，所有例子中的评估都是在一般印象基础上做出的直觉性判断。尤其是，这意味着评估是在与当地主流价值观密切相关的思想和价值观的背景下进行的。此外，讨论证实了文献强调的内容，也证实了报告者印象中明显的内容：群体过程和培训分析师之间的冲突对达成决定有很大的影响。另一个重要因素是对候选人性格的隐性判断。报告的分析师们也认为，对于"困难"的候选人更是如此，尤其是当他们的来访者难以分析的时候。事实上，越是困难的候选人，(协会和机构) 所采用的标准就越全面和笼统。这些因素使得对候选人资格认证的决定变得特别有情感负担。对一个候选人的认证说"不"，似乎会调动候选人强烈的幻想。一位与会者的印象是，这个决定等同于谋杀，或者至少是对候选人的职业前途的毁灭。

在此，我们将举例说明小组讨论中被列为合格的精神分析候选人必须掌握的能力：

- 追踪咨询会谈中流动（的内容）的能力
- 与无意识的联结
- 通过与来访者的体验修正的能力
- 耐受模糊性的能力
- 向来访者呈现设置的能力
- 利用培训分析和督导进行学习
- 从丧失分析立场的状态中恢复的能力
- 保持自由悬浮的注意力的能力

塔克特对这些小组工作报告以及全会讨论的结果进行了阐述，他提取并系统化了一个评估精神分析能力的框架。他的论文"什么都算是精神分析吗？"获得了2004年IPA培训奖（Tuckett, 2005）。通过对报告者带来的材料的讨论，分析能力被概念化为三个主要方面：

1. 创造外部和内部设置来感知相关数据（情感和无意识意义）；
2. 概念化所感知的内容；
3. 在此基础上提供诠释，感知并理解诠释对来访者以及治疗过程的影响（出处同上，p.37）。

塔克特补充道：

> 从这一立场出发，我建议将精神分析能力定义为上述三种能力的集合。为了对这三种能力进行评估，我建议以我刚才阐述的能力为基础，通过三个相关联的（精神分析特有的）框架来看待候选人的临床工作：为了便于标识，我将它们称为参与-观察框架、概念化框架和干预框架。（出处同上，p.37）

这些框架的主要目的是使我们能够以结构化的方式共同思考精神分析能力。这样就有可能制定出更具体、更明确的精神分析能力指标。反过来，这也将促进我们关于核心因素和指标的交流，不受理论取向的影响。

这个包含三部分的框架将帮助我们更具体地定义精神分析能力的含义，并帮助我们的判断从笼统转向更明确的标准以及更透明化。下一步的工作通过找出更多的例子作为明确指标，以支持这个框架。

（框架大纲见本章附录）

步骤2：2003年柏林EPF培训论坛

2003年柏林论坛的工作（报告者来自意大利、英国、法国和德国协会，56人参加）旨在继续2002年在布达佩斯开始的工作。

我们主要的想法是：如果能够用明确的例子来支持对候选人优缺点的判断，那么做出决定的依据就会更加清晰，更容易沟通，也更适合学习。因此，应该对临时框架做进一步研究，讨论其实用性，并提出修订建议。

为了更加聚焦地完成这项任务，报告者、主持人和报告人得到了更加精确的任务指示。多数与会者都熟悉塔克特（Tuckett, 2005）论文的初稿。主持人要重点关注候选人作为精神分析师能够为特定来访者做些什么。候选人的优缺点将被放在三个框架内进行考察：倾听、概念化和诠释，它们分为二十个问题。主持人要专注在这些基本问题上。小组成员的任务是就上述不同类别收集例子，以证明：(1) 候选人必须证明自己有能力做到什么，才能被视为是有能力的并能够获得资格认证；(2) 如何评估这一点。小组成员必须牢记三部分框架，并收集可添加到框架中的例子。

在报告者提供材料后，与会者被要求尝试根据框架的不同类别举出工作中的具体例子。例如我们能否找到“识别阻抗”“诠释移情”“反思材料而不是为自己辩护”的例子？

进行这项工作的体验让人有些意外：我们表达自己在做什么以及为什么这样做的能力似乎很差。就好像培训分析师不愿意就他们在评估精神分析能力时使用的指标进行交流一样。我们显然难以将注意力集中在给定的问题上。人们倾向于跑题到“督导应该如何进行”，或特定协会培训模式的特殊问题，或在特定时刻如何对待特定协会培训模式的候选人的问题，或在特定时刻如何对待督导中的候选人的问题。我们似乎忘记了“临床材料”的展示是为了激发以临床为基础的关于标准的讨论，并防止我们转向一般性的理论讨论。我们注意到，真正审视“我们在做什么”而不是谈论“应该做什么”是多么困难。

讨论在热烈的气氛中进行。我们试着给出参会者的主要争论。

- 这种方法对精神分析并不公平。精神分析是一种特殊的东西，它以自己的方式在两个人之间发展。这种互动不能用这样的方法来概括。
- 不同的能力在全景中具有不同的分量。
- 无意识的工作非常重要；这至少是“正常”研究方法无法应用的原因之一。
- 这种寻找类型的程序有可能使本应生动的分析过程失去活力。
- 分类过于宽泛和粗糙，无法从这项工作中获得有价值的东西。
- 整个督导关系的过程被忽略了；我们冒着只是收集碎片的风险。有人提到格式塔心理学：整体大于部分之和。

- 有人比喻说，底片在光的照射下会被毁坏。
- 有些人认为，候选人的能力是内摄个人体验的结果，因此，规范化认证标准是毫无意义的。

这些反对意见部分涉及如何使用该框架的问题。它是一套研究工具吗？还是帮助同行之间更好地交流的工具？另一个问题是如何在日常工作中执行该框架。在评估候选人时将其牢记于心可能是有益的，但将其当作紧箍咒则肯定无益。

小组讨论的结果澄清了以下内容。

- 我们确实是在评估能力，因此，必须找到评估使用的标准。如果已有使用的标准，那么它们就要能在框架中被表达出来。
- 框架方法是一个暂定的工具，帮助我们确定和评估培训的终点，即获得实践精神分析的能力。如果目前的框架不能表达人们想要表达的东西，那么就应该改变它。
- 如果某种能力包括适当的内部和内摄的状态以及深刻的态度，它们就会影响倾听，所以框架应该包含候选人表现出来的这些状态和态度。
- 这个框架只与督导有关，因为督导的目的是让被督拥有实践精神分析的能力，而督导是促使这个能力得以发展的途径之一。
- 关于理论或实证问题，我们必须意识到，这种方法是为了促进不同分析方法和流派之间的交流（注意，这不是一种问卷调查方法）。
- 正式的评核会带来身份认同和被评核的焦虑。评估不容易的一个原因是，并非只有候选人对被评核感到焦虑，许多分析师认为，候选人的失败可能是督导或分析师的过失，因此，他们也会担心自己失败。

步骤3：赫尔辛基EPF会议上的小组工作和WPE的后续活动

受柏林经验的启发，WPE的一些成员在2004年4月的赫尔辛基EPF会议上组织了一个全天的WPE日活动［由里娜·巴尔·列夫·伊利埃利（Rina Bar Lev Elieli，以色列）和安德斯·萨克里松（挪威）主持］，并举办了一次后续的退省（斯德哥尔摩，2004），从而将这项工作扩展到更广泛的欧洲受众。这次会议强调交流，更加注重阐明评估过程，激发提问、不同想法和思考，会议还向不同精神分析协会的成员开放。这项工作的目的不是收集信息以获得“正确”答案。我们希望所描述的（评估）程序有助于督导、培训委员会和被督更清楚地阐明督导工作中的隐含知识、类别和定义。更具体地说，就是帮助他们理解指导督导工作的隐含标准以及他们是如何履行其专业职责的。

38名培训分析师分组进行的讨论从另一个更情感性的层面省映了这项任务。所有参加讨论的分析师都对有机会参与公开讨论表示感谢，他们对自己的实际工作有了一种前所未有的警觉。[①] 他们认为，了解机构之间和个人之间的差异是一种有益的体验。

与会人员得出的一个主要结论是，督导师在工作中会感到孤独。保密的要求导致他们无法在其群体中与人讨论材料。大家抱怨在处理复杂的督导问题时过于形式化，也同样不理解为何人们在建立国际交流网络方面几乎没有做出什么努力。

与会的培训分析师明确表示想与国内的同事们分享这次会议所讨论的观点，特别是思考和讨论候选人评估标准的必要性，以及我们在督导中提出精神分析的内隐的努力。由此得出的结论之一是，WPE现在考虑在EPF会议上提供机会，让同行们就教育工作进行小组交流讨论。

另一个结论涉及对评估工作的不满：与2003年柏林会议的情况完全相同，赫尔辛基会议也遇到了对使用框架的不情愿和批评。主持人不得不面对许多消极和回避的行为。他们还遇到了许多回避任务的防御行为：以印象式或非常笼统的方式谈论材料，谈论缺席者，笼统地讨论督导问题。

---

① 例如，一位报告者是这样表达他对这次WPE的体验的：“我非常喜欢和一群非常友好和有建设性的同事在这个团体中工作。当我提出一个困难的督导过程时，我得到了（1）非常有益的支持；（2）一些关于如何处理这项督导工作固有的具体困难的明确提示……我对督导过程有了一些新的看法，特别是关于分析中的移情与督导过程中这种移情的重复之间的关系……研究的重点可以是培训分析和督导过程的相互影响。”

里娜·巴尔·列夫·伊利埃利在报告的最后说，小组讨论给我们留下的无助感使她认为“……这次经历表明了我们围绕督导这一主题所承受的情感负担”。通过回避评估，她表示：“……我们失去了‘客观’的可能性，我们无法评价我们‘做了什么’、我们如何‘做’，候选人‘做了什么’、如何‘做’以及如何使他的精神分析发展‘更好’。诚然，批评是发展的敌人，但评估不是。那么，我们为什么要把自己内心的‘批评’与评估混为一谈呢？我们为什么丧失了评估的能力？为什么我们不能表达、传递和分享我们的评估？”（Bar Lev Elieli, 2005, p.4）

最后，从方法论的角度来看，我们更清楚地认识到，在使用框架时，应当更好地监测小组内发生的事情：我们应该有两名报告人，以便更多地掌握小组的动力，并在取得小组同意后对讨论情况进行录音，同时对报告人和报告者进行更精确的指示。

步骤4：EPF2004年柏林培训论坛和WPE的后续活动

在2004年的柏林论坛上，57名培训分析师延续了2003年论坛的讨论，以更好地了解用于评估精神分析培训候选人的标准。小组讨论的目的是明确他们判断候选人是否具有精神分析能力的理由。

吸取了以前的小组的经验，我们现在能够进一步明确对小组成员的指示。

讨论的大任务不是决定如何培训或如何帮助人们成为优秀的分析师——例如如何进行督导，而是收集（协会或机构）如何使用评估和判断候选人能力的标准的信息和知识。换句话说：我们的任务是分享知识，了解我们如何判断精神分析培训的目标何时已经充分实现，继而使我们判断候选人通过审核。这些将通过候选人在咨询室内与他们的精神分析来访者的工作实例来说明。而在进行这项具体任务时，我们应通过临床实例看报告者（而不是小组）何时认为候选人能够像精神分析师一样与来访者工作。这项任务意味着人们要在培训结束时进行评估。这表示讨论最终是关于“合格”还是“不合格”。这意味着我们实际上要判断候选人是“已经准备好”还是“尚未准备就绪”。过去的经验表明，值得我们省映的是，在决定候选人要延期或不及格时的情感问题以及机构的功能问题。

此外，这项任务还意味着评估应涉及作为精神分析师实际完成的工作。还包括寻求其他标准以及如何对这些标准进行评估。

四位同行（督导）对八位候选人的精神分析工作进行了观察。两位同事撰写了报告。小组讨论的录音誊本使我们后来有可能更深入地了解小组所做的工作。

诚然，每个案例都是特殊的，但督导所采用的标准似乎可以归纳为12类，每类都表明了我们可以省映的、略有不同的判断维度。通过简短的说明，我们将它们与三个框架联系起来（见本章附录和Tuckett, 2005）。

1. 候选人能够在接收性状态下等待，认识到来访者的联想是无意识的（无论是否能够理解和诠释）。

   这主要属于第一种框架。如果识别出来的联想对候选人确实有意义，就有了第二框架元素，如果它被诠释了，也就进入了第三框架。

2. 候选人可以接受来访者指定的（负性的）移情位置（或可以识别出反作用）。

   与第一点一样，这主要是框架1的项目。

3. 候选人能够诠释过去与现在或其他方面之间的移情联系，并能以精神分析的转换方式来诠释，而不是以诠释性的、诱导性的或侵入性的方式。这意味着候选人在能耐受、感知和概念化无意识联系的背景下进行诠释。

   本项目实际上包含所有三个框架的要素，尽管主要是框架3。

4. 候选人传达了一种无意识的敏感性（也许是因为督导师能够在督导中感觉到候选人主观的空间、接收性和创造性）。

   这是一个新的观点，以前没有表达过。当然，这不是一种反移情感觉。是否可以称之为督导的“教学反向感受”？框架1？

5. 候选人能够运用精神分析理论来讨论或思考工作，并且是以一种源于会话经验的方式进行的。

   这属于框架2。

6. 候选人能够独立于督导进行思考，既不盲从于督导的想法，也不对批评意见过于敏感。

还是框架2。

7. 候选人选择适当的语言进行诠释。

一项重要内容，框架3。

8. 候选人表现出自我分析能力，尤其是来访者的心理变化反映出来的候选人的这种能力。

本项属于框架1。它指的是一种之前没有明确表达的特质，即分析师的洞察力对来访者产生的影响。

9. 候选人的工作反映在来访者的累积改善上。

与第八项一样，这是指来访者的状况。一个值得思考的问题是：如果来访者的情况有所改善，说明工作做得好；但如果来访者的情况没有改善，并不一定说明工作做得不好？

10. 候选人在关键能力方面有所发展和进步。

框架中没有发现的新型项目。需要进一步说明。

11. 候选人表现出发展潜力。

需要通过显示实际或潜在发展的迹象来具体说明这种潜力。要通过认证，候选者必须展示出更多能力，而不只是发展潜力。

12. 候选人表现出天赋。

在框架中找不到。需要进一步说明。

要补充的是，认证当然只是分析能力发展的一个节点。人是不进则退的！我们注意到，这次从材料中提取的最后三个项目没有框架中的例子那么具体，它们同样是指候选人工作中更加直觉性和整体性的品质。它们促使我们思考，清单中的其他项目是否已经反映了有才能或有发展潜力的候选人的能力，以及天赋等项目会补充什么内容。人格（性格）和才能是精神分析教育的开端，其余的才是能力的培训和发展。

任务中的困难

各小组就确定如何做出认证决定的标准这一任务所进行的讨论同样激烈，并引发了争论。我们想谈谈这个过程中大家遇到的一些困难和反对意见。

有人对框架建议的各种类别（方框）的价值表示怀疑，有人反对对每个方框进行评级。还有人问，各种维度和组成部分如何能够涵盖各种微妙的问题？比如督导如何评判精神分析过程、候选人如何在督导中学习？候选人又该如何理解在会谈和督导中经常出现的非语言交流？诸如此类。此外，人们还认为该框架过于静态和认知性过高。

这些观点涉及一个关键问题，即评估是否有可能从使用内隐的、直觉性的、整体性的（而且往往更为分散的）依据转向使用更为明确的、有详细例子和具体说明的依据。事实上，这一反对意见正是我们努力的根本原因，我们的目标就是试图建立一个包含具体指征和临床实例的框架。然而，这个项目所面临的一个根本性的挑战是尽可能地保留所考虑的过程的微妙性，并尝试用可以接受审查和同行讨论的方法来捕捉精神分析的本质（这意味着要避免刻舟求剑的问题）。

与上述观点相关的是认识论上的反对意见。有一种观点认为，我们都知道精神分析是非常独特的，因此我们应该谨慎地从其他科学中引入方法论和思维模式，如类型学、框架和范畴。我们认为，精神分析与其他科学不同，它是一门独立的科学，有自己的原则和哲学基础。当把常规的研究工具应用到它身上时，可能会扼杀整门科学。你研究的就会是一具死尸，而不是活生生的精神分析。延伸这一论点，有人认为，我们称之为精神分析的这种非常特殊的东西是发生在两个人之间的。当两个人之间发生的事情被带到一个群体的情境中，情况就会发生变化。就像是照相底片，你把它放在光下，一切都变质了。你不再拥有它了。这种从精神分析设置到群体设置的转变可能会使我们无法传达利害关系的本质，而这种本质是要通过逻辑或认知思维模式之外的其他方式来理解的。

我们认为，在讨论如何系统研究精神分析师的经验以及如何将其传达给另一个人的问题时，这个认识论问题是必要组成部分。然而，在我们看来，所有确认培训有效的尝试都必然是人际问题：一个同事必须说服另一个同事。事实上，正如我们在上文中所看到的，在柏林的讨论小组中，同事们显然都有可以解构和阐明的标准。发言者对这个问题进行了深入的思考。在小组讨论中，同事们经常可以就他们的标准进行富有成果和高质量的讨论。因此，我们不禁要问，在使用该框架（作为如何讨论认证的指南）时遇到的一些困难，是否可能是由于对该框架的含义和使用方法的错误认识和误解造成的？此外，我们还想知道，是否可以通过修改和扩展框架来解决某些困难？最后，我们认为，也许这项任务（也就是这个框架）触及了相当深层的、不受欢迎的焦虑，而它们又是我们在处理接纳或拒绝某人进入群体相关议题时必然会面对的焦虑。

认识论问题是精神分析中一个紧要而复杂的问题。我们冒着过度简化的风险来指出与上述反对意见相关的一个问题。这种立场（强调精神分析知识的排他性）使得我们难以驾驭不受约束的主观性问题。这就是向罗素所说的主观主义疯狂投降。为了摆脱这种深奥的立场，我们必须设计一些程序来实现一定程度的主体间性，并在同事之间就什么是临床事实和精神分析数据达成某种一致。萨克里松等人（Zachrisson & Zachrisson, 2005）讨论了这一问题的主要方面。

不过，我们必须要认真对待这些反对意见。如果一个框架无法帮助我们抓住精神分析的某些本质，或扭曲了我们对精神分析本质的思考，那么它将毫无帮助。同时，精神分析迫切需要系统的、可重复的和可检验的研究方法。我们有必要深入思考如何处理这种情况。

错误认识和误解

我们在柏林的小组中遇到的一些困难和反对意见可能是对小组任务的误解造成的。在读报告时，我们不确定各小组到底是在讨论督导过程，如何在单次督导中做出判断，还是在讨论培训即将结束时的评估过程，届时评审将对一段时间内的一系列观察结果进行审议。

必须澄清的是，该项目的目的是探讨如何验证培训，即探讨不同机构的同事使用什么标准来确定精神分析候选人何时表现出足够的技能，可以被提名为国际精神分析协会的成员。例如，一位同事需要向培训委员会的另一位同事（或候选人本人）传达什么信息，才能使人有理由认为候选人确实创造、认识和维持了一个精神分析过程。如果我们希望“IPA协会会员”或“非IPA协会会员”的称谓具有意义，就有必要对这些问题进行相当具体的说明。

此外，必须明确的是，本项目的目的不是讨论督导本身，尽管这是一个有趣而重要的问题。之所以要求提供督导方面的材料，只是因为我们需要临床材料来讨论各种标准。

明确任务的方法之一是描述框架不打算做什么。

1. 框架并非要限制适用的标准。它实际上是在试图扩展这些标准——通过提供一系列可能需要考虑的议题（实际上是一系列问题）以及更准确、更详细地思考这些议题的框架。

   例如，大多数同行都同意，候选人应该能够创建、认识和维持一个精神分析过程，而能做到这一点是候选人在培训中必须掌握的核心内容。但是，我们如何才能知道这种情况会在何时发生？我们应该从提交给我们的临床材料中寻找哪些要素？我们如何将看似或模仿精神分析的东西与真正的精神分析区分开？二者在临床实例中的区别是什么？

2. 该框架的提出并不是为了让任何人觉得他们必须填写每一个方框。将三个维度分出不同的问题是为了帮助对评估判断进行分解（正式解构）。这些方框除了提示一系列问题（其中有些问题与某些案例无关）和用作记录外，没有其他功能。

   设计这些方框的目的是为了引发思考，并为写下“小故事”提供空间，即上文所述的报告人认为符合标准的例子。例子才是真正重要的。框架不应该限制或阻止其他标准——如果有些标准显然没有被包括进来，而某个同事能举出例子，那么也应该写下来。框架的目的是产生关于标准的想法和支持实际想法的例子，并帮助小组成员积极思考任务。

修改和扩展框架

我们的反思表明，在讨论中使用这一框架时，至少有两个相当意外的困难。

首先，报告者用来评判候选人的一些标准基于在督导师与被督的关系中对候选人的思考和观察。督导师与被督在一起时的心理空间感（以及心理空间感的变化）、被督的学习能力、被督向督导师展示或使用笔记的方式等问题都被作为标准提及。也许应该从观察“点”的角度来考虑框架内记录的判断？这将创造一个清晰的“空间”来思考取决于督导或被督关系的标准，可能会产生两个良好的效果：（1）激发就这些问题向督导提问的讨论；（2）激发在不同设置下（与来访者、与督导、临床研讨会、研究所会议等）判断候选人所适用的相对权重的讨论。换句话说，不同的设置提供了不同的指标，说明真正重要的是候选人如何与来访者合作。

其次，这个框架显然不适用于单次督导。我们必须澄清，该框架具有隐含的时间维度。因此，许多标准都侧重于候选人各种能力的长期发展。

我们在2004年柏林会议之后进行的讨论提出了一些要点。随着对框架的修改，我们对任务的理解有所增加，也更加认识到这个框架在帮助评估方面的潜力，这让讨论的小组更可能详细阐述在评判候选人时所使用的标准，并更深刻地理解这些标准。有人举了一个例子，一位敏感的候选人最近做了一次报告，她保持分析立场的能力、介绍自己的体验和敏感性的能力都非常出色。然而，这位候选人还没有发展出概念性的理论性工具，因此，尽管她对来访者的情况描述得很好，但实际上还没有对来访者进行分析——也许她需要对移情以及如何在移情中进行诠释有更好的概念性理解，然后才能进行分析。做出这样的区分似乎可以让我们更清楚地思考这样的候选人需要学习什么，以及评估者如何区分哪些工作做得好，哪些工作需要做得更好。这个例子强调了这样一种观点，即分析能力需要的可能不仅仅是对来访者的认同和敏锐性，还需要更多的深度。这一讨论可以作为一个例子，说明以框架中采用的方式将能力的各个组成部分分开的潜在效用。

会议提出的另一个意见是，在候选人没有取得进展的情况下，督导与候选人之间的关系往往会陷入僵局。这可能会产生一些影响，也值得进一步讨论。

更深层的焦虑

上文提到了框架可能会“扼杀”精神分析真正重要的东西，这引起了人们对框架可能会激起的强烈情感反应的关注，需要我们进一步思考。一方面，我们需要承认，如果框架（或任何其他更正式的候选人评估方法）可能剥夺精神分析培训的本质，那么我们就必须确保它不会。另一方面，这种反应也表明，其中涉及一些非常重要的问题——也许是对专业身份和生存的焦虑，也许是对包容和排斥的感受。有意义的评估意味着某种形式的衡量——最简单的形式是“是”或“否”——这涉及对包容和排斥的感受及其深层的心理关联。在讨论中，同事们注意到了过度认同和过度投资于候选人、使用家长模式而不是教育模式来组织机构、对机构妥协和权力平衡的威胁等可能造成的困难。此外，评估在某些文化中比在其他文化中更为普遍（如，因为保险系统等原因，所有德国同事都必须对来访者和彼此进行评估）。

将评估过程正规化并使之更加透明，可能会威胁到许多分析机构的传统，即权力是个人行使的，带有秘密和神秘色彩，甚至有点无所不能——候选人通过审核是“我”说了算。

结　论

本项目的目的是更深入地了解培训分析师是如何思考的，以及他们在培训结束后评估精神分析能力时使用了哪些概念和类别。总的来说，我们的同事对这项工作非常感兴趣，并持开放态度。实际上，我们发现他们渴望共同思考，并与其他分析师讨论做出的决定。更有甚者，许多人抱怨与同事交流和讨论临床培训材料的机会太少。

然而，当我们试图从讨论提出的问题中提取出一份标准清单时，任务就变得困难了。在塔克特定义的框架内为不同类别寻找例子的要求遭遇了焦虑、防御和批评。就好像从自己的思维中提炼出来的东西突然变成了来自外部的敌意入侵。上文我们已经给出了一些原因，说明为什么框架方法会引起这样的反应，以及为何框架会被认为是不充分的。

培训分析师似乎对一般的评估感到根深蒂固的不安，更具体地说，是对说"不"和做出决定感到不安。这可能与我们对自己的职业和目标的理想化倾向有关。我们似乎很难忍受平庸。我们在这个项目中没有想到的是，问题的根源可能就在自己身上：我们无法做出决定，也无法说"不"。

我们非常感谢所有提供临床材料供讨论的发言人。在安排会议的过程中，我们也意识到许多同事都急于介绍自己的工作。似乎大家都对暴露自己感到焦虑，也许工作中还存在一些竞争。

迄今为止，该项目的另一个积极成果似乎正在形成一个网络，将欧洲不同协会的培训分析师聚集在一起，共同探讨培训和评估问题。我们可以得出这样的结论：尽管存在争议，但越来越多的同行参与进来，深入思考，对自己的工作提出质疑，并相互讨论和交换意见。

和比昂一样，我们认为，答案就是问题的毛病——我们还想补充一点，不可避免的是，对评估的研究是一项不断进步的工作。

附　　录

David Tuckett (2005); Towards a framework for the more transparent assessment of psychoanalytic competence

框架1：倾听-观察

分析师是否能够采取你所认为的"精神分析"姿态——例如：

- 能够等待材料变得有意义，但等待时间不要太长，以免显得像是选择放弃或令人沮丧。
- 当来访者向分析师展示一个困难的情境，比如一个充满满足性、破坏性或逾越（边界）内涵的情境时，能够进行省映而不是“见诸行动”。

- 能够注意并省映“阻抗”和“移情”，而不是“对抗”它或对它做出反应。
- 能够从不同的情感层面倾听（来访者）表现出的东西。
- 或多或少意识到可能的盲点及其对精神分析的重要性。
- 意识到并能够省映具体干预措施对来访者和分析师的影响。能够注意到并省映“错误”，但不会过于防御。

框架2：构思

候选人在多大程度上能够将与来访者的谈话描述与以下方面联系起来：

- 一条或多条令人信服的无意识（潜在）线索贯穿若干次会谈以及这些线索在分析中的位置——例如，口欲冲动的发展、乱伦幻想、阉割幻想、俄狄浦斯竞争，或分析师从困境中恢复的叙述等。
- 描绘（无意识的）移情和反移情以及来访者对其诠释的反应。
- 分析师对精神分析工作方式的看法。具体来说，分析师认为精神分析整体运作得如何以及在所报告的会谈中与该来访者的工作。这可以称为分析师的转化理论。

框架3：干预

这很难与其他两个框架区分开，但这里的思路是思考干预的适当性及其与分析师其他方法的连贯性。

- 这些例子中的诠释是否在情感与理智之间多少是平衡的？
- 是否有干预的时机和针对特定来访者的情绪水平的比较合适或不太合适的例子？
- 是否有或多或少合适的干预来推进精神分析过程的例子（符合分析过程的定义和候选人使用的转化理论）？
- 是否有或多或少合适干预的实例，向来访者指明和描述双关的“移情体验”（根据候选人流派认为的处理移情的合适方式）？

- 是否有一些或多或少有效的干预措施的例子，来阐述来访者心理中的无意识关系（在候选人使用的治疗方法的参考框架内适当的方式）？

第十五章

精神分析督导——这绝非易事

督导师要如何处理督导过程中看似矛盾的元素，例如权威和导师两个角色之间的教学的冲突？

督导师需要识别、思考影响督导过程的复杂元素和力（force）。首先，精神分析是一门复杂的技艺，在精神分析里，一些看似矛盾的元素（如严格的规则和创造性直觉）都有其位置。在本章里，我将会讨论督导的几个方面：目标、学习过程、教学方法、关系、情感氛围和评估。能力占据了（督导模型）的关键位置。本模型的主要特点是督导的这些方面都被看作悬浮在一个充满张力的动力场中。例如，督导师在督导过程中的角色——一方面作为一个指导者，是权威；另一方面又是一个导师，要促进被督的自主性。我认为相关的动力概括了这个模型的一些方面的特点。同时，这些张力是精神分析的督导中固有的。在结论部分，我给出了模型的关键词图。

引　言

我在本章提出了一个精神分析性督导的启发式模型。我希望这个模型能够帮我们追踪并明确督导情境中的潜在张力和力，以及这些力的不同方面是如何影响督导情境的。我的主要观点与督导的动力有关，并聚焦在我们督导受训候选人时会遇到的张力、两难困境和模糊性。本文讨论的元素在前人的文献中其实已经有过很多讨论，包括经典的文献（Fleming & Benedek, 1966; Ekstein & Wallerstein, 1972）以及近期的研究（Martindale et al., 1997; Berman, 2000; Reeder, 2001）。我的目的是把这些元素放在关系中，让我们对督导工作有一个整体的视角。这个模型并不试图指导督导应该要如何进行，而是尝试提供一个思考和理解精神分析性督导中动力的方法。

我们对督导的思考基于与教学过程、学习过程、督导关系、候选人获得的能力有关的假设，而这些假设无论是对机构还是对督导师而言，往往是内隐的。这种情况表明我们需要清晰表达和阐述潜在的想法。如果我的模型表现符合预期，那么它可以帮助我们了解督导过程，并为旨在提高督导师教学技巧的培训项目的发展提供思路。我也希望这个模型能够促进关于督导的建设性思考和讨论，并有助于促进系统的观察和研究。

精神分析培训由三部分组成：个人体验、研讨会和督导，它们具有不同的功能，对精神分析师候选人的能力（培养）各有贡献，让候选人最终能被认证成为分析师。个人体验在分析能力的培养中具有三个重要的功能。它让精神分析师候选人有机会分析和解决至少部分的内部冲突、盲点和神经症性的问题。这也让他们有机会在精神上和身体上体验分析中的力：阻抗、移情以及（更重要的）由分析情境触发的退行的力。个人体验的第三个功能使精神分析师候选人有机会体验他们的分析师的工作方式，看分析师如何建立和维护分析设置，如何倾听和涵容强烈的感受以及如何诠释潜在的材料。

研讨会的首要作用是为分析师候选人提供精神分析方面的知识，帮助他们建立理解临床材料的理论基础。然而，作为讨论小组，研讨会也是精神分析性省映的操场，研讨会带领者可以是分析性省映的潜在榜样。因为候选人也会带受督导个案的临床材料来参加讨论，他们就能看到并学习到理论概念和临床观察之间紧密的交互作用。在这些讨论中，精神分析性的理解就被传递给了候选人。

学习理论概念和临床观察之间紧密的交互作用当然也是精神分析督导中一个重要的元素。督导的另一个核心元素是把概念理解转化成精神分析的行动。督导对精神分析培训的特殊贡献是让候选人的工作有机会在过程中得到精细的、有深度的审查。候选人与督导师的合作目标是抓住并概念化临床材料，根据理解提出诠释，并在精神分析的过程中循环这个序列，构成精神分析方法的精髓。这是一种“通过实践学习”的方式。沃勒斯坦（Wallerstein）认为，在上个十年中，督导过程“已经……转变为……精神分析师的教育的核心体验型学习的工具”（Wallerstein, 1997, p. xiv）。

在绝大多数机构中，受督导的分析是培训的关键部分。认证受督导的分析往往等同于认证候选人具有独立进行精神分析所必要的能力。基于不同的目的，不同的协会会要求候选人另外完成一篇有足够质量的文章。撰写文章作为对培训中其他元素的补充，可以展现候选人具有独立进行有质量的分析性省映的能力。但这个功能并不被认为能保证候选人有进行精神分析性治疗的能力。

培训机构：督导的设置

由于督导往往发生在培训机构中，每个督导的过程都受到机构培训项目的督导管理条例的决定性影响，例如评估和认证的方式等（Ekstein & Wallerstein, 1972）。不同的协会在这些方面有很大的差异，科恩伯格讨论了不同协会的模型（Kernberg, 1986），他的讨论对本文有重大作用。在科恩伯格看来，理想的情况下，精神分析协会应该是大学学院和艺术学院的结合。但他也说，现实里精神分析协会往往是修道院和商学院的结合。这导致精神分析教育的目标可能与精神分析的目标背道而驰。修道院或商学院的教育会给出良好定义的概念，让人产生一种控制错觉，倾向于把世界理解为确立的事实和信念。他们的目标是填充理解的缝隙，但这个目标是基于所有的缝隙都可以被填充的假设。精神分析的目标是帮助我们与缝隙共处，因为缝隙是人类生活中不可避免的一部分（Hall, 1996; 也见 GarzaGuerro, 2002）。但商学院培训的某些特性在精神分析教育中是有价值的，例如练习如何把程序和标准弄得清晰明了。

机构的情感氛围对督导师和候选人都有重要的影响。我们都知道，如果候选人有基本的安全感和尊重而非时常感到不安、多疑和不被尊重，那么学习的氛围就会比较好。教师之间的理论和个人冲突，教师之间的竞争，教师和候选人之间的竞争，指向候选人的轻视、专制的态度和结构都不利于学习。因为督导师的双重角色，这些元素对督导师产生了影响，对候选人而言，督导师一方面是机构的代表，同时又与候选人有个人的且往往非常亲密的关系。候选人所处的位置当然比督导师更脆弱，他们一直活在失败的可能之中，需要面对最终不能获得认证的风险；同时，他们又高度参与培训，机构的情感氛围不可避免地会影响督导师和候选人的关系，我之后会在督导关系一节中继续讨论这个问题。

需要督导的模型

精神分析的督导是独特又复杂的过程。它在某些方面实际上比精神分析本身更复杂。我们对督导的过程模型的最低要求是它能够识别这个过程中相关和关键的元素，以及影响这个过程的核心张力和模糊性。要达到这个目标，这个模型应该能够说明督导的以下方面：

- 督导追求的与精神分析能力有关的目标
- 达成这些目标所需的过程，尤其是学习过程
- 能够促进这些过程的学习方法以及督导师的能力
- 促进这些过程的关系，包括情感氛围、督导室内以及机构内的氛围
- 测量和评估能力（督导努力的成果）的方式以及评估督导过程的方法

这个督导模型还应该视觉化督导的必要维度和在上述的督导不同方面之间的两难困境。一个基本的假设是，这些两难困境和模糊性，是在现实或表面上对立的现象之间的动力性张力场之内活现的。在我看来，这反映了精神分析知识论的模糊性，精神分析的双重基础分别是科学和（诠释学的）艺术（Strenger, 1991; Zachrisson & Zachrisson, 2005）。我们在关于机构的模型中看到了同样的模糊性。精神分析的这种双面性注定对精神分析能力的概念有深远的影响，进而影响督导过程。

因为方法学上的混合，精神分析不能只基于被认证的方法和严格的规则。精神分析的程序超越了任何严格的界限。分析师努力尝试处理非常复杂且充满情感的状态时，要使用比喻以及来自自己和来访者共同的全文化和概念领域的

元素。这些联系和比喻或多或少是直觉性的、创造性的，有时还有些好玩。要在严格的规则和技术中给这些部分留出空间并不容易。

必须要强调的是，精神分析的出发点和程序上都必须始终以一种经过深思熟虑、仔细描述的系统性方法为基础。从根本上说，精神分析是建立在一种技艺之上的。这种技艺涉及分析师的内部工作，其中理论、体验、反思、共情、反移情感受等构成了一个场，为直觉和创造力提供了方向。如果没有这样的方法论基础，插入直觉就很容易变成神奇的猜测，它有可能会走入死胡同，也有可能会打开新的视野（Zachrisson, 2006）。精神分析中这种精心设计的方法与直觉的结合，让我们可以发现督导任务的综合性质，即督导试图向候选人传授的能力。当深入研究精神分析督导的动力细节时，我们会发现这种基本的模糊性并不是唯一的。实际上，我提出的模式就是以真实的和表面的对立面之间的模糊性和张力性为主题和核心结构。

精神分析督导的动力：两难困境和模糊性

下面描述的精神分析督导模型强调不同的位置、态度和督导方法之间的动力和张力，而不是将它们看作（静态的）选项。我想到的这类对立的例子是，督导既要作为权威，又要尝试促进候选人的独立自主性。我认为足够好的督导中存在权威的元素，但太多的权威会妨碍候选人发展出独立自主性。一个有关的例子能帮助阐明我的意思。教学的过程包括了培养精神分析性的“心智”以及教授动力性技术的元素。第一个方面指的是培养候选人的分析性态度，形成精神分析性的感知、思考和理解临床过程的方式。第二个方面指技术方面的学习，一般是通过详细的指导来进行的。例如，如何建立分析性设置。这个模型的观点之一是，精神分析的督导并不是仅仅要培养一种态度或学习一种技术，而是二者的结合。督导师面临的挑战是如何平衡矛盾现象之间动力场中的不同元素，以及如何整合这些不同的元素。这就是为什么我们需要不断讨论督导问题。

所以本章并不是如何做督导的手册。我的目标是提出一种思考的工具，一种督导的启发式模型。这类模型的一个潜在好处是能够阐述督导的情境，让其中的元素变得更明确。

督导的目的

督导的目的是让候选人获得广义上的精神分析的能力。这就意味着候选人需要具有一系列核心的能力，使其能够理解并有能力处理精神分析的过程，即，可以独立进行精神分析（Tuckett, 2005; Junkers, Tuckett & Zachrisson, 2008; Filet & Szönyi, 2009）。一般来说，这意味着候选人已经足够好地掌握了精神分析理论和方法（技术），并能够整合（理论）知识和体验。这表明他们已经具有建立精神分析设置的能力，以及在严谨的分析性态度的帮助下维持设置的能力。这也意味着（候选人）关注并理解无意识过程如何在分析性关系中展开，能省映这些过程中的动力和内容，能把这些理解转化为有意义的诠释。这对候选人来说不是易事。更加复杂的是，精神分析过程是在分析关系中发生的，而分析关系往往受到来访者和分析师强烈情感的影响。这些影响都需要候选人的耐受和抱持，以避免发生非理性的活现或见诸行动。候选人还需要发展出一定的负性能力，即耐受不理解的能力。分析过程的核心动力往往是来访者对分析性设置的猛烈攻击。分析师要能够修复并把这些设置维持在分析框架之内，这对所有候选人（事实上是对所有分析师）来说都是巨大的挑战。

能力包括掌握技巧和做事的方法，如今通常被称为程序性知识。能力还包括对概念和理论的知识，有时也称为诠释性知识，它还包括发展出分析性态度以及思考和省映的方式（可称为分析性认同）。掌握技巧、概念知识和培养分析态度是互为前提的，同时取决于不同的学习和教学过程。

显然，分析性态度在精神分析的能力中有一个相当重要的位置。严格来说它并不是一种能力，而是部分能力的整合。它指的是一种智力的和情感的心智，它是分析工作的先决条件，也是维持稳定的分析设置的必要条件。它包括了共情性倾听和调谐，关注无意识意义，对初级过程的思维、非言语沟通保持敏感性，耐受焦虑和其他烦躁不安的情绪，耐受退行状态，等等。谢弗（Schafer, 1983）对这一概念进行过深入的讨论。在此之上，我要强调分析性态度中的一个元素：区分并保持专业的、个人的和私人的生活的分离，尤其是私人和个人两个领域。因为移情或反移情是分析过程的核心，分析师需要能够坚持对这几个领域的区分和分离，以避免把私人事务带入，影响分析过程。把私人混淆进来就意味着把来访者卷入你熟悉的、私人的事务和事件中。个人化则是另外一回事。分析师个人性的存在（不仅仅是一面镜子或屏幕）是与来访者建立深入联结的前提条件。在精神分析中，中立指的是与来访者的内部冲突保持一个最佳的观察位置。这意味着避免偏袒来访者本能的或者超我的要求。但这并不意味着冷漠、冷酷或不参与。用谢弗的话来说，温暖绝对在精神分析态度中占据一席之地（Schafer, 1983）。

为了培养分析态度，候选人必须“锤炼”自己，以承受来自来访者的情绪压力和攻击，以及督导对其工作的坦率评论。这里的一个核心要点是更深刻的自我认识，尤其是对自恋需求的认识，以及加强涵容投射性认同的能力。当然，自我认识的深化是候选人培训分析中的核心问题。所有这些都是候选人在督导中培养分析态度的元素。

我们可以用一张图来概括能力的动力，图中体现了与精神分析能力有关的核心概念（见图10）。

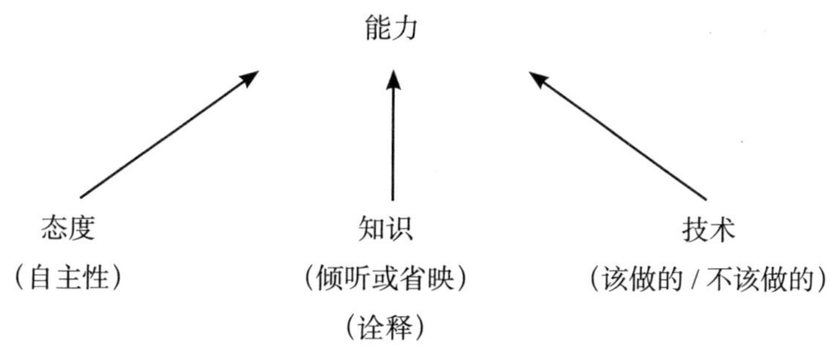

图10　能力

在现实中，这些概念相互混淆，不易分开。分析性态度影响着技术的表现，同时，概念、程序和技术知识又组成了分析性态度。这意味着，在形成心理分析方法的过程中，上层态度与技术元素之间存在相互作用。这就好比对一般人格结构的看法是理解临床材料元素的前提，这些临床材料元素又是人格结构的基石。因此，要理解这样的复杂过程，就必须考虑总体结构与构成这一结构的元素之间的相互依存关系。然而，在一个抽象的、启发式的模型中，将各种元素分隔开有助于我们认识到我们必须面对的张力和矛盾。这也有助于我们更好地理解当前的动力并将其概念化。

学 习 过 程

候选人必须学会掌握一门复杂的技艺。为此，他们必须获得实践精神分析所必需的能力。正如我们刚才所指出的，这意味着要学习精神分析的技术、掌握概念性知识并培养始终如一的分析性态度。关于精神分析督导学习过程的讨论分为两部分：教育和培训以及督导的示范功能。

教育和培训

在这里使用的概念中，技术的学习称为培训，而分析态度的培养称为教育。这里选择“教育”一词是因为英语的“education”与德语的“Bildung”和法语的“formation”最相近。科纳（Körner, 2002）也做了类似的区分，将“Erziehung（指职业教育或培训）”与“Bildung（指人文教育）”相对比。[他列举了两个截然不同的教学实例，将使用计算机文字处理程序的培训（Erziehung）与理解禅宗射箭艺术的过程（Bildung）进行了对比。] 这种用词值得我们注意。“教育”也可能与“教学”和“说教”联系在一起，从而带有教学的专制色彩（Amati Mehler, 2001b）。实际上，这种用法与我的用法恰恰相反，这一点可以从德文和法文的对应词中看出。

培训在此处的用法强调实践和练习，意味着在权威的督导（或控制）之下，通过实验和重复练习，掌握该做什么以及不该做什么。它包括：建立治疗情境和提出契约的方式；处理或不处理来访者对治疗设置的攻击的方式；理解来访者的行为和心理状态的方式；处理和诠释所形成的材料的方式。简而言之，我们或许可以将其称为精神分析技术。如果我们认为存在一种“正确的”技术可以学习和应用，那这肯定是一种错觉（Haynal, 1993）。若要掌握分析技术，我们必定要对咨询中的互动进行细致入微的观察以及对交流中细微元素的可能含义进行思考，除此之外别无他法。而这正是督导的核心内容之一。

人文教育与文化和身份认同等概念相关。它意味着知识的获取、思维和理解方式的发展以及态度的整合。我们认为，这一过程是通过督导和被督之间的相互省映、对话，共同努力倾听和把握咨询互动中的情感特质和隐含信息来促进的。根据这一理念，教育意味着成长、自主性和创造性。

培训中教学双方会共同审视材料的细节与教育中双方相互省映和对话的描述相似，这清楚地表明，我们谈论的是同一个问题的两个方面。而在一个好的督导过程中，学习过程的这些方面会以一种丰富而富有成果的方式融为一体。

督导功能的模型

候选者在督导过程中的学习过程也可以描述为从模仿督导，到内化督导的思维和做事方式，再到掌握精神分析过程的自主、内部体验的过程。这种终极状态代表着候选人的思维和存在（方式）吸收了精神分析能力的元素。这通常被称为精神分析性认同（Parsons, 1995; Aisenstein, 1995）。我们说某个候选人有了精神分析性认同，是指候选人创造了自己的精神分析工作方式——思考、等待、耐受痛苦情绪、耐受“不知道”、不进行评价、推迟反应、对自己的情绪反应保持开放的方式——简而言之，就是在精神分析情境中存在和行使功能的方式。从这个角度看，督导对候选人来说是如何成为分析师的榜样。当然，候选人自己的分析师也是另一个重要的榜样，而研讨班教师也在这方面做出了贡献。

培训分析师和教师的榜样作用的重要性不容低估，但我们也要意识到将自己的分析师和教师长期理想化的危险。如果模仿就是最终成果，那么其结果就是候选人缺乏自主性和创造性（“克隆”教师）。但模仿可以作为迈向分析师身份的第一步。对教师隐喻和语言的“复制”为候选人提供了将心理材料概念化的个人方式的基石，并帮助他形成自己的精神分析“方言”。

通过实践学习（程序性知识）是以内隐记忆为基础的，而诠释性知识则以陈述性记忆为基础。这种知识涉及在分析情境中做什么和如何做。它不是省映的结果，而更多是知道如何做的问题，是“知道”何时支持来访者或肯定某种感觉状态，何时给予重构或诠释的问题。直觉这一概念常常被用来指程序性知识的运用。候选人通过教师的影响和个人体验实践获得这些知识。为了促进这种学习，督导试图帮助候选人省映程序性知识与诠释规则之间的联系（Körner, 2008）。

当候选人吸收了教师的态度、省映的方式以及对材料的理解方式，并与自己的理解和思考整合后，候选人就能够获得分析性认同。然而，这一过程必须建立在知识和技能的掌握之上。我们可以清楚地看到有两三位导师为候选人提供一种以上的思维模式分析方言的重要性——更不用说必要性了。

教学/学习过程的动态可以用一幅图来概括，图中精神分析学习的核心概念相互关联（见图11）。该图的上半部分表示本文所讨论的教育/培训动力，下半部分指的是学习顺序模型。

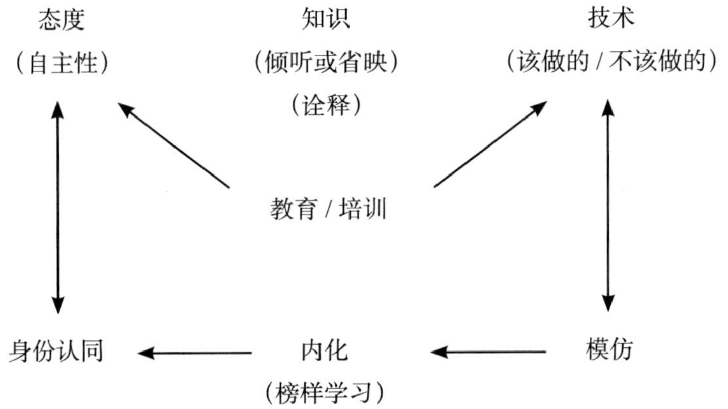

图11　教学/学习过程

教 学 方 法

除了程序性知识外，候选人还要学习诠释性和转化性知识（Körner, 2008）。这意味着他们要学习有关防御机制、身心状态、依恋模式等分析理论的概念性知识以及精神分析作为一种治疗方法的概念性知识，例如内化客体关系、移情或反移情动力、分析行动的调控：何时等待、何时肯定、何时面质、何时诠释。督导必须能够创造和维持省映的空间以及（涵容）强烈感受和困惑的空间（Szecsödy, 1997）。这是精神分析教学的基本前提。在这方面，督导与分析是同构的。而候选人培养为自己的来访者创造这种空间的能力的唯一途径，就是在个人体验、督导和被督导的分析中体验这种空间。

建立以相互省映为基础的学习联盟至关重要。琼·弗莱明（Joan Fleming）描述了一位督导如何提出诠释并被候选人提问“你是如何得出这种诠释的？”督导无法立即给出答案。在对来访者的材料和治疗互动进行思考后，她设法回溯了导致她得出特定诠释的联想，并回答了候选人的问题。弗莱明继续说道：

> 她认为这次经历中最有价值的方面不是诠释，因为诠释是她前意识共情性倾听的结果。相反，最重要的结果是她发现自己可以追溯到诠释分析性证据的过程，然后向学生报告她的省映工作……学生……能够跟随她的联想思路。他们都认为这是在好的分析和好的督导中应该一直进行的一项活动——这个整合性联想的过程，直到可以形成有意义的诠释。（Fleming, 1987, p.145-146）

候选人是如何呈现材料的？

候选人提供关于咨询的信息，咨询的过程才或多或少地被紧密跟随。候选人可以通过咨询后写的笔记或通过记忆的内容报告一节会谈。还有的人会在会谈中记笔记或对整节会谈进行录音。人们对于采用哪种程序意见不一。咨询录音是一个有争议的问题。一些分析学派明确反对录音，认为这与分析方法相矛盾。大多数分析师也都认同，引入这种“外部”媒介会打破分析过程中封闭、保密的空间。间歇性录音肯定会影响咨询过程，而恒定地录音可能会减少影响，但不会消除。就研究目的而言，由于需要加强对材料的理解和诠释的主体间性，电子记录的优势相当大。许多督导认为录音有助于他们的工作，尤其是在与经验不足的候选人合作时，而其他督导人员显然更喜欢候选人口头报告咨询过程。奥格登（Ogden, 2005）曾指出，人们无法在督导中真正地报告一节会谈或表征来访者。督导工作的主题是来访者无意识的一些方面，而这些方面是候选人和督导都不知道的。因此，督导的任务是帮助候选人“想象”出被分析者，即创造出一种“虚构”，真实地反映候选人在治疗过程中的体验。这与比昂的“无欲无忆”（Bion, 1967）是一致的。我认为，这说明了从录音中获益的局限性，但并不表明对咨询的详细报告是徒劳的。相反，详细的材料为奥格登所描述的“被引导的梦”、相互“自由联想”提供了实质内容。

督导如何倾听材料？

奥格登对督导任务的看法清楚地表明，督导的倾听必须是一种多水平的活动，与分析性倾听有许多共同之处。它包括倾听报告的内容以及会话中的移情和阻抗，倾听候选人注意到的和没有注意到的反移情，倾听督导本身的过程，包括督导的反移情反应。因此，三个人的无意识都参与了倾听。充分倾听这些复杂材料的能力是督导能力的核心部分。它与我们希望候选人在分析环境中培养的倾听方式——均匀悬浮的注意——密切相关，其中还包含在共情和省映的模式之间摇摆（或同时处于两种模式）的能力。有研究者（Ungar & Busch de Ahumada, 2001）描述了所谓的容器-被涵容物的督导方法，强调了督导倾听的一个方面，并展示了督导如何在分析（和督导）情境中涵容无意识的焦虑，从而促进候选人的分析工作。然而，这种强调分析情境与督导情境之间相似性的做法需要引起警惕。这两种情境是不同的，混淆这两种情境会扰乱它们的过程（Amati Mehler, 2000, p.18）。

督导如何评论材料？

我们可以根据上述学习过程的两个方面（培训和教育）来区分两种主要的评论方式。在说教的层面上，督导提出理解和诠释材料的方法。在分析性认同的层面上，分析态度是通过相互省映的方式形成的，目的是更深入、更准确地理解手头的材料。有许多方法可以将这些教学风格融合在一起。具体评论的形式取决于督导的个人风格、评论材料的性质以及候选人的发展水平。

下面的思考可以说明这一过程。候选人报告自己的材料。报告或明或暗地包含了不同程度的问题，候选人表达了困惑、不理解、焦虑和其他不知所措的感觉。督导根据对候选人的发展水平和方法掌握程度的概观及评估，再考虑什么是当前必要或可能有帮助的，来调整自己的反应。这包括候选人是否在概念化材料方面需要直接指导；是否需要帮助来形成诠释；是否需要督导涵容他的感受或困惑。督导需要评估这种困惑是候选人对来访者迷茫的反移情反应，还是候选人自己的困惑。随着候选人能力的提高，他独立理解材料以及根据理解提出诠释的能力也会提高。到了这个阶段，督导就可以后退一点，通过分享自己对材料的思考来激发候选人的思考，并让候选人决定如何使用这些思考。虽然技术问题总是从属于对材料的理解，但在督导工作的开始阶段，往往更需要关注技术问题和对候选人的指导。

还有一个重要问题涉及候选人的移情反应和督导在这种情况下的反移情反应。特别是，我们可能会发现，候选人对培训分析师和督导的移情反应是不同的（Amati Mehler, 2001a）。督导需要密切关注这些可能性，并将其考虑在内。同时，只要不干扰学习过程，通常没有必要对其进行评论或诠释。但是，一旦干扰了学习过程，就必须处理移情问题。这些移情的处理通常是在此时此地进行的，而不进行起源性的工作或涉及候选人的其他关系。我们还需要处理平行过程（即把候选人与来访者关系的某些方面移情到候选人与督导的关系中），因为这不可避免地会干扰学习过程，而且会披露有关分析过程的重要信息。

作为一名经验丰富的优秀分析师，并不一定意味着也是一名优秀的督导。督导需要额外的能力，而精神分析能力与督导能力只有部分重叠。我们有不同的方法解决这个问题。我们可以通过规定额外的标准，相比于作为培训分析师，个体要符合这些标准才能被任命为督导。许多机构的这类标准大致相同。有些机构更进一步，为希望成为督导的人员设置了培训（Szecsödy, 1994）。此类培训通常包括有关督导的研讨会和对督导的督导。

督导与候选人的关系

导师是候选人的同事，同时也是候选人的教师。这种教学角色有几个方面。根据上述思路，我们可以将传授“如何做”的指导者职能与传授理解和思考问题的方法的导师职能大致区分开（Reeder, 2001）。

在教授如何做时，教师往往接近于权威。当然，在对候选人的进步进行评估时也会出现这种情况。作为导师时，教师更多的是作为候选人的“朋友和顾问”，即作为候选人的榜样和认同对象。这两种角色之间的冲突被称为教学冲突（Lindgren, 1997）。尽管它们之间存在或可能存在冲突，这两种功能都是精神分析督导的一部分，在督导关系中都有自己的位置。在最好的情况下，这些功能甚至可以相互促进。

由于这种关系既对称又不对称，因此对双方来说都很复杂。督导必须了解候选人的个性、长处和短处，并努力让其长处更加突出，短处有所进步。督导既要培养候选人的自主性，又要充当权威，这种矛盾的任务是上述教学冲突的另一种表现形式。正如所说“教学关系以学生的独立为终结；教学的目的是使教学本身变得多余”（2002, p.1397）。

督导的任务是为学习提供最佳条件。这包括鼓励候选人从内心深处理清反移情感受和投射性认同。督导还必须意识到这种教与学情境中固有的模糊性和问题。面对这种复杂性，候选人和督导都要根据所面临问题的特殊性不断调整工作策略（Szecsödy, 1999）。如果这种关系运行良好，就能构成富有成效的督导关系。

如果出了差错，督导可能会被候选人恐惧、理想化或诋毁。恐惧会导致候选人服从和抑制。理想化会导致候选人模仿，而不是内化，阻碍其形成自主立场和自己的精神分析性认同。然而，欣赏往往能促进学习、发展和创造力。对教师的诋毁是理想化的分裂（的另一面），它既不利于学习，也不利于分析性认同的发展。

当然，相对安全、友好和轻松的氛围要好于不安全、张力和压抑的氛围。如果督导要充当心理痛苦（来访者和候选人的）的容器，那么这种积极的氛围是必不可少的。督导必须具备这种能力，因为这对分析态度至关重要，而且候选人必须通过认同督导（督导的榜样作用）来学习。

候选人与督导之间的动力关系可以用一张图来概括。该图说明了作为教师和前辈同事的角色，导师如何兼具指导和权威的要素，以及这种复杂关系的特质如何影响督导工作的氛围（见图12）。

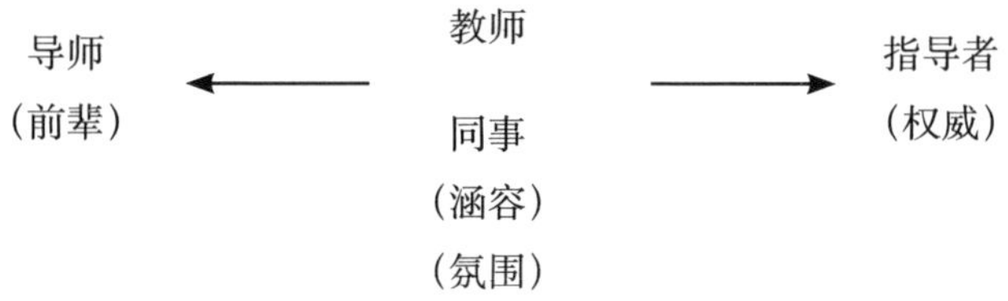

图12　关系

督导关系和第三方

在机构的背景下，导师与候选人的二元组合实际上是一个三元组合。机构存在于教/学过程中，因为它构成了这一过程的框架。戈雷蒂（Goretti, 2006）详尽讨论了候选人的地位如何使受督导的分析变得复杂，甚至受到干扰。然而，会使督导过程变得更加复杂的第三方并非只有机构。候选人的培训分析师和被分析者都是潜在的第三方，增加了督导与候选人关系的复杂性。也许所有可能的三元关系都以这样或那样的形式存在，影响着督导的关系（Amati Mehler, 2001a）。当分析情境中互动的特质转移到督导中的互动时，来访者可能“存在”于所谓的平行过程中。培训分析师作为候选人潜在的、相互竞争的家长形象而存在；机构的存在则体现于无处不在的、令人焦虑的评估和批准问题。所有这些“第三方”都会干扰督导过程，如果出现，就必须加以处理。

测量和评估

通常测量和评估都是指向候选人的。他们是否具有应该具有的知识和能力呢？这当然是重要的，也与进行精神分析必要的特定能力直接相关，但督导有两方参与者。督导的表现也可能有参差，如果督导能够收到候选人坦诚的评估反馈，也是一个改善和进步的机会（Berman, 2000）。在任何情况下，透明的制度和氛围都优于神秘，但不应跨越或违反保密原则。

评估有不同的方面和水平，它们共同构成了认证候选人的程序。在此，我效仿了其他学者对评估和测量的区分（Aronowitsch, 2001）。

评估意味着强调相互性、省映、反馈、工作联盟。它在候选人和导师之间的对话中占有一席之地。评估目的是促进学习。出现的问题会得到澄清和修通。可以说，这主要涉及自我和自我理想的因素，是分析态度内化的基石。

测量与能力认证有关。候选人是否掌握了独立进行精神分析所需的技术和知识？这更多的是一个超我的问题；候选人需要与机构的标准进行比较，可能通过，也可能不通过。然而，明确界定的程序和清晰明确的认证标准可以很好地保持测量的透明度和清晰度。

这里强调的相互性和透明度意味着候选人参与对他或她发展的评估。这与卡莱夫（Calef）在1971年的维也纳培训大会前的报告是一致的。在讨论中，与会者强调承担责任的能力是候选人和未来分析师的重要素质，并一再敦促候选人参与对自己的评估。更多的质疑和探索自由以及更大的投入和反馈的循环，也能为提高组织的灵活性和成长做出重要贡献（Calef, 1972）。

我们可以用一张图来概括评估候选人能力的动力，图中的评估和测量与能力的关系与前面的图式类似（图13）。

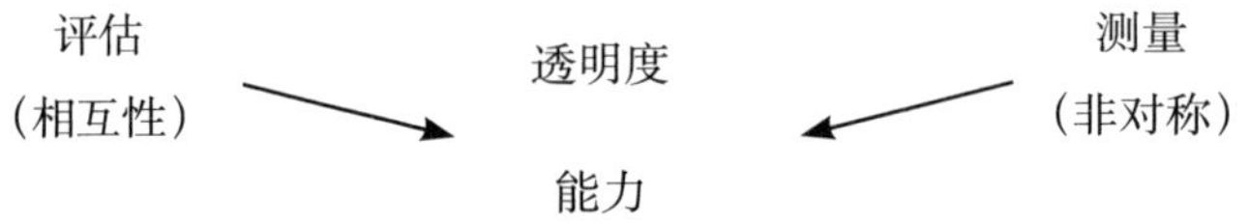

图13　评估

当然，测量和评估的一个关键点是认证标准问题。为了能够确定候选人是否具备必要的能力，我们必须对这种能力的构成要素有一些或外显或内隐的思考。此外，为了能够评估一个机构的精神分析教育（水平）以及对比不同的机构的教学水平，我们需要定出分析能力的标准，且标准越明确越好。这无疑是一个重要的研究领域（Tuckett, 2005; Junkers, Tuckett & Zachrisson, 2008; Filet & Szönyi, 2009）。

进行精神分析是一项复杂的任务，教授精神分析和学习精神分析也是如此。我们对何为精神分析的能力有了预想，而精神分析的培训计划和课程的基础就是希望候选人能够习得的这些分析能力，且对候选人最终的认证也基于我们确认他们具有这些能力。因此，在精神分析督导模型的开头和结尾都会出现有关能力的问题，也就不足为奇了。

结　　论

这是一种启发式的精神分析督导模型。它基于这样一个假设，即精神分析是一门综合技艺。它是一门科学，使用的技术源于理论考虑，同时又具有技艺的元素。除了从业者的直觉和创造性之外，精神分析实践还使用明确的理论和严格规定的方法。从业者在分析设置中应用具体的技术，并在一致连贯的分析态度的指引下调节使用的技术。为了应对精神分析的复杂性，精神分析的督导模型必须包含一些模糊性，以及彼此对立或看似对立的现象之间的矛盾。

主要的模糊性在于精神分析作为一种文化和一种方法之间的矛盾。作为一种文化，精神分析有其特定的现实视角，有其理解人类和人类生活的独特方式。作为一种方法，精神分析意味着实践的是特定技术和技能。然而，精神分析方法的概念也是复杂的，因为它包括了技术元素和保持连贯一致的态度，所以与其说精神分析是一种技术疗法，不如说它属于一种文化。

模型的关键词图

图14是我提出的督导模型的关键词图，本文中介绍的各部分结构或图式被整合到一个结构中。本文中讨论的关键概念都可以在图14中找到，一些相关的关联和张力关系在图中用箭头表示，说明了精神分析督导中必须考虑的动力。

在该模型中，这种主要的模糊性被追溯到精神分析督导的一些核心方面，包括目标、教或学过程、关系和评估。我们的基本观点是，这些张力关系和模糊性是精神分析督导所固有的。可以说，它们是督导的一部分，而这种“教”会或“学”的情况的复杂性，恰恰反映了候选人所要掌握的技术的复杂性。

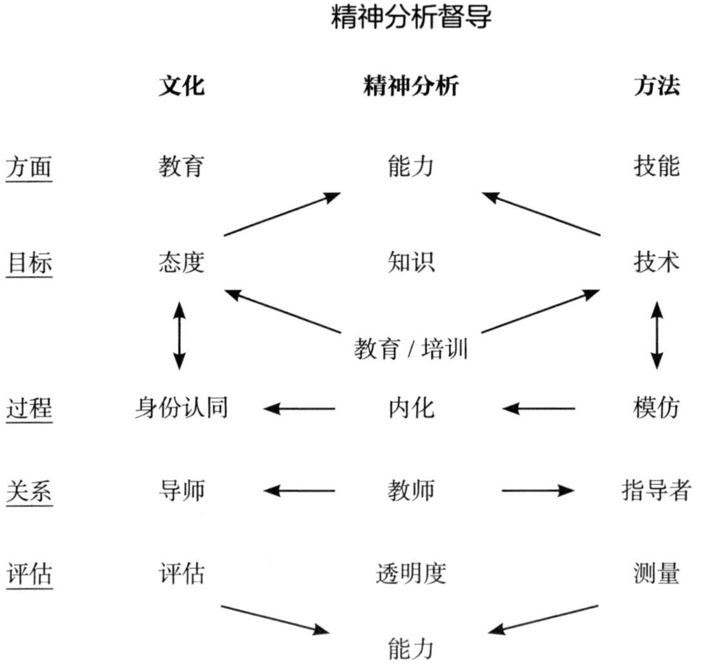

图14　精神分析督导模型

第四部分

精神分析与文学

第十六章

躺椅上的培尔·金特

[第一作者为马里特·奥伦]

在《培尔·金特》中，易卜生通过培尔所处的灾难性环境，将他的心理现实戏剧化。我们该如何解读这一错综复杂的戏剧结构呢？

培尔寻找真实自我的努力失败了。他一生都在避免依恋任何人或地方。在最后一幕，他回到了年轻时离开的国家。我们发现他在一片充满自己生活经历的场景中徘徊。这些场景以灾难性事件为标志；周围的环境被撕裂、烧毁，失去了生机。易卜生让培尔认同这些场景的特征，这些特征代表了他尚未发展的人格的各个层面。因此，灾难性的场景构成了他崩溃的能力的背景，在一系列场景中，这些未实现的能力指责他从未发展。

这种诠释基于精神分析师比昂的理论，他将弗洛伊德的精神分析比喻为精神考古学。在弗洛伊德看来，分析性的“挖掘”涉及的是被埋葬的文明。比昂则认为，我们发掘的是仍然活跃的原始灾难的残余。在这些场景中，培尔的人格回忆被掩埋，他慢慢地开始想起并意识到自己人生的悲剧。

引　　言

本章我们将展示易卜生（Ibsen, 1867）如何在其戏剧诗歌《培尔·金特》的最后一幕中用周围的场景反映出主人公培尔的心理现实。然而，场景与心理之间的相互影响并不是读者一眼就能看出来的。易卜生在主人公的心理中构建了一个潜在的结构，这个结构在很大程度上被投射到场景中。我们认为，这些投射需要心理动力学的理解才有意义。参考作用于人格无意识部分的力，我们就有可能看到一种模式。目前的诠释是基于早先对《培尔·金特》的研究，其中从精神分析概念的角度解读了人格发展的停滞（Aalen & Zachrisson, 2013; Aalen, 2014, 2016, 2017）。

精神分析的一个要点是，无意识的力是根据不同的心理结构运作的。因此，力与结构之间存在着一种交互作用，这种交互作用是人无法直接接触到的。这意味着人们做出选择的根本动机是无意识的。要进入这些无意识的心理层面，不付出巨大的努力是不可能的，而精神分析师或心理治疗师的帮助则是尝试进入这些心理领域的一种方法。

易卜生采用了不同的戏剧手法来揭示培尔的人格深度。易卜生综合运用幻想的人物形象、具有象征意义的自然元素以及隐喻，让主人公一步步面对自己潜在的心理处境，也就是精神分析中常说的心理现实（Freud, 1900）。一开始，我们的印象是，培尔能够辨认出他所遇到的属于自己的元素。例如，当培尔剥洋葱去找一个没找到的内核时，就是这种情况。然而，由于这种发掘与内疚和痛苦等不愉快的情绪相关联，他立即拒绝并否认他所遇到的事物的意义。因此，他无法利用自己的体验并从中学习。相反，他的绝望与日俱增，在灾难性的场景中越陷越深，我们很快就会讲到这一点。

培尔无法利用他对自己的认识与易卜生赋予培尔的独特品质有关，这些品质构成了培尔的自体，并投射到场景中。这些元素有些是破碎的，有些以死亡的形式存在，它们不具备通过整合建立自体所需的特质。这一事实对于我们理解易卜生在最后一幕中赋予索尔维格（Solveig）的角色至关重要。在前几幕中，她还是一个少女，她对培尔的反应夹杂着性冲动的觉醒和儿童般的天真。在最后一幕中，她有一种独特的成熟和睿智。在我们的诠释中，易卜生设计她来扮演“他者”的角色。在哲学和精神分析中，“他者”指的是关联性，是构成人的主体性的必要因素。虽然主体性在精神分析中并不是一个被广泛使用的术语，但它大致与自体同义，指人类存在的一个普遍特征，即发自人格的真实核心活动的能力。这种能力有很多内涵，例如责任和爱，这些都是培尔所缺乏的能力。弗洛伊德和比昂的“考古学”概念是本文的诠释工具，让我们仔细看看他们是如何诠释这一隐喻的。

考古学的隐喻

弗洛伊德把从无意识深处揭示心理现实的过程比作考古发掘。他写道：

> 他（分析师）的建构工作（或者说重建工作）在很大程度上类似于考古学家对某些已被破坏和掩埋的居所或某些古老建筑的发掘……他所面对的不是被摧毁的东西，而是仍然活着的东西。(Freud, 1937, p.379)

在比昂对弗洛伊德观点的阐述中，被挖掘出来的不是文明，而是原始的灾难——一种仍然活跃的灾难。

> 我认为，如果……我们挖掘的与其说是原始文明的证据，不如说是原始灾难的证据，那么，弗洛伊德将考古调查与精神分析相提并论是一个有用的比喻……在分析中，我们面对的不是一个可以悠闲研究的静态情境，而是一场充满旺盛生命力又无法静止的灾难。(Bion, 1959, p.311)

比昂将这种基本的、灾难性的内部状况与无法将感官印象和体验转化为心理特质和象征的情况联系起来。换句话说，这种内部状态与无法心智化有关。我们将试图说明，最后一幕中出现的“原始灾难”象征着一场灾难，它在培尔·金特内心的黑暗层中展开。比昂的观点比弗洛伊德更能说明这一灾难场景揭示出来的元素。弗洛伊德认为被揭示出来的东西“仍然活着”，但培尔·金特的例子似乎不是如此。

培尔走过的废墟里掩埋着他性格中零散的回忆，它们逐一显露。地下的内容逐渐显露出来；属于培尔的破碎和死亡的能力浮现出来，他的记忆开始复苏。

这种记忆带有灾难色彩，灾难构成了事件的框架，同时也是他自我揭示过程的基础。场景充满了回忆，而回忆的内容从长远来看无法回避。

在比昂的概念中，灾难既可以是一种封闭的、令人无法忍受的恐惧的内部状态，也可以是一种开放的、充满成长和新生可能性的状态。将封闭状态转变为开放状态的关键因素是直面可怕的内部情境，撕开它并耐受其揭示的现实。当我们不回避而是耐受心理现实时，我们就能对它进行思考和梦（Bion, 1962a）。通过这些方法，我们可以创造一个认识论的空间，让人能够接近其个人存在的真相。这一过程与易卜生在剧中最后一幕逐渐揭示培尔的过程非常接近。

沃尔特 · 本杰明（Walter Benjamin）也从另一个角度阐述了“灾难”作为改变和修复出发点的想法（Stewart, 2010）。在比昂看来，从灾难的基础走向真相主要是个人的任务，本杰明则强调灾难性改变在文化和社会层面的意义。然而，他的“灾难化主体”一词与比昂对这一过程的概念非常接近（出处同上）。

由于易卜生的作品在北欧以外的地区并不著名，我们将在下文中回顾其整个叙事。

培尔 · 金特简介

易卜生的《培尔 · 金特》（1867a）被认为是挪威的民族史诗，尽管它是一部戏剧（Bloom, 1994）。该剧讲述了培尔 · 金特从少年时代（前三幕）到长大成人后在国外经商（第四幕的一些场景对其进行了概括），再到退休后回到家乡（第五幕）的故事。

第一幕

在一场传统的农民婚礼上，培尔邂逅了索尔维格，并被她的年轻和天真所打动。他酗酒好色的名声在外，索尔维格拒绝与他共舞。然而，培尔很快意识到，他可以接近新娘，从而为被索尔维格唤起但未满足的欲望找到出口。因此，他劫持了新娘，引诱她，拒绝她，并因此成了逃犯。

第二幕

培尔独自在山中游荡，偶遇了一位绿衣女子。她貌美如花，勾起了他的欲望，并将他引诱到山间会堂。在那里，她的父亲多弗王（DovreKing）试图将培尔变成山妖。根据北欧神话，被引诱进山中可能代表精神病发作。培尔抵制了多弗王，避免了永远陷入精神错乱的状态，但他实现了山妖的箴言“为自己就够了（to thyself beenough）”。走出山后，培尔面临着新的挑战，他遇到了神话中的博伊格（Boyg）。博伊格用一种无形的模糊感包围着培尔，自称“我自己”。在易卜生的研究中，博伊格是培尔人格中未发展的、无形的一部分。他逃离了博伊格，但也实现了他的箴言：“绕道而行（Go roundabout）”。从这时起，培尔一直在逃避个人和道德的挑战，直到最后一幕。在大多数解读中，这种回避恰恰阻扰了他自我觉察。

第三幕

培尔是一名逃犯，他在森林中建造了一间小屋。他努力想要安装一把锁，防止愤怒的“坏念头”冲破木墙，进入他的脑海。

出乎他意料的是，索尔维格来到他的小屋与他同住。在她到来之后，“邪恶的想法”以绿衣女人的具象形式出现，她是多弗王的女儿。她出现在小屋外，声称自己的小屋和培尔的小屋是在同一时间建造的。她小屋的建筑材料似乎就是培尔费心挡在自己小屋之外的东西。培尔无法理清心中的纠结：索尔维格在小屋里等着他，女巫则威胁要打扰他们，要求获得他身上属于她的部分。他“绕道”离开了。在出国途中，他探望了即将死去的母亲。

第四幕

培尔在国外度过了许多年，尝试了各种职业，其中大部分都涉及黑钱。他扮演不同的角色，不断尝试，然后把它们当作空壳扔掉，忠实于箴言“为自己就够了”。在这一幕的最后，培尔被关进了疯人院。

第五幕

乘坐轮船返回挪威的培尔获得了箴言“一种更冷酷的表达(a somewhat harder expression)”。抵达挪威后，在一连串的情景中，他开始面对自己的人生故事和心理现实；这是他一生都在否认的现实。如前所述，易卜生将这些情景设置为不同形式的灾难性场景，在我们看来，这些场景代表了培尔的心理现实状态。一次又一次，培尔首先认识到他所遇到的现象是他自身的一部分。不久，他又拒绝接受自己潜在的洞察，无法应对自己内心难以忍受的感觉。最后，在不知不觉中，培尔发现自己靠近了他年轻时建造的小屋，也是索尔维格一直在等待他的地方。她现在老了，像母亲一样，欢迎他到这里，这对他来说似乎是一个新的开始。

要分析的元素

在进行解读之前，让我们先来看看易卜生创造了哪些戏剧现象来直面培尔的心理现实。我们可以大致区分四种不同的现象，每种现象都象征着培尔未发展的自体的一部分：

1. 风景，如被撕裂的地面；
2. 建筑物，如破败的磨坊；
3. 自然现象，如洋葱，他剥开洋葱试图寻找洋葱核，但没有找到；
4. 幻想般的人物，如瘦人（the Lean Person），他把培尔比作一张半成品照片。

这些现象有些是对培尔的描述，有些则是培尔提出的。所有这些现象都被一场尚未修复的灾难所包围。

在这些现象中，我们重点关注那些被诠释为培尔人格基础的表达的现象，即场景描述。在景观中，我们发现了建筑物和自然现象，它们将作为主要场景隐喻的补充元素。

拍卖会：“被撕裂的地面”

穿梭在一片灾难性的场景中时，培尔首先面对的是对童年和青年时代逸事的回忆，如破坏性的新娘诱拐事件。他遇到了一个农场拍卖会。这恰好是他母亲的农场，因为他的抢婚行为，她失去了这个农场。

山丘被干涸的激流河床填平。溪流旁一座破败的磨坊。
地面被撕裂，整个地方一片荒芜。
再往上走，是一座大农舍。
农舍前正在进行拍卖。
人们聚集在一起，喝着酒，吵吵嚷嚷。
培尔·金特坐在磨坊旁的垃圾堆上。(1867b: 219)*

原文

Bakke med et udtørret Elveleje. En sammenstyrtet
Kværn ved Elven. Grunden oppreven; Ødelæggelse rundt om.
Højere oppe en stor Gaard.
Oppe ved Gaarden holdes Auktion. Megen Almue samlet. Drikk
og Støj. Peer Gynt sidder nede paa en Grushoug
paa Kværnetomten. (1867a: 697)

英文译文

A hillside seamed by the dry bed of a torrent. A ruined mill-house beside the stream. The ground is torn up, and the whole place waste. Further up the hill, a large farm-house.

An auction is going on in front of the farm-house. There is a great gathering of people, who are drinking, with much noise. PEER GYNT is sitting on a rubbish-heap beside the mill. (1867b: 219)

---

* 为了完整传达原文所传达的感受，同时附上台词原文及英文译文，下同。——译者注

我们必须注意到，易卜生在这里描述的灾难性场景是磨坊周围的地面。在第一幕的开头，培尔的母亲试图阻止他参加一场他没有被邀请的婚礼，他在婚礼上抢劫并诱奸了新娘。由于这一错误行为，他被判终身为罪犯，而他的母亲也失去了农场，不久便去世了。

现在，磨坊已经倒塌；正如英文译文所说，它已经毁坏。这是衰败的结果，也说明了岁月的流逝。然而，周围的环境却给出了另一个信息，似乎最近又发生了一场灾难。“地面被撕裂”，这并不是多年前发生的。如果是多年前发生的，大自然应该已经修复了地面。在场景描述中，易卜生展示了精神分析中两种不同的时间范畴：“时间学时间”和“现象学时间”。现象学时间指的是心理现实，在这种情况下，内心的状态可能多年来几乎保持不变，因为最初发生的事情没有得到修复。无意识是无时间性的，是一种永恒的存在（Freud, 1937）。

然而，在时间学时间中，时间会流逝，人们会发现“腐朽”等现象。当磨坊倒塌时，它受到了腐朽的影响，因此也受到了时间的影响。另一方面，房子周围的地面被撕裂可能是因为永恒（一种现象学的时间）的存在。这两种“时间”以复杂的方式将无意识与现实联系在一起。

因此，磨坊周围被撕裂的地面和破败的遗迹都有一个故事。磨坊代表了培尔的母亲为阻止培尔实施破坏性欲望的行为所做的努力。根据吉拉德（Girard）的观点，这种欲望可以理解为拟态欲望或三角欲望（Girard, 1965）。它以一种迫切的方式要得到属于他人的东西。吉拉德认为，这种欲望总是导致毁灭和死亡。在培尔的案例中，这导致了他母亲的疾病和死亡。用克莱因以及后来的比昂的术语来说，这种欲望可以用贪婪来理解，其含义是“……一种急躁的、贪得无厌的欲望，超出了主体的需要和客体能够并愿意给予的东西”（Klein, 1957, p.181）。[①] 因此，在我们的解读中，破败的磨坊代表了一个古老的事件：培尔无情的欲望与母亲为阻止他引发灾难所做的努力之间的冲突。培尔当时没有尊重的现实是，新娘将在当天结婚；培尔毁掉了这桩婚姻。我们可以假定，他之所以破坏这桩婚姻，只是因为吉拉德所理解的三角欲望，在这种三角欲望中，第三者充当了欲望

① 关于这一点的更深入讨论，见文献（Aalen & Zachrisson, 2013）。

的中介。在这里，新郎在培尔偷新娘的过程中起到了决定性的帮助作用。

培尔的行为对他的母亲、自己、新郎以及新娘的家庭来说都是灾难。从心理动力学的角度来看，他的欲望代表了童年时期的灾难性场景。如果不加以修复，它将在他的一生中持续活跃。在抢亲事件中，培尔表现出的是一种古老的贪婪欲望。

当我们作为读者来到最后一幕时，我们只能看到这一事件的残余。易卜生在构思场景和描写景物时将旧的和现实的心理力量融合在一起；破败的磨坊和被撕裂的环境以一种过度确定的方式共同代表了过去和现在的灾难。

在拍卖会上，人们向培尔展示了他童年的物品和与抢亲有关的物品。这是他第一次接触到他一直否认的心理现实。他们对他的背景挖掘得越深，他就越感到困扰和厌恶。他用一种讽刺的方式将这一过程比作农民翻地。

> 培尔［站起］
> 农夫的谚语在这里似乎不太适用：
> 耙得越深越香。（1867b, 221）

原文

> PEER GYNT rejser sig
> Her gjælder nok ikke Agronomernes Ord:
> jo mere en roder, des bedre det lugter. (1867a, 699)

英文译文

> Peer [rises]
> The husbandman’s saying seems scarce to hold here:
> The deeper one harrows the better it smells. (1867b, 221)

弗洛伊德认为，揭露属于自体的元素会让这些原本被压抑或否认的无意识元素被整合进自体。在比昂对弗洛伊德模型的阐释中，这种整合的前提是被发掘的元素被耐受和涵容。如果它们发出气味并被回避，就像培尔的情况一样，潜在的自我觉察就会受到阻碍。这就是弗洛伊德与比昂的考古学隐喻之间的本质区别，也是比昂的理论似乎更适合解读易卜生的《培尔·金特》考古学的原因。

易卜生在文中明确指出，培尔无法将他所面对的材料融入自体。从精神分析的角度来看，这可能与“对痛苦状态的压抑”和“对现实的否认”之间的区别有关。在培尔的心理现实中，全能的自我感受和躁狂否认似乎从他年轻时就开始发挥作用。这意味着他一直在否认现实，而不是压抑内心的痛苦状态，这对他的人格发展产生了至关重要的影响（Aalen, 2014）。

在弗洛伊德的心理学中，压抑是主要的防御机制（Laplanche & Pontalis, 1973），同时也是构建心理机构的基本机制。没有压抑，心理的意识和无意识领域就没有区别。比昂意义上的“接触屏障”（Bion, 1962b）就不会形成。接触屏障在调节意识与无意识心灵之间、调节内部世界与外部世界之间的交流方面，发挥着重要作用。培尔缺乏这样的调节机制，他只能依靠否认现实而不是压抑来远离怪怖的体验（Aalen, 2014）。如果他生活史中的这些元素被压抑，它们会更容易整合。这是因为被压抑的元素在一定程度上已经被心智化了，而被否认的元素则没有。

因此，如果培尔的特征是压抑，那么弗洛伊德的考古学隐喻就足以成为理解自我认识过程的工具。但是，由于否认这一更为原始的防御机制主导了培尔的心理现实，他不得不面对一种更为破碎和难以忍受的心理状态。我们认为，比昂的考古学隐喻为我们提供了一个更好的工具，来理解培尔为何缺乏成长能力，而缺乏成长的能力正是他心理现实的特征。

“……依然活着的某些东西”

虽然这些考古学隐喻主要与分析有关，但《培尔·金特》的最后一幕与分析工作有很大的相似之处。首先，培尔以戏剧化的方式面对两种在分析过程中非常重要的现象，即生活史和心理现实。生活史指的是在人格形成过程中起到关键作用的事件。对这些事件的记忆往往是无意识的。由于其不愉快或痛苦的性质，它们被压抑或否认。从理论上讲，痛苦源于最初与这些事件相关的挫折感；这些挫折感曾经是无法忍受的。因此，这些记忆被排出意识之外，隐藏在成人的无意识的黑暗层面。

其次，无论是在精神分析中，还是在易卜生的剧作中，这些相遇部分都是与其他人相关的。在最后一幕中，培尔多次面对有点神秘的人物：奇怪的乘客、瘦人、纽扣匠，他们各自以自己的方式让培尔面对自己人格中的基本缺失。当培尔面对自己人生历史片段时，他似乎忘记了所有重要的事情。面对这些片段，他的记忆开始起作用，并唤起了不愉快的感觉，我们假定这种感觉最初是与这些事件相关的。

因此，他不能耐受这些相遇，再次逃避了可能的自我认识。

培尔
流氓伎俩！你竟敢把对我不利的东西说出来？
[匆匆离去]
(1867b, 233)

原文

Peer Gynt
Kjæltringstreger! Tør I skrive
mig tillbogs det negative?
(haster afsted)
(1867a, 710)

英文译文

Peer
Rascal-tricks! How dare you debit
what is negative against me?
[Hastens away]
(1867b, 233)

我们所说的“心理现实”，是指本能和情感力与生活体验之间无意识的交互作用，它形成了每个人特有的、相对稳定的结构。因此，生活史和心理现实是紧密交织的，面对其中一部分必然会激活另一部分。因此，当培尔面对抢婚等事件的片段（生活史元素）时，他原本回避的感受就会被激活（心理现实）。这些感觉让他无法忍受，于是他逃避了，就像上面的场景一样：“你竟敢把对我不利的东西说出来？”

“一个被铭记，一个被遗忘。”

随着培尔向森林深处走去，他也向自己的内心深处走去。他走近自己曾经建造的小屋，那里是他的爱人索尔维格等待了他近一生的地方。他的自我认识与他对索尔维格的亲近之间似乎存在着某种联系。当他走近索尔维格时，他的灾难状态从封闭转变为开放的、可改变的状态。因此，培尔进入了比昂概念中的第二种灾难，即灾难性变化（Bion, 1965）。

就在他意识到索尔维格在等他的那一刻，这一变化过程开始发生了。他突然意识到自己终生回避爱情关系的悲剧性，并感受到这给他带来的痛苦。突然间，他明白了失去了什么，并开始以一种悲剧的方式回忆往事。

培尔[起身，安静而苍白]
一个人铭记，一个人遗忘。
一个人虚耗，一个人珍藏。
啊，严肃——一切无法重来
啊，可怕——这是我的王国
[沿着林间小道匆匆离去]
（1867b, 230）

原文

PEER GYNT rejser sig stille og dødbleg
En, som har husket, – og en, som har glemt.
En, som har mistet, – og en, som har gjemt. –
O, Alvor! – Og aldrig kan det leges om!

O, Angst! – Her var mit Kejserdom!
(løber ind over Skogstien)
(1867a, 706)

英文译文

Peer [rises, quiet and deadly pale]
One that's remembered – and one that's forgot.
One that has squandered – and one that has saved. –
Oh, earnest! – and never can the game be played o'er!
Oh, dread! – here was my Kaiserdom!
[Hurries off along the wood path.]
(1867b, 230)

这个场景不仅指向对被遗弃的爱情的琐碎感悟，还有更深刻的意义。培尔有了一个突然的洞察，他看到了对认真关系的终身回避是如何导致自己虚耗了一生的。他爱的能力掩埋在焦虑之下，或因回避认真而保持距离。此外，他似乎以一种神圣的方式表达了这些令人不安的情感，以一种敬神的方式说话："啊，严肃！啊，可怕！"这种突然了解到自己生活中重要状况的表达方式可以被解读为一种顿悟。顿悟是一种突然的、惊人的领悟。顿悟一词最初指的是神圣洞察力的显现。如今，尤其是受到詹姆斯·乔伊斯（James Joyce）的启发，这一概念通常不带神圣的含义。乔伊斯笔下的一些主人公突然认识到了自己，改变了对自己的看法。就像培尔在索尔维格小屋附近的这一幕中一样。

当我们把"顿悟"和"灾难性变化"这两个概念结合在一起时，就会发现这种领悟并不会立即带来解脱。培尔没有立即体验到解脱，相反，突如其来的洞察所引发的感受是灾难性的，绝望似乎在一开始变得更加严重。

让我们跟随培尔进一步穿越他的心理现实，这一切通过他所穿越的场景表征出来。

“森林大火肆虐”

在拍卖会上，培尔童年时的庄园遗物浮出水面，拍卖现场是一片被撕裂的土地、干涸的河床和遍地的损毁。现在，培尔离开了破败的磨坊，来到了森林中。他发现了索尔维格的存在，索尔维格一生都在思念着他。这种经历加剧了他的绝望，对自己悲剧新增的洞察吓坏了他，他跑进了森林深处。

森林深处，他发现自己置身于另一片景色之中，而这片景色以一种新的方式呈现出近期灾难的痕迹。这一次，地面没有像童年记忆的拍卖会那样被撕裂。在索尔维格的小屋附近，一场森林大火正在肆虐。

> [夜晚一片长满枞树的荒地。森林大火肆虐，烧焦的树干绵延数英里。白雾时隐时现地笼罩着大地。]（1867b, 230）

原文

Natt. – Furumo. En Skogbrand har hærget. Forkullede Træstammer milevidt indover. Hvide Taager hist og her over Skogbunden. Peer Gynt løber over Moen. (1867,706-7)

英文译文

[Night. A heath, with fir-trees. A forest fire has been raging; charred tree-trunks are seen stretching for miles. White mists here and there clinging to the earth.] (1867b, 230)

森林大火可能代表了培尔在抢亲事件中表现出来的具有毁灭性后果的欲望。在我们看来，这种贪婪的欲望仍然是他人格的一部分，但在戏剧的这一部分，我们看到的主要是他贪婪的心理动力基础。在这一基础上，大火烧毁了他本可以绽放的内心世界。这把火“绵延数英里”，暗指欲望具有强大的灾难性。这与吉拉德看待三角欲望的方式（Girard, 1965）以及比昂看待类似心理动力状态的方式是一致的，贪婪的欲望“绵延数英里”，摧毁了培尔的内部世界。这不是爱、关心和相互的氛围。这是一种被欲望摧残和掏空的场景，一切都死气沉沉，一切都被掩埋。

在对易卜生的研究中，人们普遍认为这种景观描述的是主人公的存在或最深层的内心基础（如Østerud, 1981），在我们的案例中，描述的是培尔的心理现实。然而，这种情况通常被认为是培尔不道德、不真实的生活方式造成的（如Ystad, 2006）。

从精神分析的角度来看，这些因素的因果顺序发生了变化。这意味着，培尔所经历的灾难性处境是他不真实生活的原因，而不是结果。持续了一生的内部情况在最后一幕（晚年）中浮现出来，这也与上述论点是一致的。通过揭示，潜在的情况可能会暴露出来。在我们看来，易卜生的文本描绘了精神分析所描述的这种动力。这种持续的灾难在形成培尔生活史的核心方面发挥了至关重要的作用，包括他无法实现自己的抱负和建立爱情关系的能力的崩溃。

因此，潜在的心理内部条件和生活史的顺序符合精神分析理论的逻辑。在这一理论中，成人的内部心理情境被视为当下生活的成因，而非结果。

在我们的解读中，我们发现易卜生以同样的逻辑构建了他的戏剧。在前四幕中，培尔展开了他的人格，而在最后一幕中，他面对的是人格的内部结构。因此，到了晚年，培尔面对的是他最基本的内部心理现实，而这一现实就表现为场景中的灾难。

“……原始的灾难”

易卜生让培尔在灾难性场景中寻找自我的方式，与比昂的考古学隐喻中的概念十分相似。易卜生还将灾难与培尔自体的“死亡”基础联系起来，进而加强了这一诠释。他让培尔认同了几个暗示死亡和空虚的隐喻。

此外，培尔无法从经验中吸取教训，无法建立自己的身份认同（和生活史），不仅是因为他缺乏能力。这也与易卜生让他遇到的现象的性质有关。正如我们很快就会意识到，这些现象并不适合构建或重建。弗洛伊德考古学的目的是构建或重建内部的心理现实。到目前为止，我们使用了易卜生的情景描述来解释场景及其内容。下面让我们看看培尔本人如何识别他所穿越的场景，以及他选择了哪些词语来描述场景的特征。

> 灰烬、雾气、随风扬起的尘土——
> 这些都足以用来建造！
> 里面臭气熏天，腐朽不堪；
> 一切都成了白色的坟墓。
> （1867b, 230）

原文

> Aske, Skodde, Støv for Vinden, –
> her er nok at bygge af!
> Stank og Raaddenskab for inden;
> alt ihob en kalket Grav.
> (1867a, 707)

英文译文

> Ashes, fog-scuds, dust wind-driven –
> here's enough for building with!
> Stench and rottenness within it;
> all a whited sepulchre.
> (1867b, 230)

培尔以一种具有讽刺意味的方式指出，这些元素“足以用来建造”！我们认为，他明白雾气和尘土代表他的自体，而这些现象对建立完整身份认同是毫无用处的。

让我们回到弗洛伊德，重温他的精神分析考古学中的最后一句话：“他所面对的不是被摧毁的东西，而是仍然活着的东西”（Freud, 1937, p.379）。与弗洛伊德的描述形成鲜明对比的是，培尔所面对的似乎真的是被摧毁的东西。而且，这种消解的存在主要由死亡元素组成：“灰烬、雾气、随风扬起的尘土”。在这里，比昂通过精神分析考古学揭示灾难的观点更适合于理解《培尔·金特》：没有什么“还活着”的东西等待被揭示，只有死的东西。这种印象在下一个场景中变得更加明显，在这个场景中，培尔将自己与一座金字塔相提并论，而这座金字塔的基座已经“死掉了”。

比昂将揭示的灾难与精神状态联系起来：他说，“在任何方向上都缺乏进展，必须部分归咎于好奇心的破坏和随之而来的学习能力的丧失”（Bion, 1959, 311）。

培尔好奇心的限制

我们的第一印象是，培尔与比昂所说的这类型人的人格不同，他具有“好奇的能力”。培尔似乎对他在面对自我的过程中遇到的现象感到好奇。然而，仔细阅读后我们会发现，培尔很快就从最初认为与自己有关的事物中退缩了。这种后退或迂回的倾向削弱了他的好奇心，因此也削弱了他从经验中学习的能力（Bion, 1959, p.311）。

培尔无法耐受所揭示的事物，这构成了他心理灾难性状态的核心。在这一灾难的中心还有空虚，一种缺乏核心的空虚。易卜生用一个富有表现力的场景展现了培尔的心理状态：培尔找到了一个洋葱，并开始剥开洋葱寻找洋葱核。在剥开一系列表面的认同之后，他最终一无所获。

> [同时拉开几层。]
> 好多层皮啊
> 内核不就快露出来了吗？
> [把整个洋葱拉成碎片]
> 是的，我很高兴扒到了最里面
> 那里什么都没有，只有一圈一圈越来越小的皮——
> 大自然真是诙谐！
> （1867b, 228）

原文

(plukker flere paa engang)
Det var en ustyrtelig Mængde Lag!
Kommer ikke Kjærnen snart for en Dag?
(plukker hele Løgen opp)
Nej-Gud om den gjør! Till det inderste indre
er altsammen Lag, – bare mindre og mindre. –
Naturen er vittig!
(1867a, 705)

英文译文

[Pulls off several layers at once.]
What an enormous number of swathings!
Isn't the kernel soon coming to light?
[Pulls the whole onion to pieces.]
I'm blest if it is! To the innermost centre,
it's nothing but swathings – each smaller and smaller. –
Nature is witty!
(1867b, 228)

修复的过程

然而，正如我们之前所讲的，比昂的灾难概念具有两面，而这两面又是紧密相连的。起初，它是一种封闭的状态，但如果人们能够接触到它，它就会向变化和成长的可能性开放。通过面对、耐受灾难，并从灾难中学习，它将成为通往自我真相的出发点（Bion, 1962b）。

随着培尔离索尔维格的小屋越来越近，他的自我认识也越来越强。易卜生将她的小屋放在灾难场景的中心。在这里，它代表了一个潜在的转折点；一个可以让人与内心生活接触的宝库。用比昂的语言来说，索尔维格就像一个容器（Bion, 1962b），她提供了一个转化的心理空间，在这里，无法忍受的状态可以转化为可以忍受的状态，也就是说，她提供了一个发生灾难性变化的空间，在这里，创伤得到了治愈。因此，她代表着未来，代表着“成为”的原则。

培尔

那就说说你知道的吧！

作为我自己，作为完整的人，真正的人，我在哪里？

眉宇间带着上帝徽章的我在哪里？

索尔维格

在我的信仰中，在我的希望中，在我的爱中。（1867b, 270）

原文

Peer Gynt
Saa sig, hvad du ved!
Hvor var jeg, som mig selv, som den hele, den sande?
Hvor var jeg, med Guds Stempel paa min Pande?
SOLVEJG
I min Tro, i mit Haab og i min Kjærlighed.(1867a, 745)

英文译文

Peer
Then tell what thou knowest!
Where was I, as myself, as the whole man, the true man?
where was I, with God’s sigil upon my brow?
Solveig
In my faith, in my hope, and in my love.(1867b, 270)

索尔维格声称，培尔的完整和真实自体包含在“我的信仰中，我的希望中，我的爱中”，这是指基督教的成道行为。我们可以注意到，这里的“爱”是挪威语“kjærlighet”的翻译，与圣保禄（St Paul）的《哥林多前书》（*Corinthians*, 第十三章）中的“慈善”相对应。从否定神学的角度来看，德沃格斯达尔将培尔的自体视为一种潜能，需要在经历“灵魂黑夜”（Dvergsdal, 2003）之后才能实现。灵魂黑夜是基督教描述灾难的一种方式，如果一个人能够穿越它，就会是一种新的开始。在某些关键方面，这种转变人格的条件与比昂的灾难性变化观点相吻合，也与易卜生表现培尔·金特穿越灾难性场景、寻找真实自我的方式相吻合。

结 束 语

本文的主题是易卜生的《培尔·金特》最后一幕中的场景与培尔的心理现实之间的相互作用。我们在细读文本的基础上进行了阐释，发现比昂的模式与易卜生表现培尔心理状态的方式有相似之处。在灾难性的场景中穿梭，培尔面对的是自己的精神灾难和人生悲剧。他的心理现实的结构和动力似乎都与比昂的思想相吻合，尤其是比昂将精神分析比喻为对原始灾难的挖掘的考古学比喻。

我们并不是要借助精神分析来“诠释”易卜生的戏剧史诗。我们要强调的是易卜生对心理发展和人格动力的深刻理解；这种理解在精神分析的历史中更晚的时候才得到科学的阐述。或许我们可以将易卜生视为精神分析转向的先驱，这一转向发生在弗洛伊德和比昂之间，而比昂是其中的重要贡献者。在这一转向中，母子关系得到了更深入的探讨，而在安全的基础上的整合，或解体为灾难性状态的问题则成为精神分析理论的核心。

我们深信，新的心理学概念将为我们打开新的视野，对《培尔·金特》这座心理宝库进行新的解读，甚至更广泛的阐释。然而，作为一位天才的戏剧家，易卜生超越了任何理论所包含的内容。

第十七章

哈姆雷特——正常还是不正常

哈姆雷特是谁？他是真疯还是在装疯？他与现实生活依然保持关联还是已经脱钩？他周围的人和他生活的世界又是怎样的呢？

我首先思考的是用精神分析解读文学人物的问题，尤其是我们应该将人物视为虚构（审美幻觉）还是真实人物？我认为我们应该将哈姆雷特诠释为一个潜在的人，他由莎士比亚创造，展现了莎士比亚对人的真实——直觉性的——的看法。

根据这个悲剧的大纲和创作背景，我思考了有关该剧的问题：哈姆雷特疯了吗？他遇到了哪些冲突？俄狄浦斯情结的动力如何？

哈姆雷特是非理性的、冲动的、情绪化的、抑制的、忧郁的、多疑的、复仇的、谴责的，等等。但这些表现是一种“正常”的、人类的方式吗？还是说，他的性格是病理性的或是有限制的？我们是不是可以得出这样的结论：哈姆雷特——文艺复兴晚期一位聪明、善于反思、足智多谋的王子——在一个充斥着政治阴谋、家庭谋杀和不忠朋友的疯人院中挣扎？

> 哈姆雷特王子，你就像我们一样，身处一个普天同哀的环境……你既敏捷又迟钝，既大胆又胆怯，既善良又残忍，你既相信又怀疑，你既睿智又疯狂（这也是最重要的）。一言以蔽之，你活着。我们当中有谁没有在某些方面与你相似？谁的思想没有矛盾？行为没有不连贯？谁不是疯的呢？（Anatole France, 1886, p.218）

引　言

谁是哈姆雷特？这个问题没有唯一的答案。哈姆雷特是莎士比亚笔下最多面的人。他也许是迄今为止世界文学史中最复杂的人物。他一直吸引着所有人——专业人士和业余爱好者、演员和观众、研究者和读者。有关哈姆雷特的著作可能比其他任何文学人物都要多；而且人们对他的兴趣并没有下降的趋势。

我们不能把哈姆雷特简化为一个诊断的公式，不能简单一言以蔽之。就像爱丽丝（Alice）一样，他“栩栩如生，加倍自然！”（Carrol, 1872, p.210）。过去所有试图对他进行的解读都流于抽象，这些解读忽略了他的阴影、复杂性和矛盾。我对哈姆雷特的解读充其量也只是莎士比亚编织哈姆雷特悲剧的丰富可能性中的其中一条线。

事实上，没有一种对哈姆雷特的单一理解是详尽的。人们对他的理解随着时间流逝逐渐增加，但新的解读并不能取代以前的解读。相反，重要的新解读有助于我们拼凑出新的诠释（Aalen, 2017）。这也许就是人们对这部戏的兴趣从未减退的主要原因。简·科特（Jan Kott）说得很好：“哈姆雷特就像一块海绵。除非以风格化或古色古香的方式制作，否则它会立即吸收我们这个时代的所有问题。这是有史以来最奇怪的剧本，一切正是因为它不完美”（1965, p.52）。当弗洛伊德（Freud, 1900）将俄狄浦斯图式应用于哈姆雷特时，他揭示了一种新的结构，一种在莎士比亚文本中迄今未被注意到的内部动力。对弗洛伊德来说，俄狄浦斯情结的基本形式（对父亲的凶残竞争和对母亲的乱伦愿望）是普遍的、无处不在的；这种动力在每个人的无意识幻想中形成了一种积极的（若非支配性的）力量。所以，俄狄浦斯情结在莎士比亚的内心世界中扮演了一定的角色，我们可以想见，他在创作《哈姆雷特》时也会出现同样的情结。尽管这种推理方式可能会限制诠释的范围，但它是合理也是必要的。我们不能仅仅通过阅读文本来理解《哈姆雷特》。任何诠释都必须以某种形式的先入之见为基础。这样做的风险当然是我们会寻找支持这些先入之见而忽略不支持的证据，也就是说我们会把这个模型当作一块磁铁，吸引那些证实我们观点的东西，而忽略那些反对我们观点的东西。

在开始解读《哈姆雷特》之前，我将对诠释小说作品的一些问题进行讨论，尤其是用精神分析解读小说作品的问题。我还将谈到莎士比亚使用的资料来源、他创作这部悲剧的时间和他当时的写作环境，我会给出该剧的梗概，给大家呈现我将要讨论的场景的背景。

解读小说作品的模式

《哈姆雷特》的导演拥有广阔的阐释空间。实际上，导演需要运用自己的创造性和直觉，强调或抑制文本中的元素，剪切场景和人物，对戏剧进行主观的、个人化的解读。文学家的活动空间较窄，他必须遵从其所处时代和方向的文学批评规范和方法。一般的要求是，诠释必须有文本依据。

精神分析对《哈姆雷特》的解读不一定受限于文学批评的方法；这些精神分析背景的解读者在使用自己的概念模型时，会在不同程度上脱离原文。这可能会给他们一种感觉，即他们不只是提供了对该剧的新诠释，更是找到了最终的诠释——他们已经诠释了该剧。就像弗洛伊德在《米开朗琪罗的摩西》（*The Moses of Michelangelo*）中所说：

> 让我们来看看莎士比亚的代表作《哈姆雷特》，这部戏剧距今已有3个多世纪的历史。我一直密切关注精神分析的文献，我接受这些文献的说法，即直到精神分析将这部悲剧的素材追溯到俄狄浦斯主题，才最终诠释了其效果之谜。(Freud, 1914a, p.212)

有三位精神分析大师在20世纪中叶对《哈姆雷特》进行过精神分析解读，他们分别是琼斯（Jones, 1949）、艾斯勒（Eissler, 1971）和利兹（Lidz, 1975）。他们解读的核心以及起点是两个概念：俄狄浦斯动力的普遍性和精神生活中无处不在的无意识幻想。然而，三位大师不约而同地发现，如果要将这些概念应用于文学人物哈姆雷特，我们就要建立另一种先入之见。在诠释过程中，他们都将哈姆雷特视为一个真实的、活生生的人，而不是莎士比亚塑造的舞台人物。艾斯勒在这一点上说得很清楚。首先，他强调了莎士比亚笔下人物的丰富的可能性，尤其是哈姆雷特，他拥有几乎无穷尽的复杂性。他还提到海森伯格（Heisenberg）对自然界亚原子元素的评论：这是一个充满可能性的世界，而不是一个堆积着事实的世界。

这与恩克尔（Enckell, 2010）的观点不谋而合，恩克尔认为隐喻是所有小说的模板。他写道："隐喻的真实不是现实，而是可能。作为一个可能性，小说世界是真实的"（p.1101）。

然而，艾斯勒拒绝接受这一观点。

> 然而，尽管将哈姆雷特视为一种潜在的可能性很有诱惑力，但我接下来要走的却是一条古老的路。对我来说，哈姆雷特是一个活生生的人，我们对他的了解比对我们周围大多数人的了解都要多。在我看来，正是他那充满血性的心理现实，使经典精神分析方法在他身上的应用变得合理。（Eissler，1971，p.36）

艾斯勒之所以这样选择，似乎是出于策略考虑：为了从文本中获得更多的自由。它为推断无意识的动机、俄狄浦斯情结、冲突和动力提供了可能性，就好像哈姆雷特是一个接受分析的来访者一样。艾斯勒的做法让我们可以应用"经典精神分析方法"。但这种做法忽略了接受分析的来访者与文学人物之间的一个重要区别。分析诠释都是假设，是必须在分析过程中证实的假定。它们必须通过对过程的影响来证明自己的充分性。但文学人物不会对诠释做出反应。文本在诠释出现之前就存在，也不会因诠释而改变。在我看来，分析师可以自由地使用他喜欢的模式作为先入之见，但为了有效，诠释必须符合文本。

我认为，艾斯勒面对的"诱惑"并不是把哈姆雷特当作一个可能的人，相反，是把哈姆雷特当作一个活生生的人，从而相对摆脱了纯文本分析的束缚。他至少可以部分地忽略这样一个事实，即哈姆雷特是莎士比亚在社会、文化和政治背景下塑造的一个人物。他还可以引用咨询室内的经验来支持自己的诠释，而不是将其完全固定在莎士比亚的文本中。

这并不意味着艾斯勒忽视了莎士比亚的文本；相反，他是一个透彻的读者。他的专著是一部学术和严谨的杰作。这也并不意味着他的阅读缺乏趣味性。他培训有素的分析能力和对文本精到的"倾听"为我们打开了新的视野。但我对以下的部分保留意见，包括他的认识论立场；他对审美幻觉的摒弃，他将哈姆雷特视为一个真实的人以及他对哈姆雷特无意识的动机和情感的解读，就好像他是一个躺在躺椅上的来访者。

艾斯勒分析模型主要是自我心理学派。格多（Gedo, 1972, p.300-301）在《美国意象》（*American Imago*）上发表的关于艾斯勒专著的专题研讨上表示，艾斯勒在他的分析中"突破了自我心理学的界限，开始了一项更为激进的事业，那就是阐明自体的精神分析理论"。在同一专题研讨中，韦斯伯格（Weisberg, 1972）提出尼采的"悔恨"概念有助于我们理解哈姆雷特。在我看来，这突出了莎士比亚戏剧令人印象深刻的复杂性。没有一种概念模型能囊括《哈姆雷特》的全部内容。自我心理学、科胡特的自体心理学、尼采的"道德谱系学"理论都有助于我们的理解，但都不能单独成为最终的理解。

我 的 计 划

在我看来，哈姆雷特属于小说世界，不能当作一个真实的人一样进行分析。这意味着，我们要把哈姆雷特看作莎士比亚对"人是什么"的观念的表现——用恩克尔的说法（Enckell, 2010），我们将哈姆雷特视为一个可能的人，一个本可以存在的人。这意味着作者：

> ……不是在描绘一个人，而是在创作一个可能存在的人。他将自己对人性的认识和理解融入人物中。这并不意味着他以某种理论为依据塑造人物。作为一名艺术家，他的知识当然更多是直觉性的，而不是外显的。他的创作行为发生在过渡空间中。（Zachrisson, 2013a, p.314）

我的计划是阅读莎士比亚的文本，研究他对精神生活的构想——他笔下的人物，尤其是哈姆雷特，是如何展开情感与思想、内心冲突与动力、省映与自欺的。

在这一探究中，我与许多其他读者不同的是，我发现哈姆雷特的反应和行为相当正常。在此，我不会给“正常”下一个基于理论的定义（Zachrisson, 2013b, p.268; 2019），而会使用一般的表述，正常认为指的是相当充分的现实导向以及相对没有支配性的神经症模式和抑制。

莎士比亚的文本

丹麦王子哈姆雷特的悲剧故事是莎士比亚最长的戏剧。它在1600年或1601年首次上演。文本有三个略微不同的版本。第一版四开本（Quarto），又称“坏本”，在1603年面世。它篇幅最短，一般认为是剧中一位演员根据记忆写成的。第二版四开本，于1604年首印。它的长度几乎是第一版的两倍。据说出自莎士比亚之手。1623年，也就是莎士比亚去世7年后，第一对开本（Folio）问世，它是莎士比亚作品集的一部分。对开本在某些方面与第二版四开本有所不同。

哈姆雷特是一位丹麦王子，是不久前去世的国王的儿子。哈姆雷特的母亲在丈夫去世后不久就嫁给了小叔子克劳狄斯（Claudius）。于是，哈姆雷特的叔叔登基成了丹麦的新国王。当时哈姆雷特是维滕贝格（Wittenberg）的一名学生，但因为父亲的死和母亲的婚礼而到了埃尔西诺（Elsinore）。

剧本简介

在戏剧概要中我将介绍舞台上展开的故事，并指出哈姆雷特在戏剧进行过程中做出的选择和进行的思考。我的问题是，通过这些选择以及与之相关的考量和原因，我们可以看到一个怎样的哈姆雷特。在与守卫士兵和鬼魂的第一场戏之后，我们见到了黑色的、哀伤的哈姆雷特。但他并非完全内向和忧郁。当克劳狄斯以一种亲切、熟悉的方式向他发出邀请时，他用两个双关语拒绝了这一邀请。他得知鬼魂的消息后，立即决定在夜里加入卫队。鬼魂有着他死去的父亲的外貌，告诉了他叔叔的暴行（在自己熟睡时毒死了他），并要求哈姆雷特要杀死克劳狄斯来帮他复仇。

哈姆雷特问自己，鬼魂是否真的是他的父亲，而不是欺骗他的恶灵。他不确定自己是否可以相信自己的经验，并得出结论：他需要更多的证据来证明国王有罪。

为了给自己留出时间并转移对他调查的注意力，他决定“装出一副滑稽的样子”（1.5, 179），即装傻瓜和小丑。在莎士比亚创作该剧的主要来源中（Saxo, 1893），谋杀并不是秘密，因这样做是合理的，但这种做法在悲剧中就不那么合理。然而，莎士比亚利用这一因素向我们展示了哈姆雷特性格的某些方面，如果不这么处理，这些方面就不会那么清晰了。

在疯癫的面具下，他也能迷惑、伤害并用讽刺语嘲弄与他交谈的人。他嘲笑波洛涅斯（Polonius），迷惑和伤害奥菲利娅（Ophelia）。克劳狄斯不相信哈姆雷特真的疯了，他邀请哈姆雷特在维滕贝格的两个朋友吉尔登斯特恩（Guildenstern）和罗森克兰茨（Rosencrantz）来监视他。就连认为哈姆雷特疯了的波洛涅斯也一再指出，哈姆雷特的疯癫中有一种奇特的“方法”。他对奥菲利娅咄咄逼人的行为有其原因。当他见到奥菲利娅时，哈姆雷特明白她是在顺从她的父亲，而她的父亲正在栅栏后面看着他们。他深深地伤害了奥菲利娅——莎士比亚让我们有理由相信他真的爱奥菲利娅——但他深深地伤害了她。他的行为将带来致命的后果。

当一群演员突然来到埃尔西诺时，哈姆雷特立即发现了并抓住了一次机会。他与演员们达成一致，要为他们将要演出的戏剧创作一幕小插曲：按照鬼魂的描述，再现哈姆雷特父亲被杀的场景。他让朋友霍雷肖（Horatio）密切关注国王的反应。结果国王的反应很明显，他激动地打断了表演，带着王后和他的随从走了。

此时，哈姆雷特和克劳狄斯之间的关系发生了巨大变化。克劳狄斯的反应让哈姆雷特确信鬼魂就是他的父亲，而且说的是实话。现在，他为父亲复仇的道路正式展开。克劳狄斯现在知道哈姆雷特知道了真相，他的地位和生命都处于危险之中。他决心消除这一威胁，并计划将哈姆雷特送往英国，由维滕贝格的朋友们陪同。

演出结束后，王后也很震惊，她想和哈姆雷特谈谈。波洛涅斯再次在国王和王后的安排下躲在王后寝宫的栅栏后面，监视他们的会面。在去王后那里的路上，哈姆雷特经过一个房间，克劳狄斯正跪在那里悔恨地祈祷。克劳狄斯没有注意到他。这是诠释哈姆雷特性格的关键一幕。克劳狄斯当时毫无防备地背对着哈姆雷特，哈姆雷特拔出了剑，但他犹豫了。他手握宝剑，在独白中思考一个问题：如果克劳狄斯在忏悔罪过时被杀会发生什么？他是否能逃脱自己的命运，也逃脱哈姆雷特希望送他去的地狱？

> 收起来吧，我的剑，等待一个更残酷的机会吧；
> 当他在酒醉熟睡之时，在愤怒之际，
> 或是在床上乱伦淫乐，
> 在赌博、咒骂或是其他不带救赎意味的邪恶的行为时……
> (3.3, 88–92)[①]
> 哈姆雷特退场。

哈姆雷特的考虑与第一幕中鬼魂的考虑一致，即老国王没来得及忏悔自己的罪行就被杀死了。文本中还表明了哈姆雷特犹豫不决的另一个原因。哈姆雷特知道，如果他在此杀死克劳狄斯，国王的罪行还不为人知，那么这将被视为暗杀，是被剥夺王位的王子所犯的罪。整部剧中，哈姆雷特都在关注真相是否为人所知。但同时，他在这方面却鲜有作为。

在与母亲的谈话中，哈姆雷特直言父亲是被谋杀的，并暗示母亲是帮凶。王后的反应让哈姆雷特相信她对此一无所知。他们之间的一些激烈言辞吓到了暗中监视的波洛涅斯，他暴露了自己。哈姆雷特把他当成了克劳狄斯，用剑刺穿了栅栏，杀死了波洛涅斯。我们注意到，当他认为监视他的是国王时，他的反应是迅速而冲动的。

---

① 引文摘自牛津大学出版社希伯德版（Oxford University Press, 1987）。

克劳狄斯得知此事后，立即下令让哈姆雷特前往英格兰。表面上看，这是为了保护哈姆雷特免受波洛涅斯被杀事件的影响。实际上，是要在英国国王的帮助下杀死哈姆雷特。哈姆雷特接受了被送往英国的安排，即使这使他暂时无法实施自己的计划。他这么做的原因并不明确，也不容易诠释。完成复仇是否会使他陷入矛盾的境地，以至于他要被动地接受这种放逐，甚至面临被杀的可能？这是否可以表达一种伦理立场？责任要求他为父亲报仇。同时，杀人在伦理上也存在问题。精神分析指出了哈姆雷特冲突中的俄狄浦斯情结。我不知道莎士比亚是否也暗示了冲突的伦理方面。奥菲利娅深爱着哈姆雷特，却看到哈姆雷特表现得像个疯子，用羞辱的方式拒绝她，否认对她存在热烈的感情。后来，他杀死了她的父亲。她崩溃了，投河自尽。

波洛涅斯的儿子、奥菲利娅的哥哥雷欧提斯（Laertes）向国王面质了波洛涅斯之死。他对哈姆雷特充满了仇恨和复仇的情绪，在他眼中，哈姆雷特要为父亲和妹妹的死负责。

在前往英格兰的途中，哈姆雷特识破了克劳狄斯针对他的计划。他拿到了克劳狄斯写给英国国王的信，并修改了信的内容，把要杀的人从哈姆雷特改为送信人。不久后船遭到海盗袭击，哈姆雷特设法逃回了丹麦。我们看到这时哈姆雷特毫不犹豫地将昔日的朋友送上了死亡之路。他们是欺骗了他，但他在杀死克劳狄斯时所表现出的犹豫在这里却不存在。文艺复兴时期的王子有除掉麻烦臣民的自然权利，人文主义伦理在这里是否占据了一席之地？

回到埃尔西诺后，哈姆雷特写信给克劳狄斯请求会面。国王闻讯大惊失色，不知所措。但他整理了一下思绪。他意识到，雷欧提斯的愤怒可以为他所用。雷欧提斯有剑术高超的美誉。国王很快制订了一个计划。他邀请哈姆雷特与雷欧提斯进行剑术和匕首的决斗，并将赌注压在哈姆雷特身上。在这场决斗中，雷欧提斯将使用一把未上保护扣的剑意外地杀死哈姆雷特。雷欧提斯更进一步，表示他将在剑上涂抹致命的毒药。国王为哈姆雷特准备了一杯毒酒，并在杯中放了一颗珍珠作为标记；这颗珍珠被称为“联盟”。

第五幕一开始，哈姆雷特和霍雷肖来到教堂墓地，那里正在挖一座坟墓。哈姆雷特与挖墓人对话之后，一队皇家队伍拉着棺材来了，棺材里面躺着奥菲利娅。雷欧提斯和哈姆雷特先后跳进坟墓，表达他们对奥菲利娅的爱和悲伤。

该剧最后一幕的开头是哈姆雷特收到国王的邀请，参加与雷欧提斯的击剑比赛。虽然他怀疑对方有诈，虽然霍雷肖警告他不要这么做，他还是接受了邀请。哈姆雷特清楚地看到了雷欧提斯与自己命运的相似之处。他真诚地请求雷欧提斯的原谅，并向他表达了自己的友谊。雷欧提斯宽恕了哈姆雷特，也向他表达了友谊。然而，他还是执行了他和克劳狄斯的欺骗计划，杀死了哈姆雷特。

在决斗中，哈姆雷特被带毒的剑锋划出了一道伤口。在一场无序的冲突中，二人都丢掉了自己的剑，又交换了剑，雷欧提斯也受伤中了毒。王后伸手去拿酒杯，国王无法阻止她，她一饮而尽后倒下了。雷欧提斯告诉哈姆雷特剑上有毒，哈姆雷特察觉到了内幕。他愤怒地将剑插入国王的胸膛，逼他喝下毒酒。

哈姆雷特奄奄一息，霍雷肖也想喝下毒酒，陪伴他的朋友走向死亡。但哈姆雷特让他不要这样做，希望他活着，告诉世人埃尔西诺发生的实际情况和悲剧背后的真相。

莎士比亚的文本背景

如同莎士比亚的大多数剧作中一样，在《哈姆雷特》中，莎士比亚以现有素材为基础，并根据自己的目的进行了改编。关于哈姆雷特的故事可以追溯到中世纪。12世纪，萨克索（Saxo）将这些故事收集起来，用拉丁文写成了《丹麦人业绩》（*Danish Chronicle*）（英译本，1893），成为一个完整的传说。16世纪，贝勒福雷（Belleforest）创作了法文版的萨克索作品。该版本于17世纪初被翻译成英文，在莎士比亚的《哈姆雷特》成书几年后出版。有迹象表明，16世纪80年代伦敦曾上演过一部更早的戏剧，即《尤尔-哈姆雷特》（*Ur-Hamlet*）——可能是托马斯·基德（Thomas Kyd），甚至是莎士比亚本人创作的复仇悲剧，但该剧文本一直未被找到（Hibbard, 1987; Wells, 1998）。在萨克索的作品中，我们发现了莎士比亚《哈姆雷特》中的几个核心元素。贝勒福雷对萨克索进行了渲染，也对莎士比亚采用的内容做了补充（Hibbard, 1987）。因此，在这些资料中，我们发现了老国王被杀、新王与寡妇结婚、老国王儿子无法继承王位并要为被杀害的父亲复仇等情节。我们还发现儿子为了赢得时间和推进计划而装疯卖傻，即推迟复仇（在萨克索的版本中，哈姆雷特因为太年轻而无法立即采取行动；在莎士比亚版本中，似乎是心理和伦理冲突在困扰着他）。哈姆雷特还杀死了波洛涅斯，批评了母亲的婚姻，前往英国，伪造了一封信，让他的随从代替他去死，他回到丹麦并杀死了克劳狄斯。所有这些都是莎士比亚从萨克索和贝勒福雷那里获得的元素。

信奉基督教的贝勒福雷无法接受萨克索赋予英雄的魔法能力。因此，他诠释说，“因为过于忧郁”，哈姆雷特对外界的印象特别敏感（Hibbard, 1987, p.10）。在莎士比亚的文本中，哈姆雷特在独白中质问自己是否可以相信鬼魂，他提到自己的忧郁使他很容易成为魔鬼骗局的受害者（Shakespeare, 2.2, 588-592）。我们必须注意到，当时的忧郁比今天的精神病学概念的抑郁症具有更广泛的内涵。它包括大多数心理失衡和心理障碍（见Burton, 1621/1927）。

在萨克索版的故事里，国王被谋杀是众人皆知的事，在《哈姆雷特》中却是个秘密，这一点对剧本的创作至关重要。在萨克索的版本中，哈姆雷特来到英格兰，娶了一位公主，并巧妙地制订了复仇计划。莎士比亚在剧中加入了海盗袭击前往英格兰的船只、哈姆雷特迅速返回埃尔西诺、鬼魂、戏中戏、奥菲利娅的疯癫和自杀以及她的哥哥雷欧提斯为父报仇的情节。

因此，莎士比亚采用了萨克索和贝勒福雷的许多元素。但是，他构造这些元素的方式和动力改变了故事。使哈姆雷特成为悲剧人物的所有因素都是莎士比亚添加的。古籍讲述的是一个复仇故事，在这个故事中，外部复杂因素构成了谋杀和复仇完成之间必要的延迟。在莎士比亚笔下，这被转化为哈姆雷特的内心戏，我们可以从他的对话和独白中了解到这一点。

莎士比亚和哈姆雷特的背景

要解读《哈姆雷特》，我们就必须考虑莎士比亚的创作背景。莎士比亚是一名演员，他投资了自己的剧院。剧院有其形式和要求：剧团必须能吸引观众。在伊丽莎白时代的英国，观众可能没有受过学术教育，但他们要求严格、经验丰富。剧团之间的竞争十分激烈；在创作《哈姆雷特》时，老牌剧团面临着成功儿童剧团的压力。艰难的商业环境是莎士比亚创作的舞台布景之一，而他的创作也颇有成效。除了演员的全职工作和商业事务，他在这个时期每年都要写几部剧本。

谈创作背景还需要考虑当时的规范和价值观，包括政治、宗教和道德习俗几个方面。萨克索笔下的哈姆雷特生活在中世纪。莎士比亚笔下的埃尔西诺宫廷更接近伊丽莎白一世的宫廷，莎士比亚和他的剧团经常在那里演出。莎士比亚笔下的哈姆雷特是文艺复兴晚期皇家宫廷中的王子。那么，在这种背景下，一个年轻王子的自然价值观和反应是什么呢？我们可以想象莎士比亚的计划：在伦敦为要求苛刻的观众创作一部引人入胜的戏剧，同时在舞台上的人物身上展现他的经历和他对人性的看法。

莎士比亚笔下的哈姆雷特是怎样的形象？

哈姆雷特在维滕贝格读书，他为什么没有在父亲死后要求继承王位？萨克索的故事中是因为哈姆雷特年龄太小，而莎士比亚的剧本中这个原因并不清楚，哈姆雷特的年龄不容易确定。在第五幕与挖墓人的对话中，他似乎是30岁。在剧中的一些时候（但并非说所有时候）这个年龄看起来太大了。18岁左右可能符合他在剧开头的部分行为。但18岁对于他的人生观和他所反映的经历背景来说似乎又太小了，随着剧情的发展，他的个性也变得更有深度和内涵。哈姆雷特就是这样的，他超越了清晰的定义和界限，是多面的、复杂的。

约翰·济慈（John Keats）记录了莎士比亚经常向我们展示的多面性。他提出了“负性能力”的概念，他认为这种能力对于艺术创作至关重要（Keats, 1817/1899）。它指的是一种耐受不清晰、神秘和困惑的能力；是一种耐受未知的能力。济慈认为，莎士比亚在很大程度上具备了这种能力，他能够耐受神秘、复杂和不确定的事物，而《哈姆雷特》正是这种能力的典型代表。

我们注意到精神分析（Bion, 1970）采用了这一概念。在比昂的思想中，它与母亲的涵育有关，母亲既分享、参与孩子的痛苦和焦虑，又让孩子保持部分自主和自由来选择自己的方式。在涵容来访者难以忍受的精神痛苦方面，分析师的负性能力也发挥了作用（Bion, 1962b）。

从一开始，哈姆雷特的聪明和机智就给我们留下了深刻的印象。他的第一次反驳是对国王亲切称呼的机智回应。国王说："现在，我的侄儿，也是我的儿子哈姆雷特——"哈姆雷特回应道："亲上稍亲（kin），天性却不得亲近（kind）。"这是"亲近"的双关语。当国王问他"乌云怎么还笼罩着你？"他回答说："不是啊，陛下，我是在烈日（sun）下暴晒太多。"这既指他母亲在葬礼后不久就举行的"过于阳光"的婚礼，也是对"儿子（son）或太阳"的双关（1.2, 65-67）。他最后的一句反驳一定是所有文学作品中最尖锐、最狂野的智慧。他明白自己和雷欧提斯都被毒剑刺中了要害，他的母亲也因喝下了珍珠浸泡名为"联盟"的毒酒而奄奄一息；而这一切都是国王设计来杀死哈姆雷特的。哈姆雷特强迫国王喝下这杯酒："来吧，你这个乱伦的、谋杀的、该死的丹麦人/喝下这杯酒。你的盟友在这里吗？ /跟着我的母亲去吧"（5.2, 276-279）。

当他的伙伴们从维滕贝格来拜访他时，他们受到了热情接待。但很快，哈姆雷特就意识到他们是国王派来监视他并了解他郁郁寡欢背后的原因的。当他揭穿后，他们还在继续时，哈姆雷特失去了耐心。哈姆雷特强迫吉尔登斯特恩吹笛子，当他拒绝说自己不会吹笛子时，哈姆雷特讽刺地说：

> "吹笛子就像撒谎一样容易……你把我看成了什么东西！你想玩弄我……你以为玩弄我会比玩弄笛子更容易吗？你说我是什么乐器都行，你可以把我弄得焦躁不安，但你无法玩弄我。"（3.2, 340-342）

只有国王克劳狄斯是哈姆雷特的对手。克劳狄斯的聪明才智无法与哈姆雷特匹配，但他果断、精力充沛，并且现实而多疑。不过，全剧看似是克劳狄斯与哈姆雷特之间的争斗，但这也不是核心冲突。与索福克勒斯的《俄狄浦斯王》中的俄狄浦斯一样，哈姆雷特也是自己的对立面（Zachrisson, 2013a）。在这两部悲剧中，"真正的"戏剧都是在主人公的内心世界中上演的。对立的力量都在主人公内心发生碰撞：家庭和与自身的基本关系都受到威胁。

许多学者认为，哈姆雷特想得太多，由于这种夸张的思考，他无法实现自己的目的。他是一个与现实脱节的反刍者和哲学家。很难看出文本会以何种方式证实这一描述。实际上，文本给人的印象是不同的。在舞台上经历了大约4小时的喧闹之后，剧中一两个月的时间里，包括哈姆雷特在内的八个人死了，而他直接或间接地参与了其中五六个人的死亡。作为行为抑制的证明，这样的记录并不能令人信服。细读全文，我们可以发现，只有哈姆雷特指责自己想得太多而缺乏行动，而没有其他人这么说他。相反，现实中的克劳狄斯对哈姆雷特可能取得的成就深怀敬意。他尊重哈姆雷特，以至于当他知道哈姆雷特知道他杀兄的事情时，他就安排哈姆雷特前往英格兰。

哈姆雷特的“倾向”

萨克索笔下的哈姆雷特装疯卖傻，莎士比亚笔下的哈姆雷特则告诉霍雷肖他要装疯卖傻。然而，400年来，人们一直在讨论哈姆雷特是否真的疯了。利兹（Lidz, 1975）以他作为精神病学家和精神分析学家的威望，呼吁我们接受哈姆雷特真的疯了。那么，关于哈姆雷特的精神状态，文本告诉了我们什么呢？问题不在于他是否暂时失去心智地疯了——当情况有变时我们都可能会疯——而在于，他是否在某种程度上是精神病性的，就像莎士比亚所表现的。

在我看来，他并非如此，我将以哈姆雷特的一次“非理性”的反驳来论证我的观点。他透露了吉尔登斯特恩和罗森克兰茨的任务。他已经意识到他们是国王派来监视他的。尽管如此，他还是与他们握手，表示欢迎；但很明显，他并不信任他们。他补充道：“但我的叔叔-父亲和婶婶-母亲被骗了。”吉尔登斯特恩问道：“被骗了什么，我亲爱的大人？”哈姆雷特说：“我只是个西北偏北的疯子；当吹南风时，我分得清鹰和苍鹭”（2, 2, 370-374）。对这句话的一种常见解读是，“西北偏北的疯子”是指稍微有点不正常，分得清鹰和苍鹭，则不完全是疯狂的。同时，这句话的非理性特质又表明了相反的意思，即缺乏共同的现实接触。我们可能会认为，莎士比亚就是这样让哈姆雷特以一种反常的性格出现，给人一种他疯了的印象；就像他向霍雷肖宣布，在见到鬼魂之后，他会有怎样的表现一样。

然而，只要深入挖掘哈姆雷特的话，就会发现其中蕴含着更为复杂的信息。“hawk（鹰或托灰板）”一词多义：它不仅是一种鸟，也是砌砖工用来处理灰泥的工具，样子和手锯类似。而在莎士比亚时代，“handsaw（手锯）”是“hernshaw（苍鹭）”的音译。因此，哈姆雷特间接地说，他可以从其他工具和鸟类中了解一种工具和鸟类。他还知道谁是猎手（鹰）、谁是猎物（苍鹭）。

利兹（Lidz, 1975, p.24）在讨论这一点时补充了莎士比亚熟知的普卢塔赫（Plutarch）著作中的一个细节，即在古埃及，鹰代表北风，苍鹭代表南风。我们不禁想再次引用波洛涅斯的观点：“虽然这很疯狂，但里面还是自有道理的”（2, 2, 204—205）。我们注意到，莎士比亚在向我们讲述另一个故事的同时，还使用了微妙的手段来印证哈姆雷特的疯狂。这是一种多层次、诙谐的装疯方式。

哈姆雷特的冲突

那么，哈姆雷特的内心冲突是什么？他为什么犹豫不决？是什么阻碍了他复仇？父亲的突然离世让他疑心重重，而鬼魂又证实了他的猜测。但他能相信鬼魂吗，还是鬼魂在欺骗他，让他进行无谓的复仇？这既是一个伦理问题，也是一个心理问题，是他起初没有立即实施复仇的原因——即便鬼魂一再要求。

在荷马（Homer）笔下，奥林匹克（Olympic）诸神已经充当了英雄内心矛盾情感和冲动的代言人。当阿喀琉斯不知道该如何做时，荷马让雅典娜（Athena）走到他身后，怂恿他。这是文学作品展现内心过程的一种方式（Aalen & Zachrisson, 2013）。若我们在阅读莎士比亚作品时考虑到这点，哈姆雷特对鬼魂真实性的怀疑就是一种自我省映的表现。他扪心自问，怀疑克劳狄斯是父亲死亡的幕后黑手是不是有道理的？鬼魂说的是真相吗？还是自己的悲伤和愤怒要求复仇，从而“构建”了不利于克劳狄斯的证据？“我先知的灵魂啊！/我的叔叔！”这是他对鬼魂透露的信息的回应（1.5, 40-41）。

莎士比亚让哈姆雷特认真对待他对自己的怀疑，决定进一步寻找克劳狄斯有罪的证据。在我看来，这并不是夸大、麻痹的表现，而是对真相和知识的批判，是自我反省的表现。

哈姆雷特还有一个不立即采取行动的理由。他反复强调公开真相的重要性。如果发生的事情不为人们所知，他就会成为一个杀人犯，而不是一个有正义感的复仇者。哈姆雷特清楚地认识到克劳狄斯的罪行需要更多的证据来定罪，而不是仅凭夜里出现的鬼魂。

在王后的房间里，哈姆雷特指控他的母亲是克劳狄斯的同谋，鬼魂再次出现，这次他穿着睡衣，只有哈姆雷特能看到和听到他。鬼魂请求哈姆雷特不要忘记，并说出了出现的原因。他说：

> 只是为了磨炼你几乎钝化的意志。
> 你看，你母亲正惊愕地坐着，
> 啊，请你走到她和她战斗的灵魂之间！
> 自负在最软弱的身体里最有力量。
> 对她说吧，哈姆雷特！
> （3.4, 103—108）

在与母亲的对话中，哈姆雷特确信母亲是无辜的。

要诠释两个场景中鬼魂的不同并不容易：第一个场景中鬼魂身着盔甲，在场的所有人都能看到；第二个场景中鬼魂身着睡衣，只有哈姆雷特能看到。但我们得到的印象是，鬼魂两次都证实了哈姆雷特的怀疑和半信半疑的想法。

复仇——戏剧的动力

以复仇作为阴谋推动力的戏剧必须解决一个问题：如何诠释从第一幕发生需要复仇的不法行为到最后一幕实施复仇的时间拖延？通常，纠葛和外部复杂因素会阻碍主人公完成必须完成的任务。这些复杂因素构成了一个娱乐性的故事，最终导致大结局——这种构成类似于经典西方电影中最后的左轮手枪决斗。尽管《哈姆雷特》是一部惊心动魄的戏剧，但它的结构却与众不同。哈姆雷特似乎并没有被不惜一切代价复仇的冲动所驱使。他被一个知识问题所困扰。他需要确认克劳狄斯是有罪的，复仇是正当的。然而，在上演了剧中剧之后，他就可以确定了。在此之后，就很难理解他为何犹豫不决了。我们可以理解他不杀跪地祈祷的克劳狄斯的原因。但他放弃了自己的优势，任由克劳狄斯将他送往英格兰而没有采取任何反击行动。当他回到埃尔西诺，参加完奥菲利娅的葬礼后，他接受了与雷欧提斯决斗的邀请，雷欧提斯的父亲是他所杀的；这场决斗是克劳狄斯安排的，克劳狄斯想让哈姆雷特死。哈姆雷特为什么把主动权拱手让给了克劳狄斯？他为父报仇的冲动哪里去了？

这就是《哈姆雷特》。文本对各种诠释持开放态度，并没有关闭新诠释的大门。莎士比亚的负性能力很好。俄狄浦斯情结的诠释指出了他内心世界的一部分，但并未穷尽。他的伦理立场似乎也是复合的。莎士比亚笔下的哈姆雷特是一个有道德意识的人，一个不会轻易触犯“第五诫”的人吗？他决心杀死克劳狄斯。但复仇是以牙还牙。这是以恶制恶。“这是一个礼崩乐坏的时代，而我生来就是要重整乾坤！”他说到（1.5, 196）。然而，我们看到他无意中杀死了波洛涅斯，却没有丝毫悔恨或负罪感，只是像悔恨失误一样悔恨自己的行为。他毫不犹豫地、冷血地将维滕贝格的伙伴们送上了死路，因为他清楚地知道他们参与了杀害他的行动。

从文本来看，我们无法得知他的朋友们是否知道国王前往英格兰背后的真正意图，或者他们是否认为自己只是陪同哈姆雷特前往英格兰，以照顾他的安全。在哈姆雷特看来，他们好管闲事，还是国王的随从，他对他们越来越蔑视。当他在迷惑罗森克兰茨时，罗森克兰茨要他说出波洛涅斯的尸体在哪里，“我不明白你的意思，大人。”哈姆雷特直接以居高临下的姿态回答：“我很高兴。愚昧的人听不懂奸诈”（4.2, 20–23）。

讽刺——双重含义

当莎士比亚让哈姆雷特装疯时，他可以玩双重含义和讽刺的游戏，运用字面意义和讽刺意义之间的张力。我们可以将莎士比亚的讽刺与索福克勒斯的讽刺进行比较。俄狄浦斯处于一种讽刺的境地，对观众而言，这种讽刺有两个层面。他们既看到俄狄浦斯的现实，也看到以悲剧方式改变了他的世界的另一个现实。索福克勒斯的讽刺是对现实的双重揭露（Zachrisson, 2013a）。通过装疯卖傻，哈姆雷特本人在说话方式上主动、有意识地制造了讽刺的模糊性和张力。

哈姆雷特的独白

在《哈姆雷特》中，莎士比亚多次使用独白来深化人物的内心世界，尤其是哈姆雷特的内心世界。在第一次思索中，他相当自我批评，指责自己的软弱和麻痹，“啊，我真是一个无赖和农奴！”（2.2, 538）。他描述自己缺乏活力和忧郁，“我最近……失去了所有的欢乐，放弃了所有的锻炼习惯……”（2.2, 293-295）。首先，他抱怨自杀是被禁止的。然后，在“生存还是毁灭”的独白中——由于对死后的生活缺乏了解，我们才没有自杀，而是忍受着生活的苦难。当他接受与拉伊提斯决斗的邀请时，他认为这是个陷阱；他对死亡的态度发生了改变：

> 我们不相信征兆，一只麻雀坠落有其特殊的天意。如果命中注定在眼前，它就不会在将来；如果不在将来，便会在眼前；如果不在眼前，将来总会来。总之要有准备。（5.2, 166-169）

我认为，把哈姆雷特对自己的描述作为“诊断”他的依据是错误的。这些描述表达了他的心情以及他为了解自己和正在发生的事情所做的努力。他在哀悼父亲的去世；他对母亲与叔叔的草率婚姻感到不安；他屡次遭遇欺诈和背信弃义。只有霍雷肖对他表现得像一个可靠的朋友。因此，他在各种情绪之间摇摆不定。

参考其他文献（Meg Harris Williams, 2012）的解读，我们或许可以说，他在剧中开头表现为一个聪明伶俐的少年，而在结尾则表达了更为深刻的人生体验。

俄狄浦斯王和哈姆雷特中的俄狄浦斯性

弗洛伊德以及之后的琼斯都认为哈姆雷特心中有一种冲动，他想要做复仇所针对的不法行为——杀父。这种（无意识的）俄狄浦斯想法剥夺了他的行动力。在莎士比亚的文本中，我们无从得知来访者对这种动力性诠释的反应。我们有的只是文本。那么，关于哈姆雷特的内心戏剧以及莎士比亚对这种动力的概念，文本告诉了我们什么呢？

首先，我们注意到哈姆雷特对父亲的无限崇拜。这似乎是一种理想化。另一方面，他又把克劳狄斯描述成父亲的对立面。他说："我父亲的兄弟，但不像我父亲/如同我并不像赫拉克勒斯（Hercules）"（1.2, 153-154）。这似乎是将哈姆雷特内化的父亲客体分裂为理想化的、死去的父亲和被贬低的继父。如果这是莎士比亚（直觉）理解的家庭动力中的一个元素，那么《哈姆雷特》似乎是一个比《俄狄浦斯王》更直接的俄狄浦斯情结故事。哈姆雷特憎恨继父并准备杀死他，他觉得克劳狄斯夺走了属于他的位置——丹麦王位和他母亲心中的位置。

他对母亲毕恭毕敬，但文中是否暗示他对母亲有情欲？文中确实提到了克劳狄斯和乔特鲁德（Gertrud）之间的性关系。鬼魂和哈姆雷特对此都有很多话要说。哈姆雷特与母亲会面后，承认她在丈夫的死中是无辜的。然后他要求她远离夫妻之床。但我们必须记住，他在不久前已经知道了谋杀案，他的母亲现在也知道了。

在利兹（Lidz, 1975）的诠释中，哈姆雷特被母亲欺骗和抛弃的感受掩盖了他对父亲之死的反应。尽管如此，在哈姆雷特的思想中，母亲的性生活近在眼前，他的反应是厌恶。他与奥菲利娅的对话中也充满了性暗示，有时是直接的攻击，有时是嘲讽，有时也许是调情。无论是剧中二人的初次见面，还是戏中戏之前的那场戏，他都对奥菲利娅毫不客气。

假设哈姆雷特爱上了奥菲利娅，那么得知克劳狄斯被杀的消息，一定会深深地影响他与奥菲利娅的关系。她是凶手信任的顾问的忠实女儿。他们的爱情能承受这样的局面吗？这种情况，再加上哈姆雷特怀疑奥菲利娅的父亲在他们第一次见面时对他们进行了窥探，如此种种为哈姆雷特的行为提供了某种合理性，尽管我们仍然觉得他的行为苍白无力、难以接受。

索福克勒斯和莎士比亚的悲剧都以古老的传统和资料为基础，并根据自己的目的加以改编。在《俄狄浦斯王》中，儿子弑父娶母的古老神话构成了自我认识戏剧的背景。悲剧的动力并不在于俄狄浦斯恨父爱母，而是他充满力量但又充满冲突的寻找，首先是寻找杀害老国王的凶手，然后是当光明照亮他时，他要寻找自己的身份（Zachrisson, 2013a）。

《哈姆雷特》的主题是一个儿子出于对（亲生）父亲的尊敬和爱，憎恨并打算杀死继父。那么，他与母亲的关系又如何呢？首先，他怀疑母亲是谋杀案的同谋。他们见面后，他接受了她的清白，并至少部分地恢复了对她的尊重。然而，在哈姆雷特看来，她与克劳狄斯之间的性关系（在哈姆雷特看来是乱伦）一直在他的脑海中挥之不去。这可能表明他与她的关系中存在情欲元素。

总结反思：谁是哈姆雷特？

哈姆雷特是非理性、冲动、情绪化、不合理、抑制、忧郁、多疑、复仇、谴责的，等等。但他是以人类的方式，甚至可以说是以“正常”的方式来表现这一切的。他的性格中没有任何确切的病理或限制。他身上“不正常”的也许是他的聪敏——他的智慧。

在我对文本的解读中，俄狄浦斯情结是影响哈姆雷特决定和行动的一个因素。但这并不是唯一的因素，而且在莎士比亚的心中，这显然也不是主要因素。除了俄狄浦斯情结之外，理性和伦理方面的考虑似乎也发挥了作用。

哈姆雷特是一个努力与现实生活保持联系的个体——就像我们其他人一样。我们必须接受他性格的丰富性、多变性和令人惊讶的多样性。

然而，他所生活的世界似乎相当疯狂。他的叔叔杀死了他的父亲，并试图杀死他；他的母亲在丈夫死后一两个月就嫁给了小叔子；他的同学在监视他，他爱人的父亲也在监视他。

现在，我已经准备好为数不胜数的《哈姆雷特》诠释做出我的初步贡献了：

哈姆雷特——莎士比亚笔下的哈姆雷特——一个聪明、善于反思、足智多谋、相当正常的文艺复兴晚期王子，不得不与疯狂的政治阴谋、家庭谋杀和朋友欺骗搏斗。

结　语

对俄狄浦斯和阻抗的再思考

俄狄浦斯的动力、象征形成和思考的空间

比昂指出，俄狄浦斯代表了坚定的好奇心战胜了威胁，因此，俄狄浦斯可以被当作科学完整性的象征——研究的工具（Bion, 1962b, p.49）。在菲舍尔对比昂的K（Fisher, 2006）的演绎中，我们看到求知冲动是如何与现实原则相联系的。不同层次的现实之间（同时知道和不知道之间）的讽刺性张力赋予了（人类）追求知识的一个关键心理转折。在本文中，我将补充说明另一个俄狄浦斯动力影响心理发展的议题，即对现实的适应、象征形成和思维。

据观察，思想的发展源于与俄狄浦斯动力有关的匮乏和缺失。克莱因写道："所有后来适应现实的标准其实就是他们（孩子）能够忍受俄狄浦斯情境导致的匮乏的程度"（Klein, 1926, p.128-129）。这与弗洛伊德早期的观点是一致的，即思想是在没有满足需要的真实客体的情况下产生的，是真实客体的替代品。我们看到他在《梦的解析》第七章中是如何引入"知觉同一性"和"思维同一性"这两个概念的，在他看来，这两个概念构成了初级和次级过程思维的区分的基础，也构成了它们与快乐原则和现实原则关联的基础（Freud, 1900, p.597-603）。

西格尔（Segal, 1957）在区分象征和象征等同时将上述观点又向前推进了

一步。她认为象征化是"一种三项关系，即以下三者之间的关系：被象征化的事物、起象征作用的事物以及接受某物表征另一物的那个人本身（接受象征的那个人）"（p.392）。

在象征等同中，被象征化的事物和作为象征的事物被认为是相同的（知觉同一性）。另一方面，适当的象征表达了被象征化的事物与象征之间的思维关系（思维同一性）。

（个体）走向俄狄浦斯，即从二元到三元的关系，这不仅将关系领域扩大到三个（父亲），进而扩大到多个，还促使儿童对其生命起源、出生的奥秘以及父母之间的关系产生好奇心。这标志着象征形成和语言的三维空间开始发展。

父亲和语言给母亲与孩子的关系带来了差异和分离；他们都代表了第三元素……没有语言的共生关系已经不足够了，父亲和语言开始表征缺失的元素——象征。（Klockars, 2009, p.131; 另见 Target & Fonagy, 2002）

布里顿（Britton, 1989）指出，当孩子承认父母之间的关系时，他迈出了决定性的一步：在父母的关系中，他不是参与者，只是观察者。

由于认识到父母之间的联结，俄狄浦斯三角的结束为内部世界提供了一个限制性的边界（p.86）。

这个三角空间既包括与父母一方建立关系时被另一方父母观察的可能性，也包括不参与而是观察父母之间的关系的可能性。孩子对父母的关系有一种矛盾的感觉。如果他能够耐受自己的爱和恨，并接受观察者的位置，那么孩子就获得了一个新的位置，能够从中体验世界（p.87）。布里顿把这个位置称为"第三位置"。在第二章中，我们看到，获得第三位置的一个重要结果是能够区分（内部的）客体和（真实的）人。对现实以及对他人作为一个真实的人的兴趣和好奇心由此建立起来。从这个意义上说，第三位置是现实原则的前提。很明显，布里顿的概念化与比昂的K链接（X知道Y）紧密相关。

俄狄浦斯情结与客体关系理论

俄狄浦斯有两对父母。他的第一对父母是亲生父母，他们把他扔到沙漠里等死，他们以残忍的方式抛弃了他。第二对父母是养父母，他们深爱着他，他也深爱着他们。神话也许以这种方式表达了我们在现实中遇到的矛盾：善与恶、爱与恨的混合。善与恶在俄狄浦斯神话中的外部表现形式是他有两对父母，但在生活中，善恶的矛盾往往是内化的一对父母的复杂的客体表征的部分。

弗洛伊德最初提出的俄狄浦斯情结（Freud, 1900）指的是男孩对母亲的爱以及对父亲的竞争和仇恨。女孩的发展比男孩更为复杂，最终弗洛伊德提出了女性版本的俄狄浦斯情结，即女孩对父亲的爱和对母亲的恨。之后多年的临床观察表明我们需要一个更复杂的模型。1923年，弗洛伊德写道："两个原因导致问题如此复杂：俄狄浦斯情境的三角特征和每个人的双性特性"（p.31）。

因此，弗洛伊德最后提出了"更完整的俄狄浦斯情结"（p.33）：男孩和女孩都有指向父母双方的爱和恨，而每个儿童的爱恨混合都不同。作为一个概念，俄狄浦斯情结指的是一种静态的东西，一种具有固定立场的实体。对父母的矛盾或分裂的情感被概念化为正性和负性的变体，而性别则构成了俄狄浦斯情结的男性和女性形式。因此，"正常的"俄狄浦斯情结并不明确，而是由对父母双方的矛盾情感组成的。俄狄浦斯情结的消解（Freud, 1924）似乎预先假定了一种固定的实体，一种可以消解的实体。

然而，在过去的几十年里，这个概念发生了一些变化。从最近的精神分析核心期刊的目录中，我们就能发现人们已经很少使用俄狄浦斯情结这个词了。我在想，这一令人惊讶的现象是否至少部分与客体关系理论在过去80年中的发展有关。

客体关系理论包含了自体与客体之间矛盾关系构型的个体化的动力性的、复杂（！）模型。这些自体与客体的关系是人类内心世界的基石。当我们把客体关系理论应用于不同的俄狄浦斯情结构型时就会发现，它们都是自体-客体关系的特殊例子，其特点是对父母充满矛盾的爱与恨。这些模型的重点和实质都是对照料者的爱恨情感联结的内部表征。客体关系模型详细阐述了构成完整俄狄浦斯情结的动力和情感联结理论。

奥肖内西（O'Shaughnessy, 1988）讨论的两个男性案例就是这种概念发展的例子，这两个来访者内化的关系都非常扭曲，以至于在分析开始时都看不到他们的俄狄浦斯情结。用奥肖内西的话说，他们的"俄狄浦斯"客体被高度分裂，因此是不可见的。在她看来，如果他们的分析成功，就可能出现俄狄浦斯情结。那么，我们是否可以说，通过分析，他们建立的客体关系不那么分裂，即更加"正常"？在这种状态下，矛盾的情感取代了分裂的情感，我们所说的俄狄浦斯情结就会显现出来。

在客体关系的理论中，俄狄浦斯情结的原始形式以一种特殊例子的方式呈现，它作为一个突出的因素主导了分析过程的某些阶段。但一般来说，完整的俄狄浦斯情结会作为分析工作的背景存在。更准确地说，它构成了分析过程发生的媒介——复杂且往往激烈的情感联结的构型，这些构型需要在分析过程中被考察、分析和修通。在客体关系的理论中，俄狄浦斯的动力成了个体追求自我了解的媒介和背景。

因为俄狄浦斯情结的完整形式如今是一个综合概念，我们说俄狄浦斯动力现象时所指的东西已经发生了改变。我们不再指俄狄浦斯情境，更常见到的是俄狄浦斯被当作一个描述来形容三元的关系，这让我们知道当前所面对的动力包含了俄狄浦斯本质的爱和竞争，而不是前俄期的、二元的爱和嫉羡。这种术语使用改变的原因是，客体关系模型的核心是对基本情感联结的阐述，而这些情感联结形成了表现为不同形式的完整俄狄浦斯情结。

这种术语改变的一个可能结果是，俄狄浦斯情结失去了它在精神分析理论中结构化因素的地位。它被客体关系的理论的不同模型所取代，自体-客体关系的单位构成了人格的基石。那么，我们有关俄狄浦斯动力的现实的老问题又当如何呢？在我看来，这个现实是毋庸置疑的。在客体关系的模型中，这包含了模型的情感内容；儿童对父母双方强烈且矛盾的感受形成了这些模型的核心基础。

俄狄浦斯动力看似已经失去了作为心理发展的核心概念的地位，被降级为一个描述性的概念。但通过客体关系模型，这些现象依然保留了其在精神分析对人格的概念化的核心位置。它们依然是个体追求自我了解、争取独立自主的背景和媒介。因此，在这段笔记的视角里，我们还认为精神分析治疗的目的是在俄狄浦斯动力的迷宫中追求自我了解。正如索福克勒斯所写的俄狄浦斯王的悲剧，每个人的内心都有额外的一只眼，这句话也适用于我们和来访者。

对阻抗的注解

……恐惧死后的某些东西，
未被发现的国度，
从未有游人从其边界归来，
困惑人心……
(Hamlet, 3.1, p.241)

阻抗并非精神分析模型中整合的心理动力性概念，它甚至不是部分概念。它主要是一个描述，一种来访者对抗改变、自我了解或接触无意识的力量，会抵消治疗性过程。相较而言，防御机制在弗洛伊德的次级焦虑模型中有一个特殊的动力性功能：某些（幻想、冲动或想法）威胁着要淹没自我，然后焦虑的信号会触发防御机制，以保护自我不被那些与淹没有关的焦虑的伤害（Freud, 1926）。在这个点上我们就偏离了严格的精神分析；不同的防御机制以一种类似于对阻抗的描述的方式表现出来。“夜里赶路的游人可以通过大声唱歌来否认自己的恐惧，但即使如此，他还是看不见眼前的方寸之路”（出处同上，p.96）。

这是这两套概念的另一个区别：阻抗只用在治疗情境内；防御机制主要是人格的概念，但也可以指治疗内发生的事情，它也可以作为阻抗出现。

整体来说，阻抗是一种心理中反对自我了解的力量，它预期这些自我了解会带来痛苦，因而被引发。所以，阻抗的“动力”是焦虑（防御机制亦然）；是害怕面对与自己有关的痛苦真相（隐藏在无意识中）；也是害怕接受或获知可能揭露痛苦真相的经历。通过这些方式，阻抗抵消了发展、改变和成长，保留了痛苦和疾病。这是人类悲剧的一个方面：在治疗中寻求治愈、降低痛苦和疾病的努力被来访者心里相反的力所抵消，回避（痛苦的）自我了解因而延长了痛苦的状态。我们选择用长期的痛苦状态来回避短暂的、痛苦的自我了解。

章节的原始发表情况

复杂的俄狄浦斯

Oedipus The King: quest for self-knowledge – denial of reality. Sophocles' vision of man and psychoanalytic concept formation. International Journal of Psychoanalysis, 94 313–331, 2013

外部客体之谜

The internal/external issue. What is an outer object? Another person as object and as separate other in object relations models. Psychoanalytic Study of the Child, 67 249–274, 2013

精神分析——一门科学？

Validation of psychoanalytic theories. Towards a conceptualisation of references. International Journal of Psychoanalysis, 86 1353–71, 2005. (Co-author Henrik D. Zachrisson)

康德的遗产

The epistemological stance of psychoanalysis: revisiting the Kantian legacy. Psychoanalytic Quarterly, 89 281–304, 2020

知觉——一种个人化的行动

A note on the concept of stimulus in perceptgenetic theory. In Process and Personality. Actualization of the personal world with process-oriented methods. Editors GJW Smith & IM Carlsson. Frankfurt: Ontos Verlag, p.65–76, 2008

心理健康——一种正常状态？

Mental health – a normal state? Scandinavian Psychoanalytic Review, 42 87–92, 2019

一个孤单又充满蔑视的男孩

Contempt and self-contempt. From the analysis of a 10-year-old boy. Scandinavian Psychoanalytic Review. 22 189–206, 1999

移情在中国

Transference and countertransference in a Chinese setting: reflections on a psychotherapeutic process. In Psychoanalysis in China. Editors D Scharff & S Varvin. London: Karnac, p 162–172, 2014. (Co-author Wang Zhiyan)

移情——基石和概念上的悖论

Transference: polarities and paradoxes. Scandinavian Psychoanalytic Review. 21 183–198, 1998

反移情——让自己置身危险中

countertransference and changes in the conception of the psychoanalytic relationship. International Forum of Psychoanalysis. 18 177–188, 2009

与青少年工作——方法和直觉

Analytic work with adolescents. Reflections on the combination of strict method and creative intuition in psychoanalysis. Scandinavian Psychoanalytic Review. 29 106–114, 2006

中立的爱——精神分析的核心

Neutrality, tenderness and the analyst's subjectivity. Reflections on the analytic relationship. Scandinavian Psychoanalytic Review, 31 86–94, 2008

伦理、技术和边界的延伸

Ethical breaches and deviations of method in psychoanalysis: A heuristic model for differentiation of boundary crossings in psychoanalytic work. International Forum of Psychoanalysis, 23 246–52, 2014

能力的评估

To be or not to be a psychoanalyst – How do we know a candidate is ready to qualify? Difficulties and controversies in evaluating psychoanalytic competence. Psychoanalytic Inquiry, 28 288–308, 2008. (Co-authors Gabrielle Junkers and David Tuckett)

精神分析督导——这绝非易事

Dynamics of psychoanalytic supervision: a heuristic model. International Journal of Psychoanalysis. 92 943–961, 2011

躺椅上的培尔·金特

Landscape and mind in the last act of Peer Gynt. The revealing of a catastrophe. In The Place of Memory and Memory of Place. Editor O Lytovka. Warsaw: IRF Press, p 216–232, 2016. (First author Marit Aalen)

哈姆雷特——正常还是不正常

Hamlet: Plea for a measure of normality. Scandinavian Psychoanalytic Review, 39 137–147, 2016

参考文献

Aalen M (2014).Tears, remorse and reparation in Henrik Ibsen's Peer Gynt. scandinavian Psychoanalytic Review 37 113–124.

____ (2016). The issue of arrested personality development in Henrik Ibsen's Peer Gynt, Readings inspired by Melanie Klein and Wilfred Bion. PhD thesis, Faculty of Social Sciences, University of Oslo.

____ (2017). Stray thoughts – seeking home: Henrik Ibsen's Peer Gvnt read in the light of Wilfred Bion's ideas. International Journal of Psychanalysis 98 415–434.

Aalen M & Zachrisson A (2013). The structure of desire in Peer Gynt's relationship to Solveig. A reading inspired by Melanie Klein.Ibsen Studies 13 130–160.

Abraham K (1919). A particular form of neurotic resistance against the psychoanalytic method. In:Selected Papers on Psycho-Analysis, p 303–311. London: The Hogarth Press and the Institute of Psycho-Analysis,1927/1967.

Aisenstein M (1995). Does the psychoanalyst have a unique identity? Discussion of Michel Parsons'paper. EPF Bulletin 44 87–93.

Allison HE (2004). Kant's Transcendental Idealism: An Interpretation and Defense. New Haven: Yale Univ. Press

____ (2012).Transcendental Realism, Empirical Realism, and Transcendental Idealism. In Essays on Kant. Oxford: Oxford Univ. Press.

Amati Mehler J (2000). Training Analysis and/or Training Psychoanalysts. IPA Newsletter 9 16–18.

____ (2001a). Introduction to the COMPSED meeting in Nice, July, 22.

____ (2001b). A note. In Psychoanalytic models of supervision: issues and ideas. M Target & E Aronowitsch, editors. EPF – Working Party on Education, 2000–2003 and 2004–2006, Papers and Reports compiled by G Junkers.

Aristotle Poetics. J. Hutton, editor and translator. New York and London: Norton, 1982.

Aron L (1996). A meeting of minds. Hillsdale, NJ, London: The Analytic Press.

Aronowitsch E (2001). Evaluation and assessment in psychoanalytic supervision. In Psychoanalytic models of supervision: issues and ideas. M. Target & E. Aronowitsch, editors EPF - Working Party on Education, 2000–2003 and 2004–2006, Papers and Reports, compiled by G Junkers.

Bachelard G (1940). The philosophy of no: A philosophy of the new scientific mind, CG Waterston, translator. New York: Orion Press, 1968.

Baker R (2000). The neutral position, Journal of the American Psychoanalytic Association 48 129–153.

Baraibar M de A. (2006). Clinical presentation, EPF conference, Athens, April, 6.

Bar Lev Elieli R (2005). Report from the Helsinki group work. Unpublished manuscript.

Benton T & Craib I (2010). Philosophy of Social Science: The Philosophical Foundations of Social Thought. New York: Palgrave Macmillan.

Bergo B (2004). Psychoanalytic models: Freud's debt to philosophy and his Copernican revolution. In Jennifer Radden, editor. The Philosophy of Psychiatry: A Companion, 338–350. Oxford: Oxford Univ. Press.

Berman E (2000). Psychoanalytic supervision: the intersubjective development. International Journal of Psychoanalysis 81 273–290.

Bion WR (1958). On arrogance. International Journal of Psychoanalysis 39 144–146.

____ (1959). Attacks on linking. International Journal of Psychoanalysis 40 308–315.

____ (1962a). The psychoanalytic study of thinking. International Journal of Psychoanalysis 43 306–10.

____ (1962b).Learning from Experience. London: Karnac,1984.

____ (1965).Transformations. London: Tavistock.

____ (1967). Notes on memory and desire, Psychoanalytic Forum 2 272–73 & 279–80.

____ (1970). Attention and Interpretation. London: Tavistock.

Bjørneboe J (1966). Moment of Freedom. EG Mührer, translator. Norwich: Norvik Press, 1999.

Blass R (2004). Why conceptual research is essential to psychoanalysis. Paper presented at the 43rd IPA Congress, New Orleans, March 11.

____ (2006). A psychoanalytic understanding of the desire for knowledge as reflected in Freud's 'Leonardo da Vinci and a memory of his childhood'.

International Journal of Psychoanalysis 87 1259–1276.
Bloom H (1994). The western canon: the books and schools of the ages. New York: Riverhead Books.
Bollas C (1983). Expressive use of the countertransference. Notes to the patient from oneself. Contemporary Psychoanalysis 19 1–34.
____ (1987). The Shadow of the Object. London: Free Association Books.
____ (2006). Perceptive identification.Psychoanalytic Review 93 713–17.
Bowlby J (1969). Attachment and loss. Vol. 1: Attachment. London: Hogarth Press.
Brandell G (1961). Freud. A Man of His Century. Sussex: The Harvester Press, 1976.
Britton R (1989). The missing link: Parental sexuality in the Oedipus complex. In The Oedipus Complex Today: Clinical Implications, editors R Britton, M Feldman, E O'Shaughnessy and J Steiner, p 83–101. London: Karnac.
____ (2007).IPA Congress, Berlin, July 27.
Burton R (1621). The Anatomy of Melancholy. New York: Tudor Publishing Company, 1927.
Cabaniss D, Schein JW, Rosen P & Roose S (2003). Candidate progression in analytic institutions: a multicenter study. International Journal of Psychoanalysis 84 77–94.
Calef V (1972). A report of the 4th Pre-Congress on Training, Vienna 1971, to the 27th International Psycho-Analytical Congress. International Journal of Psychoanalysis 53 37–43.
Calef V & Weinshel EM (1973). Reporting, non- reporting and assessment in the training analysis. Journal of the American Psychoanalytic Association 21 714–726.
Callahan G (2010). Critical Realism ... or Critical Idealism? International Journal of Social Economics, 37 867–879.
Caper R (1992). Does psychoanalysis heal? International Journal of Psychoanalysis 73 283–92.
____ (1994). What is a clinical fact? International Journal of Psychoanalysis 75 903–13.
Carrol L (1872). Through the looking-glass. In: The Complete Illustrated Lewis Carrol, p 121-250. Hertfordshire: Wordsworth Editions, 1996.
Cohen L (1971). Famous blue raincoat. In Songs of love and hate. CD 32219, Sony Music Entertainment.

Davidson D (1990). A coherence theory of truth and knowledge. In: AR Malachowski, editor Reading Rorty: Critical responses to philosophy and the mirror of nature (and beyond), p 120–38. Oxford: Basil Blackwell.

Dvergsdal A (2003). To Be Oneself: Satan's Ruse: Critical Reflections on Self-realization in Henrik Ibsen:Peer Gynt, Ibsen Studies 3 32–53.

Eissler KR (1953). The effect of the structure of the ego on psychoanalytic technique. Journal of the American Psychoanalytic Association 1 104–43.

____ (1971). Discourse on Hamlet and "Hamlet". New York: International Universities Press.

Ekelöf G (1951). Skrifter. Dikter 1927-1951 (Writings. Poems 1927–1951). Editor R Ekner. Stockholm: Albert Bonnier, 1991.

Ekstein R & Wallerstein R (1972). The Teaching and Learning of Psychotherapy. New York, NY: Int. Univ. Press.

Enckell H (1992). The Poetics of Construction. Scandinavian Psychoanalytic Review 15 58–70.

____ (2010). Reflection in psychoanalysis: On symbols and metaphors. International Journal of Psychoanalysis 91 1093–1114.

Erikson EH (1963). Childhood and society. New York: Norton.

____ (1964). Insight and Responsibility. Lectures on the ethical implications of psychoanalytic insights. New York: Norton.

Eriksson J (2012). Freud's metapsychology—the formal a priori of psychoanalytic experience. Scandinavian Psychoanalytic Review, 35 21–34.

Etchegoyen RH (1991). The Fundamentals of Psychoanalytic Technique. London: Karnac Books.

Evans R (1976). Development of the treatment alliance in the analysis of an adolescent boy. Psychoanalytic Study of the Child 31 193–224.

Exodus. The Holy Bible. New King James Version, 1982.

Feldman M (1993). The dynamics of reassurance, International Journal of Psycho-Analysis, 74, 275–285.

____ (1997) Projective identification: the analyst's involvement. International Journal of Psychoanalysis 78 227–241.

Fenichel O (1945). The Psychoanalytic Theory of Neurosis. London: Routledge & Kegan Paul, 1946.

Feyerabend P (1975). Against method: Outline of an anarchistic theory of knowledge.London: NLB.

Filet B & Szönyi G (2009). Do psychoanalytic competencies have specific features? Results of a pilot study. International Journal of Psychotherapy 13 21–33.

Fisher JV (2006). The emotional experience of K. International Journal of Psychoanalysis 87 1221–1237.

Flechner, S. (2004). See Zachrisson, Sandell & Airas, 2005.

Fleming J (1987). The Teaching and Learning of Psychoanalysis. New York: The Guilford Press.

Fleming J & Benedek Th (1966). Psychoanalytic Supervision. A Method of Clinical Teaching. New York: Grune & Stratton.

Fonagy P (2003). The value of infant research in understanding the process of change in psychoanalysis. Paper presented at the UCL Psychoanalysis Unit Conference Can research into infancy enhance clinical psychoanalysis?, London, January 25.

____ (2015). Epistemological and methodological issues on process and outcome research. In M Leuzinger-Bohleber & H Kächele, editors. An Open Door Review of Outcome and Process Studies in Psychoanalysis. London: International Psychoanalytic Association, 41–73.

Fonagy, P, Gergely G, Jurist E & Target M (2002). Affect Regulation, Mentalization, and the Development of the Self. New York: Other Press.

Foss T (2009). Close to the particular: The constitution of knowledge from case histories in psychoanalysis. Oslo: University of Oslo.

France A (1886). Hamlet at the Comedie-Francaise. In Bloom's Shakespeare Through the Ages. Hamlet, editor H. Bloom, p 215-18.New York: Infobase Publications, 2008.

Frazer J (1922). The golden bough: a study in religion and magic. Mineola, NY: Dover Publications, 2002.

Freud A (1936). The Ego and the Mechanism of Defence. New York: International Universities Press, 1945.

Freud S (1893). The psychotherapy of hysteria. SE 2 203–305.

____ (1895). Miss Lucy R. SE 2 106–24.

____ (1900). The Interpretation of Dreams. SE 4–5.

____ (1905a).Fragment of an analysis of a case of hysteria.SE7 3–122.

____ (1905b).Three essays on the theory of sexuality.SE 7 123–246.

____ (1909a). Analysis of a phobia in a five-year-old boy. SE 10 5–149.

____ (1909b). Notes upon a case of obsessional neurosis. SE 10 153–318.

____ (1910). The future prospect of psychoanalytic therapy. SE 11 141–151.
____ (1911a). Die Handhabung der Traumdeutung in der Psycho-analyse. Gesammelte Schriften, Band VI, p 45–52. Leipzig, Wien, Zürich: Internationaler Psychoanalytischer Verlag, 1925.
____ (1911b). Formulations on the two principles of mental functioning. SE 12 218–226.
____ (1912a).Dynamics of transference.SE 12 99–108.
____ (1912b). Recommendations to physicians practising psychoanalysis. SE 12 111–120.
____ (1913).On beginning the treatment. SE 12 121–144.
____ (1914a). The Moses of Michelangelo. SE 13 211–236.
____ (1914b).On narcissism: An introduction. SE 14 73–105.
____ (1915a). Observations on transference-love. SE 12 157–171.
____ (1915b).The Unconscious. SE 14 159–215.
____ (1917a). Mourning and melancholia.SE 14 239–258.
____ (1917b). Introductory lectures on psychoanalysis. SE 16.
____ (1923). The Ego and the Id.SE 19 12–66.
____ (1924). The dissolution of the Oedipus complex. SE 19 173–179.
____ (1926). Inhibitions,symptoms and anxiety. SE 20 87–156.
____ (1930). Civilization and its discontents. SE 21 57–146.
____ (1933). New introduction lectures on psychoanalysis.SE 22 1–182.
____ (1937). Constructions in analysis. SE 23 257–269.
____ (1877—1904). The Complete Letters of Sigmund Freud to Wilhelm Fliess, 1877—1904. JM Mason, editor and translator. Cambridge: Harvard UP, 1985.
Frijling-Schreuder ECM, Isaac-Edersheim E & Van der Leeuw PJ (1981). The Supervisor's Evaluation of the Candidate.International Review of Psychoanalysis 8 393–400.
Fromm E (1947). Man for himself. New York: Reinhart.
Fromm-Reichman F(1959). On loneliness. In Psychoanalysis and Psychotherapy, p 325–36. Chicago: University of Chicago Press.
Fulgencio L (2005). Freud's metapsychological speculations. International Journal of Psychoanalysis, 86 99–123.
Gabbard GO (2001). A contemporary psychoanalytic model of countertransference. Journal of Clinical Psychology, 57 983–991.
____ (2005).Patient-Therapist Boundary Issues. Psychiatric Times, 22 28–34.

Gabbard GO & Lester EP (2003). Boundaries and Boundary Violations in Psychoanalysis. Washington, D.C.: American Psychiatric Publishing.

Gadamer HG (1960). Truth and method, Glen-Doepel WJ translator, London: Sheed and Ward, 1975.

Gammelqaard J (1992). The tragic emotions. Paper presented at the Third Delphi International Psychoanalytic Symposium, August 21.

____ (1993). Katharsis. København: Hans Reitzels Forlag.

____ (1998). Metaphors of Listening. Scandinavian Psychoanalytic Review 21 151–67.

Garza-Guerro C (2002). 'The crisis in psychoanalysis': what crisis are we talking about? International Journal of Psychoanalysis 83 57–83.

Gedo JE(1972). Caviare to the General. American Imago. 29 293–317.

Girard R (1965). Deceit, Desire and the Novel: Self and Other in Literary Structure. Baltimore: The John Hopkins Press.

Goldberg A (2008a). Some limits of the boundary concept. Psychoanalytic Quarterly, 77 861–875.

____ (2008b). Boundary exegesis: Response to commentaries on "Some limits of the boundary concept", Psychoanalytic Quarterly, 77 915–919.

Goretti GR (2006). The crisis of psychoanalysis and psychoanalytical training: The suffering of the candidate on the long road towards qualification. International Journal of Psychoanalysis 87 827–42.

Görling L(1962). 491. Stockholm: Albert Bonnier.

Gould T (1970). Appendix: Sophoclean 'irony'. In Oedipus the king by Sophocles. A translation with commentary by T Gould, p 171–175. Engelwood Cliffs, NJ: Prentice-Hall.

Graves R (1960). The Greek myths. London: Penguin, 1992.

Green A(1969). The tragic effect. Cambridge: Cambridge UP, 1979.

Greenberg J (1986). Theoretical models and the analyst's neutrality. In S Mitchell & L Aron, editors, Relational Psychoanalysis. The emergence of a tradition, p 131–152. London and Hillsdale, NJ: The Analytic Press, 1999.

____ (2001). The analyst's participation: a new look. Journal of the American Psychoanalytic Association 49 359–381.

Greenson RR (1967). The Technique and Practice of Psychoanalysis. New York: International Universities Press.

Grünbaum A (1984). The foundations of psychoanalysis: A philosophical critique.

Berkeley, Ca: Univ. of California Press.

Gullestad SE (2003). The Adult Attachment Interview and psychoanalytic outcome studies. International Journal of Psychoanalysis 84 651–68.

Habermas J (1972).Knowledge and Human Interest. Toronto: Beacon Press.

Häggund T-B (1997). On the creative experience in psychoanalysis. Scandinavian Psychoanalytic Review 20 58–74.

Hall A (1996). Psychoanalysis, psychoanalytic studies and universities. In M Stanton & D Reason, editors, Teaching Transference, 69–75. London: Rebus Press.

Hamsun K(1909). En vandrer spiller med sordin. Kristiania: Gyldendal.

Hämäläinen O (2009). The relationship of inner and outer in psychoanalysis. International Journal of Psychoanalysis 90 1277–97.

Hanly C (1990). The concept of truth in psychoanalysis. International Journal of Psychoanalysis 71 375–83.

____ (1995). On fact and ideas in psychoanalysis. International Journal of Psychoanalysis, 76 901–908.

____ (1999). On subjectivity and objectivity in psychoanalysis. International Journal of Psychoanalysis, 47 427–444.

____ (2009). On truth and clinical psychoanalysis. International Journal of Psychoanalysis, 90 363–373.

Hanly C & Hanly MA (2001). Critical realism: distinguishing the psychological subjectivity of the analyst from epistemological subjectivism. International Journal of Psychoanalysis, 49 515–532.

Hartmann H (1958). Ego Psychology and the Problem of Adaptation. Madison: International Universities Press.

Hauser S, Allen J & Golden E (2006). Out of the woods. Tales of resilient teens. Cambridge, Ma, and London: Harvard University Press.

Haynal A (1993). Ferenczi and the origins of the psychoanalytic technique. In L Aron & L Harris, editors The Legacy of Sándor Ferenczi, p 53-74. Hillsdale, NJ: Analytic Press.

Heidegger M (2001).Zollikon Seminars. Evanston: North-western Univ. Press.

Heimann P (1950). On counter-transference. International Journal of Psychoanalysis 31 81–84.

Hein P (1968). Husk at elske. Udvalgte digte og gruk. (Don't forget to love. Selected poems and grooks). København: Borgens billigbøger.

Hempel CG (1966). Philosophy of natural science. Englewood Cliffs, NJ: Prentice-

Hall.

Hibbard GR (1987). General Introduction. In Hamlet, p 1-66. Oxford: Oxford University Press.

Hinze E (2015). What do we learn in psychoanalytic training? International Journal of Psychoanalysis 96 755–771.

Hoffer A (1985). Toward a definition of psychoanalytic neutrality. Journal of the American Psychoanalytic Association 33 771–795.

Hoffman IZ (1991). Discussion: toward a social-constructivist view of the psychoanalytic situation. Psychoanalytic Dialogue 1 74-105.

____ (2006). The myths of free association and the potentials of the analytic relationship. International Journal of Psychoanalysis 87 43–61.

Hölderlin FR. Anmerkungen zum Ödipus. In Sämtliche Werke, vol 5. Stuttgart: W Kohlhammer 1952.

____ (1823). “In loely blueness”. In poems and fragments,Cambridge: cambridge UP, 1980. Ibsen H (1867a). Peer Gynt. Henrik Ibsens skrifter, Oslo: Aschehoug, 2007.

____ (1867b). The collected works of Henrik Ibsen, Volume IV, Peer Gynt, trans. W. Archer and C. Archer, New York: Charles Scribner’s sons, 1925.

____ (1884). The Wild Duck. In A Dolls House. The Wild Duck. The Lady from the See. F Farquharson Sharp & E Marx-Aveling, translators. London: J M Dent & Sons, 1910/1954.

Jacobs T (1999a) Countertransference past and present: A review of the concept. Internationa Journal of Psychoanalysis 80 575–594.

____ (1999b). On the question of self-disclosure by the analyst. Error or advance in technique. Psychoanalytic Quarterly,68 159-183.

____ (2001). On misreading and misleading patients. Some reflections on communications, miscommunications and countertransference enactments. International Journal of Psychoanalysis 82 653–669.

Johannisson K (2009). Melankoliska rum. Om ångest, leda och sårbarhet i förfluten tid och nutid. Stockholm: Bonnier.

Jones E (1949).Hamlet and Oedipus. New York: Norton,1976.

____ (1955). The life and work of Sigmund Freud, vol 2. New York: Basic Books.

Joseph, B. (1960). Some characteristics of the psychopathic personality. In E Spillius & M Feldman, editors, Psychic Equilibrium and Psychic Change, p 34–43. London: Routledge, 1989.

____ (1983). On understanding and not understanding: some technical issues. In E Spillius & M Feldman, editors, Psychic Equilibrium and Psychic Change, p 139–150. London: Routledge, 1989.

____ (1985). Transference: The total situation. International Journal of Psychoanalysis 66 447–54.

____ (1987). Projective identification: some clinical aspects. In E Spillius & M Feldman, editors, p 168–180. Psychic Equilibrium and Psychic Change. London: Routledge, 1989.

____ (2003).Ethics and enactment. EPF-Bulletin, 57 147-153.

Junkers G, Tuckett D & Zachrisson A (2008). To be or not to be a psychoanalyst: How do we know a candidate is ready to qualify? Difficulties and controversies in evaluating psychoanalytic competence.Psychoanalytic Inquiry 28 288-308./ This book, chapter 14/

Kairys D (1964). The training analysis – a critical review of the literature and a controversial proposal. Psychoanalytic Quarterly 33 485–512.

Kalvage P (2007). The Logic of Desire: An Introduction to Hegel's Phenomenology of Spirit. Philadelphia: Paul Dry Books.

Kandel ER (1999). Biology and the future of psychoanalysis: A new intellectual framework for psychiatry revisited [Review]. American Journal of Psychiatry 156 505–24.

Kant I (1781). Critique of Pure Reason. Translation N Kemp Smith. London: Macmillan, 1929.

____ (1785). Foundations for the Metaphysics of Morals. Indianapolis, NY: Bobbs-Merrill, 1949.

Kaplan-Solms K & Solms M (2000). Clinical studies in neuro-psychoanalysis: Introduction to a depth neuropsychology. London: Karnac.

Keats J (1817).The Complete Poetical Works and Letters of John Keats. Cambridge Edition: Houghton, Mifflin and Company, 1899.

Kernberg P (1982). Personal communication.

Kernberg O (1984). Severe Personality Disorders: psychotherapeutic strategies. New Haven: Yale University Press.

____ (1986). Institutional problems of psychoanalytical education. Journal of the American Psychoanalytic Association 34 799–834.

____ (1996). Thirty methods to destroy the creativity of psychoanalytic candidates. International Journal of Psychoanalysis 77 1032–40.

____ (2000). A concerned critique of psychoanalytic education. International Journal of Psychoanalysis 81 97–120.

____ (2004). The coming changes in psychoanalytic education. Paper for discussion at the January meeting of the ApsA, 2005.

Kierkegaard S (1849). Sygdommen til Døden [Sickness to death]. In Samlede Væker [collected Works] vol 15 p 65–192. Køpenhavn: Gyldendal, 1962.

Killingmo B(1971).Den Psykoanalytiske Behandlingsmetode [The treatment method of psychoanalysis]. Oslo: Universitetsforlaget.

____ (1989). Conflict and deficit: Implications for technique. International Journal of Psycho Analysis 70 65–79.

____ (1994). In a discussion at Norwegian Psychoanalytic Institute November 11.

____ (1995). Affirmation in psychoanalysis. International Journal of Psychoanalysis 76 503–18

____ (1997). The so-called rule of abstinence revisited. Scandinavian Psychoanalytic Review 20 144–59.

King P (1978) The affective response of the analyst to the patient's communications. International Journal of Psychoanalysis 59 329-34.

Klein M (1926). The psychological principles of early analysis. In The Writings of Melanie Klein, I, p 128–138. London: Hogarth Press, 1975.

____ (1928). Early stages of the Oedipus conflict. International Journal of Psychoanalysis 9 167–180.

____ (1946). Notes on some schizoid mechanism. In The writings of Melanie Klein, vol 3, p 1–24. London: Hogarth Press, 1975.

____ (1952). Some theoretical conclusions regarding the emotional life of the infant. In The Writings of Melanie Klein, vol 3,p 61–92. London: Hogarth Press, 1975.

____ (1957). Envy and gratitude. In: Envy and gratitude and other works 1946–1963, p 176–235. London: Karnac Books, 1975.

____ (1963). On the sense of loneliness. In Envy and Gratitude and Other Works, p 300–313, London: Karnac Books.

Klockars L (2009). The Oedipus myth: the tragedy and strengths of oedipality. Scandinavian Psychoanalytic Review 32 125–133.

Körner J (2002). The didactics of psychoanalytic education. International Journal of Psychoanalysis 83 1395–1405.

____ (2008). Structuring case reports to promote debate. Psychoanalytic Inquiry 28 278–287.

Kott J (1965).Shakespeare, our Contemporary. London: Routledge, 1991.

Kragh U (1955). The Actual-Genetic Model of Perception-Personality. Lund: Gleerup.

____ (1970). Percept-genetic defensive organization with threatening and non-threatening peripheral stimuli. In U Kragh & GJW Smith, editors, Percept-Genetic Analysis, p 118–121. Lund: Gleerup.

____ (1985).Defence Mechanism Test Manual. Stockholm: Persona.

Kragh U & Smith GJW (1970). The Developmental Paradigm of Perception-Personality. In U Kragh & GJW Smith, editors, Percept-Genetic Analysis pp 13–39. Lund: Gleerup.

Kuhn TS (1962). The structure of scientific revolutions. Chicago, IL: Univ. of Chicago Press.

Künstlicher R (1996). The function of the frame: to protect the psychoanalytic room. Scandinavian Psychoanalytic Review 19 150–64.

Lange FA (1866). Geschichte des Materialismus. Leipzig: J. Bædeker, 1877.

Laplanche J & Pontalis J-B (1973). The language of psychoanalysis. New York: Norton.

Latour B & Woolgar S (1979). Laboratory life: The social construction of scientific facts. Beverly Hills and London: Sage Publications.

Leira T (1995). Silence and communication: nonverbal dialogue and therapeutic action. Scandinavian Psychoanalytic Review 18 41–65.

____ (1998). The princess who did not smile: a clinical account of the development of primitive psychic structure in a 4-year old child. International Journal of Psychoanalysis 79 1097–1113.

Leupold-Löwenthal H (1986). Die Rolle der Phantasie in der psychoanalytischen Ausbildung. EPF Bulletin 26/27 111–26.

Lidz Th (1975).Hamlet's enemy. Madness and myth in Hamlet. Madison, Ct: International Universities Press, 1990.

Liebmann O (1865). Kant und die Epigonen. Erlangen: H. Fischer, 1991.

Lindgren U (1997). Mentorskap och högre utbildning [Mentorship and higher education]. Pedagogisk forskning i Sverige 2 279–289.

Loch W (1974). Some remarks about evaluation of supervision. Paper presented at the standing Conference on Training, London, October 1974.

Maroda K (1991). The power of countertransference: Innovations in analytic technique. London: J. Wiley & Sons.

Martindale B, Mörner M, Rodríguez MEC & Vidit J-P, editors (1997). Supervision and Its Vicissitudes. London: Karnac Books.

Maslow AH (1963). The need to know and the fear of knowing. Journal of General Psychology 68 111–125.

McDougal J (1975). Primitive communication and the use of counter transference. In A Alexandris & G Vaslamatiz, editors, Counter transference. London: Karnac Books, 1993, p 95–133.

McGuire W, editor (1974). The Freud/Jung Letters: The correspondence between Sigmund Freud and C. G. Jung. Bollinger Series XCIV, Princeton University Press.

McLaughlin JT(1987). The play of transference: Some reflections on enactment in the psychoanalytic situation. Journal of the American Psychoanalytic Association, 35 557–82.

Meltzer D (1967).The Psycho-Analytical Process. Pertshire: Clunie.

Merleau-Ponty M (1942). The Structure of Behaviour. London: Methuen & Co, 1965.

Mitchell S & Aron L, editors (1999). Relational Psychoanalysis. The emergence of a tradition. London and Hillsdale, NJ: The Analytic Press.

Modell AH (1990). Other Times, Other Realities. Cambridge, Ma and London: Harvard University Press.

Money-Kyrle R (1956). Normal counter transference and some of its deviations. International Journal of Psychoanalysis 37 360–366.

Natterson J (1991). Beyond countertransference: The therapist's subjectivity in the therapeutic process. London: Jason Aronson.

Norman J (1994). Feelings of annihilation in closeness and to be lost at a distance. Psychoanalysis with a 5-year old boy and his insoluble dilemma. Scandinavian Psychoanalytic Review 17 1–26.

Novick JN & Novick KK (2001). Two systems of self-regulation. Psychoanalytic Social Work 8 95–122.

Nunberg H (1951). Transference and Reality. International Journal of Psychoanalysis 32 1–9.

Ogden T (1979). On projective identification. International Journal of Psychoanalysis 60 357–373.

____ (1994a). Subjects of analysis. London: Karnac Books.

____ (1994b). The analytic third: working with intersubjective clinical facts. International

Journal of Psycho-Analysis, 75 3–19.
____ (2005). On psychoanalytic supervision. International Journal of Psychoanalysis 86 1265–1280.
Orange, D. M. (2003). Antidotes and Alternatives: Perspectival Realism and the New Reductionisms. Psychoanalytic Psychology 20 472–486.
O'Shaughnessy E (1988). The invisible Oedipus complex. In The Oedipus complex today: clinical implications, ed. J Steiner. London: Karnac Books, 1989, p.129–150.
____ (1994). What is a clinical fact? International Journal of Psychoanalysis 75 939–47.
Østerud E (1981). Det Borgerlige Subjekt: Ibsen i Teorihistorisk Betydning. Oslo: Novus.
Pally R (1997). How the brain actively constructs perceptions. International Journal of Psychoanalysis 78 21–30.
Parsons M (1995). Does the psychoanalyst have a unique identity? EPF Bulletin 44 73–86.
Pettigre DE (1990). The question of the relation of philosophy and psychoanalysis: the case of Kant and Freud. Metaphilosophy, 21 67–88.
Pinkard T (2000). Hegel: A Biography. Cambridge: Cambridge Univ. Press.
Popper KR (1959). The logic of scientific discovery. London: Hutchinson.
____ (1963). Conjectures and Refutations. London: Routledge. Psychoanalytic training in Europe (1983).10 years of discussion. EPF bulletin monographs.
Psychoanalytic training in Europe (1993). 2nd Bulletin Monograph; Further 10 years of discussion. EPF bulletin monographs.
Putnam H (1995). Pragmatism: An open question. Oxford: Blackwell.
Quine WV (1960). Word and object. Cambridge, Ma: MIT Press.
____ (1987). Quiddities: An intermittently philosophical dictionary. Cambridge, Ma: Belknap.
____ (1992). Pursuit of truth. Cambridge, Ma: Harvard Univ. Press.
Racker H (1957). The meanings and uses of counter transference. Psychoanalytic Quarterly 26 303–357.
Reeder J (2001). Hate and Love in Psychoanalytical Institutions. The Dilemma of a Profession. New York, NY: Other Press, 2004.
Reik, Th. (1964). Listening with the third ear. New York: Arena Books, 1972.
Renik O (1993). Analytic interaction: conceptualising technique in light of the

analyst's irreducible subjectivity. Psychoanalytic Quarterly, 62 553–571.
Ricoeur P (1970). Freud and Philosophy: An essay on interpretation. New Haven Ct: Yale Univ. Press.
Rorty R (1979). Philosophy and the mirror of nature. Oxford: Blackwell, 1980.
Rosenfeld H (1987). Projective identification in clinical practice. In Impasse and interpretation, p 157–190. London and New York: Routledge, 1987.
Rudnytsky P (1987).Freud and Oedipus. New York: Colombia UP.
Safran J.D (2002).Reply to Commentaries. Psychoanalytic Dialogue, 12 235-258.
Sandell, A. (1997). Om tonårspsykoanalys-en introduktion till historiska och aktuelle psykoanalytisk aspekter på adolescensen. (On adolescent analysis – an introduction to historical and contemporary psychoanalytical aspects on the adolescence). In Om psykoanalys för barn och ungdomar. (On psychoanalysis with children and adolescents). Svenska psykoanalytiska föreningens skriftserie, 1 20–29.
Sandler J (1976). Countertransference and role responsiveness. International Review of Psychoanalysis, 3 43–7.
____ (1983). Reflections on some relations between psychoanalytic concepts and psychoanalytic practice.International Journal of Psycho-Analysis 64 35–45.
____ (1993).On communication from patient to analyst: Not everything is projective identification. International Journal of Psychoanalysis 74 1097–1107.
Sandler, J. and B. Rosenblatt (1962). The concept of the representational world. Psychoanalytic Study of the child 17 128–45.
Sandler J & Sandler A-M (1998). Internal Objects Revisited. Foreword by O Kernberg. London: Karnac Books.
Sandler J, Sandler A-M & Davies R, editors (2000). Clinical and observational psychoanalytic research: Roots of a controversy. London: Karnac.
Sartre JP (1956). Being and Nothingness: An Essay in Phenomenological Psychology. New York: Oxford Univ. Press.
Saxo. Gesta Danorum.Translation by O. Elton., London: David Nutt, 1893.
Schafer R (1970). The Psychoanalytic Vision of Reality. International Journal of Psychoanalysis 51 279–297.
____ (1976). A new language for psychoanalysis. New Haven, CT: Yale Univ. Press.
____ (1983). The analytic attitude. London: The Hogarth Press.
____ (1997). Tradition and change in psychoanalysis. Madison, Ct: International

Universities Press.
Segal H (1957). A note on symbol formation. International Journal of Psycho-Analysis 38 391–7.
____ (1977). Countertransference. International Journal of Psychoanalytic Psychotherapy, 6 31–37.
Sgarbi M (2012). Kant on Spontaneity. London: Continuum International Publishing Group.
Shakespeare W. Hamlet. Editor GR Hibbard. Oxford: Oxford University Press, 1987.
Sigrell B (1994). Narcissism: ett psykodynamiskt perspektiv [Narcissism: a psychodynamic perspective]. Stockholm: Natur och Kultur.
Smirnoff V (1980). Minimal standards or great expectations? The acceptance of new members to a psychoanalytic society.EPF Bulletin 14 16–21.
Smith GJW (1963). Process – a biological frame of reference for the study of behaviour.
Scandinavian Journal of Psychology 4 44–54.
Smith H F (2000). Countertransference, conflictual listening, and the analytic object relationship. Journal of the American Psychoanalytic Association 48 95–128.
____ (2008). Rethinking boundaries: an introduction. Psychoanalytic Quarterly 77 859–860.
Sophocles. Oedipus the King. E Hall, editor, HDF Kitto, translator. Oxford: Oxford UP, 1962/1994.
Spillius EB, Milton J, Garvey P, & Steiner D (2011). The New Dictionary of Kleinian Thought. London: Routledge.
Stänicke E, Zachrisson A and Vetlesen AJ (2020). The epistemological stance of psychoanalysis: revisiting the Kantian legacy. Psychoanalytic Quarterly, 89 281–304.
Steele H & Steele M (1998). Attachment and psychoanalvsis: Time for a reunion. Social Development 7 92–119.
Stein R (1981). The unobjectionable part of the transference. Journal of the American Psychoanalytic Association 29 869–92.
Steiner J (1979). The border between the paranoid schizoid and the depressive positions in the borderline patient. British Journal of Medical Psychology 52 385–391.
____ (1985). Turning a blind eye: The cover up for Oedipus. International Review

of Psychoanalysis 12 161–172.
____ (1990). The retreat from truth to omnipotence in Sophocles' Oedipus at Colonus. International Review of Psychoanalysis 17 227-237.
____ (1993a). Psychic retreats: Pathological organisations of the personality in psychotic, neurotic, and borderline patients. London: Routledge.
____ (1993b). Problems of psychoanalytic technique: Patient-centred and analyst-centred interpretations. In Psychic Retreats: Pathological Organisations of the Personality in Psychotic, Neurotic and Borderline Patients. London and New York: Routledge.
____ (1996). The aim of psychoanalysis in theory and practice. International Journal of Psychoanalysis 77 1073–83.
Stern DN (1985). The interpersonal world of the infant: A view from psychoanalysis and developmental psychology. New York: Basic Books.
Strenger C (1991). Between hermeneutics and science: An essay on the epistemology of psychoanalysis. Psychological issues, monograph 59. Madison, Ct: Int. Univ. Press.
Stewart E (2010). Catastrophe and Survival: Walter Benjamin and Psychoanalysis, London: Continuum.
Symington N (1993).Narcissism: a new theory. London: Karnac Books.
Szecsödy I (1994). Supervision – a complex tool for psychoanalytic training. Scandinavian Psychoanalytic Review 17 119–129.
____ (1997). (How) is learning possible in supervision? In B Martindale, M Mörner, MEC Rodrigues & J-P Vidit, editors, Supervision and its Vicissitudes, p 101-116. London: Karnac Books.
____ (1999). How far do our training models meet the need of the candidates of today? EPF Bulletin 52 57–72.
Target M (2001). Some issues in psychoanalytical training: an overview of the literature and some resulting observations. Paper presented at the 2nd Joseph Sandler Research Conference at UCL March 10th.
Target M & Fonagy P (2002). Fathers in modern psychoanalysis and in society: the role of the father and child development. In The Importance of Fathers. J Trowell & A Etchegoyen (eds). London: The new Library of Psychoanalysis.
Tauber AI (2009). Freud's dream of reason: The Kantian structure of psychoanalysis. History of the Human Sciences 22 1–29.
____ (2010). Freud: The reluctant philosopher. Princeton: Princeton Univ. Press.

Taylor,C.(1995). Philosophical Arguments. Cambridge: Harvard Univ. Press.

The Holy Bible. New King James Version, 1982.

Tuckett D (2005). Does anything go? Towards a framework for a more transparent assessment of psychoanalytic competence. International journal of Psychoanalysis 86 31–49.

Ungar VR & Busch de Ahumada L (2001). Supervision: a container-contained approach. International Journal of Psychoanalysis 82 71–81.

Vellacott P (1971). Sophocles and Oedipus: A study of Oedipus Tyrannus with a new translation. London: Macmillan.

Vellacott P (1993). An English reader's guide to Sophocles' Oedipus Tyrannus and Oedipus Coloneus. Cambridge: Monophron.

Vetlesen AJ & Stänicke E (1999). Fra hermeneutikk til psykoanalyse: Mulígheter og grenser i filosofiens møte med psykoanalysen. Oslo: Ad Notam Gyldendal.

Wallerstein RS (1997). Foreword in B Martindale, M Mörner, MEC Rodriguez & J-P Vidit, editors. Supervision and Its Vicissitudes. London: Karnac Books.

Wallwork, E. (1991). Psychoanalysis and Ethics. New Haven, CT: Yale University Press.

Watillon A (1986). Die Beurteilung und ihre Schwierigkeiten. EPF Bulletin 26/27 107–110.

Weissberg R (1972). Hamlet and Ressentiment. American Imago. 29 318–337.

Wells S (1998).A Dictionary of Shakespeare. Oxford, New York: The Oxford University Press.

Werbart A (1999). The dialectics of psychoanalytic research. Scandinavian Psychoanalytic Review 22 85–101.

Widlöcher D (1977). The professional career of the psychoanalyst and problems of training. EPF Bulletin 11 2–6.

Williams MH (2012). Shakespeare seminar, November 10. Institutt for Psykoterapi, Oslo.

Winnicott DW (1947) Hate in the counter-transference, In Through paediatrics to Psychoanalysis. London: Karnac Books, 1975, p 194–203.

____ (1953). Transitional objects and transitional phenomena. In Playing and Reality, p 1–25. London and New York: Routledge, 1971.

____ (1958). The capacity to be alone. International Journal of Psychoanalysis 39 416–20.

____ (1971a). Playing and reality. London and New York: Routledge.

____ (1971b). The usc of an object and relating through identifications. In Playing and Reality p 86–94. London and New York: Routledge.

Wittgenstein, L. (1967). Conversations on Freud. In Lectures and Conversations on Aesthetics, Psychology and Religious Belief. Berkeley: Univ. of California Press.

Wrangsjö B & Winberg Salomonson M (2006). Tonårstid. Utveckling, problem och psykoterapeutisk behandling [Adolescence. Development, problems and psychotherapeutic treatment] Stockholm: Natur & Kultur.

Ystad V (2006). Vigdis Ystad om Henrik Ibsen and Egypt.

Zachrisson A (1967). Variation av stimulusmotiv i anslutning till DM-testets metod och teori. Lund: Dep. Psychology, Lund University.

____ (1998). Transference: Polarities and paradoxes. Scandinavian Psychoanalytic Review 21 183–98. /This book, Chapter 9/

____ (2006), Analytic work with adolescents, Reflections on the combination of strict method and creative intuition in psychoanalysis. Scandinavian Psychoanalytic Review 29 106–114. /This book, Chapter 11/

____ (2008). Neutrality,tenderness and the analyst's subjectivity. Reflections on the analytic relationship. Scandinavian Psychoanalytic Review 31 86–94. /This book, Chapter 12/

____ (2009). Countertransference and changes in the conception of the psychoanalytic relationship,international Forum of Psychoanalysis. 18 177–188. /This book, Chapter 10/

____ (2012). Terapeutens indre arbeid. Refleksjoner over motoverføring og nøytralitet, metode og etikk [The inner work of the therapist. Reflections on countertransference and neutrality, method and ethics]. In R Uleberg, AG Hersoug & T Knutsen, editors, Psykoterapi i utvikling [Psychotherapy in development], p 81–96. Oslo: Akademika forlag.

____ (2013a). Oedipus the king: Quest for self-knowledge – denial of reality. Sophocles' vision of man and psychoanalytic concept formation. International Journal of Psychoanalysis 94 313-331.

____ (2013b). The internal/external issue. What is an outer object? Another person as object and as separate other in object relations models.Psychoanalytic Study of the Child, 67 249–274. /This book, Chapter 2/

____ (2014). Ethical breaches and deviations of method in psychoanalysis: A heuristic model for differentiation of boundary crossings in psychoanalytic work.

International Forum of Psychoanalysis, 23 246–252. /This book, Chapter 13/

____ (2019). Mental health – a normal state? Scandinavian Psychoanalytic Review, 42 87–92. /This book, Chapter 6/

Zachrisson A, moderator A Sandell and convener C Airas (2005). Adolescent psychoanalysis: How we work – clinical models in practice. Panel report. International Journal of Psychoanalysis, 86 525–29.

Zachrisson A & Zachrisson HD (2005). Validation of psychoanalytic theories. Towards a conceptualisation of references. International Journal of Psychoanalysis 86 1353–71. /This book, Chapter 3/